辛香料風味學

辛料、香料、調味料！

圖解香氣搭配的全方位應用指南

陳愛玲——著

推薦序

出神入「味」的香料專著

讀起《辛香料風味學》的當下，腦中不覺浮起近日在印尼萬隆Malabar山區目睹當地人鮮採肉桂皮的一幕——至今「香」猶未盡！

這本書就有這股鮮香的魔力，愛玲彷佛就是那位現場的採集者。

說愛玲就像是現場採集者，絕不為過。其實，她的在場證明班班可考。其一，她來自於香料的原鄉馬來西亞（檳城）；其二，即使現定居在台，她仍時不時的回家探親；其三，因為教學需要，她常走訪東南亞、南亞等其他香料原鄉，繼續採集。光是以上這些香料的DNA，莫怪愛玲在台灣開的香料課程，總讓人特別有感與期待。所以，今天她出版這本書，就像當今流行的話梗「剛好而已」，此其時矣！

這本書看來並不像一般專講材料、步驟的食譜書，它可是有「厚度」的。之所以說厚，主要指內涵深度，因為愛玲收集、整理了十五世紀以來，讓歐洲人不遠千里而來採集香料的有趣故事。這還不打緊，每每故事講完後，總會適時出現與情節搭調的香料食譜。書能寫得這般出神入「味」，讓人看著看著，無意間就從書房溜進了廚房。功力真是了得！

除了兼具感性與實用性的劇情鋪陳外，本書也有很知性的一面，值得當教科書看待。部分重點如香料取材種類超過三十種，涵蓋面廣；各類香料介紹均列有最適搭配食材、最麻吉的香料，以及建議烹調法，不僅提供初學者正確的導引，還讓人有舉一反三的創作機會。

這的確是一本兼具知性、感性與實用性的好書，值得收藏品味。

國立高雄餐旅大學飲食文化
暨餐飲創新研究所所長

蘇恒安

蘇恒安

攝影／林志潭

自序

家鄉沙茶醬

「你相信光是用想的，再以兒時的記憶為藍圖，就可以煮出一鍋沙茶醬嗎？然而，事實似乎就是如此。」漫長移居過程中，思鄉時刻最常想起家的味道，想歸想卻不會做，一時之間兒時的種種、那些曾經連結的人、食物芬芳的氣味……全湧上心頭。

製作沙茶醬是潮汕人一年一度的盛事，單是把所有食材從四面八方集結已是巨大工程：人工挑扁魚、開陽；剝花生去膜；如山高的紅蔥頭與洋蔥，光看就叫人淚流滿面；把買來的香茅去除外皮老梗，偶爾不小心手指就遭葉子刮傷；新鮮薑黃除去鬚根後，要徹底刷洗處理；已脹發的乾辣椒和鮮辣椒同樣叫人膽戰心驚。這些材料要求細緻口感，而在那沒有調理機的時代，一切只能用石舂慢慢搗！祖父對味道要求嚴謹，一早就吩咐印度阿山哥現刨椰子絲，提早預訂的現榨花生油已經抵達，還有花生醬與芝麻醬的馥郁，以及多種辛香料交織出褐色、黃色、紅色……我彷彿聞到了它的氣味，就在眼前。

我生長於充滿辛香料的國度，雖累積了許多兒時的味覺記憶，卻不擅廚事。移居來台多年，強烈的思念促使我重回東南亞尋找味道的根，當時才意識到，以為自己熟悉的辛香料其實很陌生，因而促成後來前往印度，向辛香料文明古國學習之行。

再度回到台灣，我滿載著對辛香料的熱情，卻深知咖哩不是我們天天會吃的食物，於是想到了拆解與組合原理。藉著與辛香料對話，彷彿看見「辛、香、調味」三個概念，於是著手發展出一套調配心法與思維架構，十年來反覆演

建構記憶中的味道

家鄉沙茶醬配方

材料

【A 爆香料】扁魚20克、開陽（泡過切碎）30克

【B 新鮮泥狀辛香料】辣椒（乾50克、濕25克）、洋蔥末95克、香茅16克、蒜24克、薑黃24克、紅蔥頭泥60克、南薑30克

【C 粉狀辛香料】胡荽子10克、香茅8克、草果9克、薑黃10克、丁香3克、南薑10克、五香粉8克、芥末子5克

【D 醬料】無調味芝麻醬與花生醬（45克與35克）

【E 調味料】生抽55毫升、老抽40毫升、冰糖150克、蝦粉15克、海鹽75克

【F 口感料】細碎花生40克、椰子絲（乾炒後磨粉）25克

步驟

1. 起油鍋用一般油脂150g先炒紅蔥頭泥，香氣散出後，放入紅蔥頭以外的材料B炒香。
2. 加入材料C。
3. 另起一鍋，用花生油150g爆香材料A（磨碎），再依序加入步驟2、材料D、材料E、材料F料，炒勻即完成。

point

1. 炒新鮮香料需炒至無生味；放入粉狀香料時，應注意火力要轉小。
2. 所有炒製過程應保持醬體滑潤，若油脂不足需額外添加。

練，各種菜餚、醬料、點心等，都可以適用，只要理解各方菜色的主要風味來源，辛香料可以是很好的輔佐，具畫龍點睛之妙。

這樣的思維架構雖具共通性，然而也涉及個人對辛香料的理解、感受還有歸類考量，只要願意，每個人都能信手拈來，在分享自己創作食譜的完整思路歷程時，也很期待有一天，每個人都能調配出專屬於自己獨特的配方，為生活帶來更多健康與愉悅感，讓更多人得以自在運用。

二〇一二年的某個夜裡，循著兒時記憶、對辛香料的感受，加上自己的調配心法，我拼構出家鄉沙茶醬的食譜，隔天在手作班的課堂上首度熬製，隨著香氣飄散，我回到最熟悉的家。

Contents
目錄

Chapter 4

34種精選單方與風味圖解析

chapter

1

阿育吠陀、辛香料
與健康飲食

古印度阿育吠陀醫學認爲，
生命滋養來自於食物，
而食物具有「六味」，
人有不同體質，
需透過攝取不同食物以達身心平衡，
而辛香料多數具有食療效果，
它們能夠替代看不見的添加物，
做爲飲食天然的調味料。

食物的「六味」，滋養生命之源

阿育吠陀（*Ayurveda*）是六千年前流傳於古印度的醫學系統，**Ayur**來自梵文「智慧」，**Veda**則是「知識」，由《闍羅迦集》（*Caraka Samhita*）與《妙聞集》（*Susruta Samhita*）古籍所組成。它是以口耳相傳的模式將古老聖賢的智慧集結並記錄下來，論述涵蓋「病原學」及「症候學」二大層面，做為一套重要知識體系，千年來流傳於貧富不均的印度民間。透過天然食物、規律運動、良好生活習慣、重視心靈修行及保持身心平衡，即使生病了，身體也可以在自然調節中痊癒。若干年後人們赫然發現，預防醫學才是人類追求的根本，世界衛生組織（WHO）遂於二〇〇八年正式將阿育吠陀列入有價值的醫療體系。

阿育吠陀非常重視食物補給，天然食物供給身體滿滿能量，經過消化與吸收所產生的精微稱為「乳糜」，生成「血液」，再形成結實「筋肉」，轉化成「脂肪」，結成「骨」，因此有了健康的「骨髓」，最後變成「精液」，如同甘露照顧著我們全身。

阿育吠陀重視乳糜（也就是食物），同時更注重「味」（rasa），即是食物的味道，也有辛香料的六味之意。人類所有能量皆始於此，它不僅是維繫生命滋養的根本，也是串聯

食物／辛香料的六味

辛　甘　酸　苦　鹹　澀

人類完整的維生系統，飲食搭配節令得宜，能達到生理消化及心理愉悅相互關係的平衡。六味即辛、甘、酸、苦、鹹、澀，每個人都需要六味滋養，但適合的攝取比例不同，這是受到不同體質「督夏」（dosha）的支配。

督夏、六味與五種元素

味與督夏皆由五大元素構成。根據阿育吠陀的說法，五大元素是宇宙形成最初的物質，也就是五種意識：由宇宙的震動頻率傳遞形成「空」，是為「聽覺」；在空氣中流動形成了「風」，掌控著我們的「觸覺」；繼而緩慢摩擦產生熱能，發展出「火」，燦爛奪目，吸引「視覺」；萬物因為燃燒延伸出「水」，讓我們體會「味覺」的精采；最後液體融化，流向沉重的「土」，感受到「嗅覺」。

五大元素以不同比例存在於自然界：由風與空組成的風型（vata）、由火與水組成的火型（pitta）及由土與水組成的土型（kapha）稱之為三種督夏（dosha），督夏有「體質」、「會失去平衡的力量」與「力」三種解釋。每個人都受到風、火、土三種督夏的影響，若其中一種「過於強大（力量失衡）」那麼此人即屬於該「督夏（體質）」。

舉例來說，「風」型是由空和風組成，應多食「酸、鹹、

五種意識五感

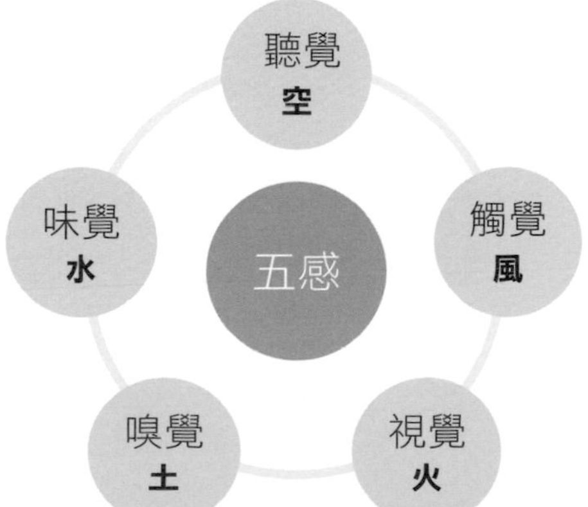

甘味」，此三味由土、火、水相互組成，幫助平衡風型體質。一個平衡的個體，意味著體內五種元素和諧運行，而每日餐桌上的風味至關重要。好的食物屬性加上辛香料賦予健康調味，能讓人食慾大增、身心愉悅。

印度雖處於貧富不均的社會，對於味道卻極其講究，遠古時期在古籍中就有許多對味道的辯證，包括複合與組合的變化、場域與時空的影響、舌感的強弱……這一點從印度人每日的飲食可以看得非常清楚，一道咖哩往往有許多複方辛香料的組成，再透過不同的體質，應攝取的味也有所不同。各種體質的人透過攝取六味的比例，讓自身趨於平衡。

阿育吠陀論述博大精深，非一時半刻能通篇理解，本書還是回到風味堆疊和變化。

六味能創作出三千種以上料理變化

每次從印度回來的路上，我不停思考如何在不同國度，因地制宜揮灑辛香料。台灣和世界華人廚房一樣，雖然咖哩很健康，卻無法像南亞人或中亞人那樣照三餐吃。美食家薩瓦蘭（Jean Anthelme Brillat- Savarin）說：「告訴我你吃什麼，我就知道你是怎麼樣的人。」重點來了，如何把這些辛香料帶入廚房，放在食物櫃上既繽紛又賞心悅目，隨心情信

三種督夏的飲食六味建議圖

五大元素色彩圖例：空 風 火 水 土

舉例說明：火型體質由「火與水」2元素組成、澀味由「土與風」組成。

火型體質可多食「甘、澀、苦」三味（亦需適量食用）。

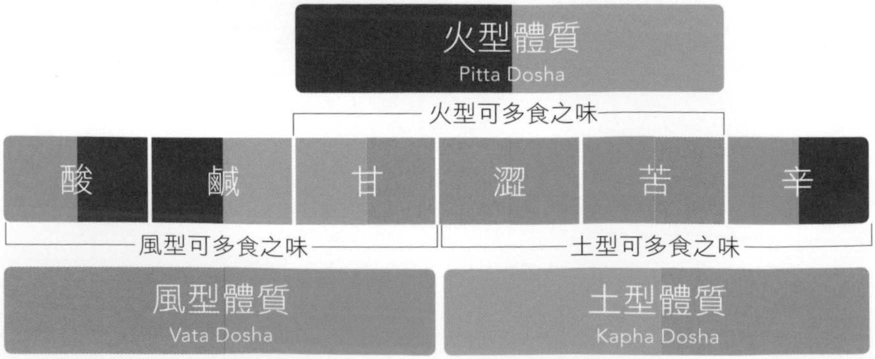

手拈來變換魔法，把日常菜餚升級，讓一家大小吃光光？

辛香料基本味覺有辛、甘、酸、苦、鹹、澀六種，經過組合，可形成許多種變化，例如以兩種味道為核心，辛＋甘、辛＋酸、辛＋苦…以此推類，共計有六十三種組合變化。而六十三的平方就是三千九百六十九種，換言之，世界上叫得出名字的咖哩就有三千多種，這數字還不包含創意料理在內，辛香料創造味的可能性，已經超越可以計算的範圍，如此一來，辛香料大可以跳脫「咖哩」桎梏，好好伸展一番了。

多數辛香料具抗癌與助消化功能

辛香料不等於咖哩，它是一種健康的調味料，不局限在任何國界或區域，只要依據辛香料歸類圖表來結構自己理想中的風味創作，隨著累積單方知識庫越多，就會越來越上手。

許多單方辛香料皆為機能性，國外文獻研究資料豐富，這幾年大家一窩蜂吃薑黃，許多薑黃產品目不暇給。雖然薑黃對抗癌、預防阿茲海默症都有很大的功效，但一味在乎吃出療效，並不會為菜餚加分，反而可能弄巧成拙。對單方辛香料深入理解，並巧妙用在「合適」的地方，一家大小吃進美味的同時也兼顧了健康，真是一舉數得！

隨著新移民、移工人數的增加，過去當路樹的羅望子漸漸被看見，但仍有許多人不知道它除了用於調味外，還是除宿便的高手；具備調味和上色功能的還有胭脂子，這個充滿淡淡花香的辛香料富含胡蘿蔔素，能保護眼睛，預防白內障及老年性黃斑部病變，還讓炸紅燒肉多了一個上色選擇。

某些單方辛香料過去有著根深柢固的民族性色彩，比如黑小豆蔻，華人餐飲不會也不可能將其入菜，但黑小豆蔻卻有極好的驅風作用，可緩解腹部脹氣及消化不良，更是煙燻

元素的好朋友。

辛香料能調辛香又調味，而且絕大部分都具抗癌或抗氧化、助消化功能，對人體健康有很大的幫助。尤其是食慾不振、慢性病、罹癌接受化療的朋友，漸漸喪失味覺，礙於健康只能勉強吃淡薄、少鹽、少調味的食物，久而久之對食物再也提不起興趣，勉強吃只為維繫生命，簡直是人間煉獄！若能在烹調過程中加入提香、促進食慾的辛香料，例如南薑不僅能賦予食物馨香，同時有殺菌功能；煮魚時加入幾顆丁香，去腥又能增加悠悠香氣；取一、兩片新鮮檸檬葉或其果皮炒雞肉，天然橘香能減低壓力，讓心情恢復愉悅。

用辛香料取代加工品調味更健康

近年來茹素族群越來越多，其中可能是宗教因素或環保意識抬頭，而更多人是為了身體健康；但由於能用來調香增味的選擇極少，飲食仍離不開加工品、瓶瓶罐罐的方便醬。追求食物的色香味乃是人性，如果長期處於「味覺不滿足」的生活中，縱使吃素，身心也未必可以達到平衡、愉悅。善用一些辛香料，例如胡蘆巴在前置爆香能帶來堅果味；蔬食者可以嘗試阿魏，它具有黃體素，不僅能改善更年期症狀的不適，還增加菜餚鮮味；咖哩葉帶來柑橘香氣，且含有豐富鈣質與維生素A；小豆蔻與豆類最對味，用來炒豆干相當好下飯……辛香料的多元性、豐富度多到數不完，只能靠自己去嘗試。

喜愛葷食的族群可以用辛香料創作料理，例如甜胡椒具有五種味道的特性，能增加羹湯風味；只需一些茴香子，就能為滷菜增加微妙甜味；放一根辣椒可以讓所有味道都升級；不喜歡內臟異味，放一顆草果就能除光光……美味與保健食療效果兼具，捨辛香料其誰！

辛香料能調辛香又調味，而且絕大部分都具抗癌或抗氧化、助消化功能，對人體健康有很大的幫助。

vegetarianism

茹素族

的好選擇

葫蘆巴

在蔬食中正好可以彌補缺少的天然增香功能，並且補充蛋白質跟礦物質來源。

小豆蔻

帶有溫暖的花香，與豆類搭配對味，用來炒豆干相當好下飯。

carnivorism

葷食族

的好選擇

甜胡椒

具有胡椒、丁香、肉桂、肉豆蔻、豆蔻皮五種味道，能增加羹湯風味。

草果

除異味能力非常高，肉骨臊腥、魚肉土味……放一顆草果就能除光光。

chapter

2

辛香料與
香草的屬性

各種新鮮的植物、果實、根莖，
或是乾燥、磨碎的粉末，
人們運用這些辛香料（香草）
爲食物塑造更好的風味。
根據它們在料理中的屬性，
可以分爲：辛料、香料、調味料三種角色，
分辨它們的功能，
是運用辛香料的第一步。

殖民與辛香料

辛香料的法文épice，指的是「特別的物種」或「具醫療效果的藥品」；拉丁文species則意味著「品質」，相較於當時一般貿易物品，它被歸類為具有特殊價值的商品，可見其炙手可熱的程度。

辛香料最早出現於西元前二六〇〇年左右，被埃及法老王胡夫（Khufu）做為醫藥及預防保健用途；到了大約西元前二〇〇〇年，人們發覺辛香料裡含有精油成分，具防腐及製作香水的功能；西元前一五〇〇年，埃及人完整列出辛香料中的八百種，做為手術治療的參考依據，亞述國王亞述巴尼拔（Ashurbanipal）以圓筒楔形文字謄錄成冊，而後期埃及人更在烹調時加入辛香料調味。

七至十二世紀，人們一直是從阿拉伯人手中取得這些辛香料；到了一〇九六年，羅馬天主教教皇應許了拜占庭皇帝阿歷克塞一世（Alexios I Komnenos）向突厥人追討穆斯林侵占的土地，開啟了長達一百九十五年、總共九次的十字軍東征，而仰賴阿拉伯人提供的辛香料就此斷貨，迫使他們不得不另謀出路。當時眾多歐洲國家中，葡萄牙一直懷抱開拓遠洋商路的野心，在國王約翰二世（John II）多次鼓勵下，終於在一四八七年啟航，開始航海家的探險之旅，進而發現地球是圓的，首次打破東西方疆界的距離。辛香料在歷史的長河中促進人類文明邁向新的里程碑，當然，也開始數百年亞洲殖民的歷史。

辛香料的屬性

根據美國香料貿易協會（American Spice Trade Association，簡稱ASTA）的定

義：「辛香料泛指已經過乾燥且主要用來調味的植物。」美國食品藥物管理局（FDA）對辛香料的定義是：「泛指不同形態，包括整體、破碎或粉末狀的芳香植物物質，辛香料在食品中所扮演的角色是調味劑。」然而有香氣的植物，趁新鮮時使用者，包括咖哩葉、檸檬葉、香蘭、香茅、胡荽子梗等稱為香草（Herb）。

無論是辛香料或是香草，皆能為食物塑造更好的風味，在本書將以「辛香料」來統稱之，「辛香料」可以依不同的屬性又分為：辛料（epice）、香料（aromate）、及調味料（condiment）。

「辛料」是一種釋放辣椒鹼，或者引起五感神經辛辣、嗆、疼痛、麻痺等效果的元素，可能為粉狀、粒狀、整顆或新鮮的物質，目的是增加食物的醇度、厚度及層次感；例如胡椒、辣椒、生薑。

「香料」則比較著重於釋放芬芳氣味，如醚、酚、萜烯等自然化學成分，目的為增添清香、馥郁，有時兼具除腥羶味的功能，例如八角、丁香、香茅、南薑等。

「調味料」則是為平淡無奇的菜餚營造調味效果，藉單方「上色」或「釋出」單方原屬性之味，融合於菜餚中；此類別辛香料大約七〇％有明顯的上色功能，或做為重要「口感」來源，例如薑黃、紅蔥頭、羅望子、胭脂子、石栗等。

香草
Herb

有香氣的植物，
趁新鮮時使用。

香蘭

咖哩葉

辛香料
spice

泛指不同型態，
包括整體、破碎或粉末狀的
芳香植物物質。

薑黃粉

乾燥黑胡椒

換言之，辛香料係指「辛」、「香」、「料」三種不同類別所組合起來，這套運用方式，打破了國界區域，讓天然兼具保健功能的辛香料，得以在不同族裔的廚房揮灑自如。

表面上看起來，許多「辛」、「香」、「調味」功能的單方都具有揮發性的化合物，舉例來說，薑黃具芳香薑黃酮、薑烯、薑黃酮等，在咖哩的用量雖占比甚多，也會釋放一些「溫煦」香味，卻不如八角反式大茴香腦所產生濃郁的清辣「香氣」與甘甜「調味」。薑黃反而會在加熱過程或油脂中快速釋放色澤，當單方辛香料屬性加熱後所呈現的結果，大於另兩個或同時凸顯特性時（例如「辛」的屬性大過於「香」、「調味」），就被完整歸類，方便入門者學習理解。

要完全從科學角度來解釋化學元素的結構並不完全可行，因為辛香料是「活的流轉體」，最初嚐到的味道往往不是最後菜餚呈現的結果，若加上不斷運用化學理論去「堆砌」，會導致菜餚味道過於沉重。學習安撫這些化學元素，在「碰撞」、「揉合」後獲得完美整合、攜手共好；再經過「油脂」、「溫度」甚至是「時間」轉化，味道進入時光隧道，千迴百轉之際，激盪出迷人風味，才是學習辛香料最大的原意！

每種香料所扮演的角色

辛	香	料
有辛味的香料	有烯、酚或醇等揮發性的氣味	有調味與上色的能力

辛＋香＋料 **組合** ＝複方香料

什麼是辛料

第一個直覺反應是產生「熱辣感」，舌尖接觸到味覺受體，經由三叉神經系統傳導到大腦，人們感受刺激性或口腔遭受到「辛」入侵，辣得讓人心跳加速，是一種促進血液循環、讓人身心愉悅的興奮劑。辛位列香料之首事關重要，一部分的辛可以擔綱主位，「提升」香氣並將所有味道「整合」起來，並撐起風味來源，齊聚辛、香、調味於一身者，是典型的全方位辛香料。由於擔綱主位，「辛」能駕馭眾辛香料；發號施令、調動性格各異的單方進行協調，中間會經過相容或排他過程，最後產生和諧。辛能防腐，決定成品的香醇度，提升味覺層次感。

根據我多年的經驗，辛並非只表現終極灼熱感，其分量多寡與下鍋時機，在在影響辛度釋放，拿捏得好甚至能嚐出甜味、去腥羶味效果，或者趁機助「香」一臂之力，辣椒、花椒、胡椒、生薑皆為典型全方位辛香料，適合擔任主位角色。至於甜胡椒、丁香、阿魏等，不論在舌感或屬性上雖同時具有辛、香、調味功能，但不宜成為主要風味，畢竟沒人會想吃一鍋滿是丁香的滷肉；不過這不影響其整合駕馭香料的能力。

全方位辛香料

辛料中同時具有香、調味功能者，
具有駕馭、整合眾辛香料的能力！

可擔綱主位

- 典型的全方位辛香料
- 可同時成為主要的風味來源

舉例

辣椒　花椒　胡椒　生薑

不適合擔綱主位

- 非典型的全方位辛香料
- 在東方飲食的習慣上，不宜成為主要風味來源

舉例

甜胡椒　丁香　黑小豆蔻　阿魏

什麼是香料

單方辛香料中含有多樣芳香性分子，匙數多寡會影響釋放香氣的效果；過多會造成「驚嚇」，而擺錯位置、搭配失當、烹煮時間長短等，都會影響此類辛香料的特性。大多出現在久燉久熬或醃漬的烹食過程中，但並不是用越多越香——這是許多人會有的迷思。其實用得好不如用得巧，在不破壞原食材的味道下賦予食物香氣，這是最高明的調味師做法。九〇%以上的「香」料因為富含醇、酚、酮、醛、萜烯等，具有賦香能力或矯味功能；偶有幾種特別辛香料身懷絕技，擅長扮演「中介者」角色，遇上相斥的辛香料時，就得請出它們搓圓仔湯，搭起彼此的橋梁。

具有「香」料功能的單方，對沒味道但有口感的食材最具滲透力，而且通常蘊含抗氧化元素，對身體有一定的保健作用，八〇%以上的單方「香」料可以除羶、腥、臊、羼，經過火候催化、熟成來轉化味道。不同屬性的芳香性因子經過堆疊，可創造出多樣化、多層次的芬芳，為食物增香。

什麼是調味料

走進印度人的廚房，各種五顏六色的瓶瓶罐罐，粒狀、粉狀目不暇給，每天上演不同戲法。其實他們並不把辛香料稱為咖哩，英文的curry完全是英國人一廂情願的看法，在泰米爾語中，kari是指「醬」，同時也指常態性使用辛香料烹飪蔬菜或肉類，並且不帶任何醬汁。無獨有偶，中東人也不認為有什麼固定配方能詮釋每日餐桌上的菜餚，盡是信手拈

常用辛香料

辛

典型全方位辛香料，適合擔任主位角色

辣椒
持續力強，滲透力高，一、兩根便足以駕馭眾辛香料和諧。

非典型全方位辛香料，不適合擔綱主位

丁香
氣味濃烈銳利、麻中帶苦味，不宜成為主要風味來源。

香

「香」料功能，具滲透力，為食物增香

南薑
能保留食物口感，賦予宜人香氣，除去令人討厭的異味。

香茅
具有輕柔的檸檬、薄荷香氣，適合搭配海鮮、家禽類。

料

林林總總的單方，堆疊出「調味」功能

羅望子
獨特酸味能修飾或緩和口腔單一味道帶來疲憊感。是泰國調味不可或缺的元素。

胡荽子
具有低調的花香、柑橘香氣，烹煮湯品加入胡荽子可以調味增加甜度，並且能去除油膩。

來，自由揮灑！大家發現了嗎？這些擅長以辛香料烹飪的國家，大都靠林林總總的單方來堆疊出「調味」功能。

阿育吠陀將食物分六味稱為「rasa」：辛、甘、酸、苦、鹹、澀，與《呂氏春秋．本位》將酸、甜、苦、辣、鹹定義為五味有異曲同工之妙，加上每一種辛香料都有自己的風味，例如胡荽子是甘、辣椒是辛、羅望子是酸、阿魏是苦、黑種草是鹹、咖哩葉是澀，組成就是咖哩，完全打掉重組，可輕易依據不同地域與氣候、民族風味和烹調方式來調整用法並運用辛香料，加上各單方的食療功能結合在地食材特色，讓精緻調味退居輔佐角色，減少攝取過多調味料，是照護健康重要的方式，再者這些單方辛香料約七〇％具有上色功能，賦予菜餚色、香、味視覺效果。如今辛香料已跳脫只能做咖哩的框架，大膽運用辛香料創作菜餚並營造極致風味，已不再是遙不可及的夢想。

原產自中國的藥材，
成為餐桌上增香的一份子

經常用於膳食的中藥材（如肉桂）又稱辛香料，
較特定使用的膳食中藥材，可稱藥膳辛香料。

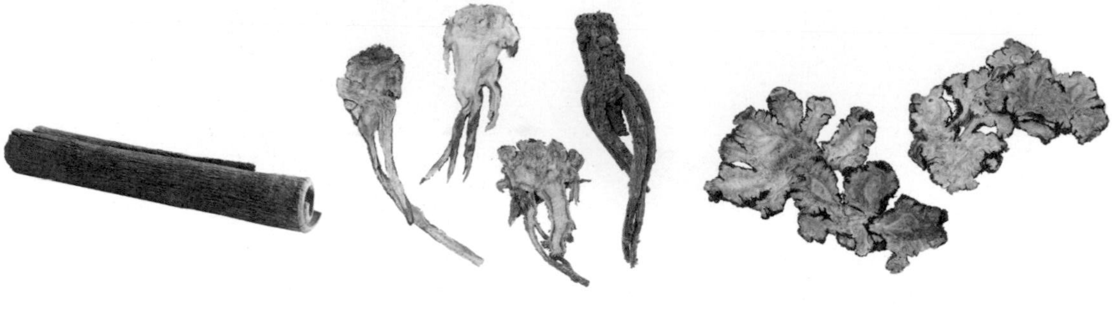

中國肉桂　**當歸**　**川芎**

什麼是藥膳辛香料

印度有阿育吠陀醫學，中國為本草學，兩大經典皆是古老智慧彙集而成，同為預防保健及藥食同源之概念，本草學是構成中國醫學的重要基石。我們熟悉的藥膳便是以中藥材與食材搭配，讓身體獲得滋養的同時也滿足了味覺。辛香料的字源（épice）是「具醫療效果的藥品」，但若加上美國香料協會的定義：「辛香料泛指已乾燥且主要用來調味的植物。」部分植物性中藥材（如丁香、八角、肉桂）也是辛香料。然而藥膳裡的香料，如當歸、巴戟天、黨參、人參、白芷、桑寄生、川芎等，雖然也能在菜餚裡扮演調香增味的角色，但不若八角、肉桂這類用於五香粉或調味料中，能在日常頻繁食用，故仍稱中藥材，因此為了便於解釋，本書另以「藥膳辛香料」稱之，取其「常用於藥膳之中藥材」之意，較具有區域風味特性。

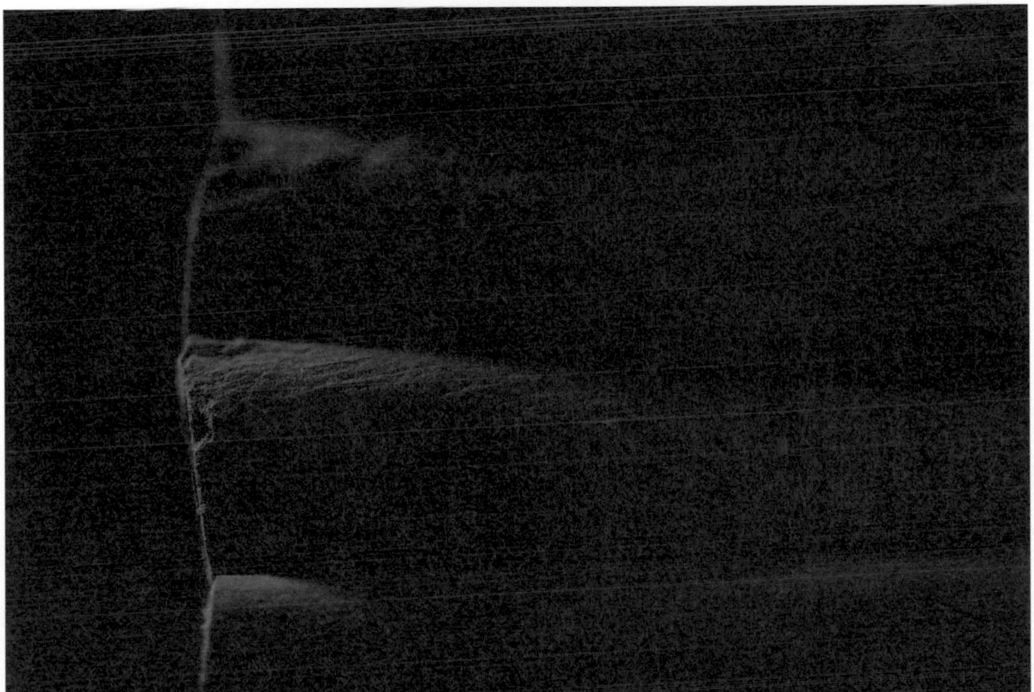

chapter

3

辛香料在食譜中的風味展現

做一道料理，

要選擇哪些味道做重要基底，

哪些輔助其他香料產生風味？

如何配置辛香料的先後、輕重、緩急？

隨著組合越多，香氣也更加有層次深度。

掌握每種香料的「味道」與「功能」，

把它放在合適的位置，

將勾勒出接近心中完美的風味！

在每道料理中，辛香料各有獨特脾性與專長

辛香料是由多種芳香性因子及揮發性分子所組成，一旦這些萜烯類、酚類被送作堆，就會產生許多不可預知的變化，也正是這些變化為菜餚帶來起承轉合的效果，豐富味蕾感受，令人深深著迷的同時，也供給身體需要的養分。

辛香料好比人類社會的不同群體，都有自己的脾性、角色、專長，也有相容與相斥問題。有些善於周旋，擔任中介者角色；有些則是領袖型，能擔負重任；有些低調、隱匿……好不容易把它們集結在一起後，經過火候催化、時間揉合，不同食材搭配，各民族烹調習慣……這些辛香料在其中數度撕裂、整合，最後形成風味圖，組成可分為：潛在之味（Potential Taste）、顯現之味（Apparent Taste）、長韻之味（Body Taste）、中層段（Mid-palate）、尾韻（After Taste）及回韻（Length Taste）。

潛在之味

這類的單方辛香料有個共同特性，就是有明顯的甘味。做為具有調味屬性的單方大多鋪陳基底，具有極高的穩定性，能使原本飄忽不定的辛香料快速定味，這類單方通常擅長增加菜餚實香，或者深藏風味底蘊中，稍稍幫助菜餚調味，這種嚐不出明顯味的特色單方，有些具有著色能力，做為主味幕後的大功臣，它通常低調而隱匿，像是賢內助般襯托、輔佐顯性辛香料，這類單方是安全的，所謂的安全，指的是不會出現搶味或爭寵的情況，例如胡荽子、紅椒粉、香草。

顯現之味

含高揮發性精油、擴散能力強的單方辛香料，亦稱「頂香」或「頭香」，是料理的勾魂手，令人未嚐食物已垂涎三尺。不過所聞香氣與入口香氣迴異，例如中國肉桂具八〇%以上的醛、酯，無論原屬性或單方味道有明顯辛辣或濃郁香氣，但是經過烹煮之後，嗆味消失而甜味突出。

這類辛香料可用於單方或複方，能除去食材中較重的腥羶味，有明顯助香提味的作用，只需少量就有先聲奪人之勢，在菜餚中稱霸；配方當中若接連出現，能達到延續接力的作用，例如

潛在之味

低調而隱匿，極高穩定性

紅椒粉

胡荽子

大多鋪陳基底調味，
像是賢內助般襯托、
輔佐顯性辛香料。

八角、丁香雖擅長除腥增香，卻不宜多用，以免造成連鎖效應。遇到需要久熬或久燉的食材（如牛腱心、豬腳等），就會運用接力方式來堆疊辛香料：肉桂、八角、丁香……如此就不會出現味道過重的問題，這類辛香料保鮮效果好、香氣氛芳，缺點是容易造成菜餚味道失衡，不宜調配過重，而且顯現之味通常無後味，需搭配長韻及中層段單方辛香料相接，才能營造結構完整的效果。

長韻之味

具全方位功能之辛香料（辛料、香料、調味料），通常拿手的事就是擔綱主位，不一定做為菜餚的主要味道，最重要的是具有持續駕馭、整合眾辛香料的能力，確保其他單方辛香料能在穩定、足夠的空間中釋放各自的特性。全方位的辛香料種類並不多，卻是風味圖裡不可或缺的要角，例如滷肉時加入一小根辣椒，將助其他辛香料（如八角、丁香、肉桂）的香氣更上一層樓，使這鍋滷肉風味顯得特別層次分明。長韻之味的單方辛香料有明顯辛味，觸發舌腔刺激感或三叉神經灼燒感，是擔綱體香或實香的重要輔助角色，多數用於家禽類、內臟類、紅肉類，或者營造多重層次感，幫助食材及其他辛香料釋放鮮度、香度或去羶腥味、軟化肉質，與潛在之味、顯現之味攜手合作，可修飾食物風味、增加香韻並賦予醇厚口感。

顯現之味

明顯辛辣或濃郁香氣，擅長除腥羶味

能除去食材中較重的腥羶味，由於味道濃烈，不宜多用，因此在久燉料理會運用接力方式來堆疊風味，並且搭配長韻及中層段單方，避免味道過重。

丁香

八角

肉桂

中層段

出現中層段結構，表示風味圖中有三個以上不同全方位組成的鋪陳（見第62頁花椒篇之牛肉麵），此時單方辛香料堆疊十二種以上，這類風味結構圖賦予食物滋味飽和，感覺無比滿足。為何需要結構三層風味圖？主要是避免味道較重、除羶味的辛香料與增加馨香與幽香的辛香料相互干擾，有時甚至需要出動中介者，緩和或安撫兩種相斥、對比強烈的辛香料。

或許大家會認為，既然相斥何必擺在一起？辛香料之所以迷人，就是因為自然化學元素產生作用，過去會強調不合就盡量避免，但風味的堆疊也正因為單方辛香料性格鮮明而產生層次感，不是嗎？例如八角與黑小豆蔻，兩者的味道、性格都極其鮮明，在咖哩中缺一不可，這時中介者大茴香的出現，不但減緩兩者的對立，還能柔和雙方尖銳性格，因而轉換。說到這裡，大家就不難理解中介者角色的重要性。當然，若兩種辛香料的衝突性實在太高，例如花椒與越南香菜，就算請出中介者也無力回天，這時就能免則免吧！

通常中層段的單方辛香料也扮演「緩和味覺」的角色，大家不難想像，超過十二種辛香料組成的菜餚風味，味道是比較重的，例如牛肉麵、麻辣鍋、臭臭鍋、焢肉、滷味，這些食物吃多

長韻之味

擔綱主位，整合眾辛香料

同時具備全方位（辛料、香料、調味料）功能，能持續整合單方辛香料在穩定、足夠的空間中釋放各自特性。

花椒

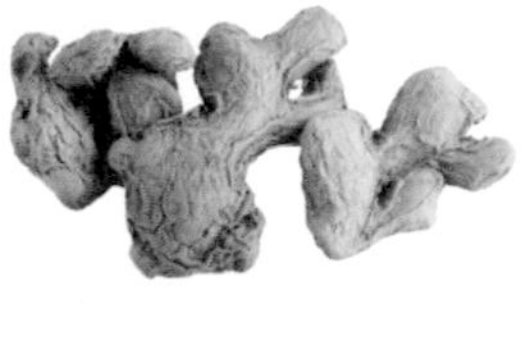

生薑

辣椒

了舌腔就感覺沉重，在結構風味圖時，必須適時加入輕柔、飄逸的單方辛香料，暫時隔絕或阻斷味覺，從而讓人「吃多了也不難受」並且「順口」！中層段結構的風味有助香作用，不過是助「幽香」而非沉香。

尾韻

當潛在、顯現與長韻之味屬性的單方堆疊完畢，再連結中層段與尾韻即一氣呵成。尾韻包含尾香，單方以調味香料或增香香料為主，在烹調最後階段加入。調味香料例如甘草、石栗等，可增加整體融合性；增香香料則能彰顯菜餚主題風味。無論如何，尾韻就是要創造菜餚整體的協合性，讓風味被記憶。

回韻

集結以上所有風味的總結，從物質很小、很輕的揮發性分子（潛在之味）到實際嚐食物的頭香（顯現之味）；享受愉悅味蕾感受，之後進入高低起伏層次（長韻之味），讓吃東西好比跳兩快步、一慢步的倫巴舞（Rumba），層層驚喜，邊嚐邊體會味覺變幻莫測（中層段），食物吞嚥後出現完美契合之味（尾韻），不久口腔內慢慢散發出食物餘味（回韻）。

尾韻

尾韻讓菜餚整體更協調

甘草

味道甘甜清涼，經常在尾韻補強「甘」之味。

中層段

避免辛香料的味道相互干擾、緩和味覺

大茴香

常在性格鮮明的兩種單方辛香料之間擔任中介者，減緩對立，促使風味堆疊巧妙融合。

葫蘆巴

苦與澀味，能在沉重醬體味道與味蕾之間形成隔絕效果。

結語

Summary

我把眾多辛香料單方做了整理與歸類，加上小時候的味覺記憶、在印度學習香料的心得、十年教學經驗累積及使用經驗法則等，推敲出一套人人都可以上手的口訣：除腥羶味用八角、丁香、胡椒；賦清香用南薑、香茅；賦沉香兼滲透是肉豆蔻、甜胡椒。家裡廚櫃常備香料罐，反覆練習變戲法，中式傳統菜、西式料理、日式風味、咖哩料理，不論想玩創意調味或老菜新做，只要清楚條列出自己想要建構的味道，每個人都能成為辛香料魔法師。

chapter

4

34種精選單方與風味圖解析

辛香料的運用，
是一門博大精深的學問，
本章精選34種常見的辛香料，
深度認識它們的屬性與功能，
以及從世界到台灣的料理運用。
篇末的料理風味圖，
解析各種香氣搭配的邏輯，
精準抓到經典料理的精髓。

Chili
辛香料
1

辣椒

整合眾辛香料的領味者

具備王者風範，火辣辣的森巴舞者

到底辣椒有何魅力，竟然讓它擊退胡椒及生薑，位居辛香料之冠呢？主要是辣椒素氣勢磅礡，銳不可當，不管是單方或複方香料結構，有辣椒的配方，哪怕是一、兩根，都足以駕馭、引導整合眾辛香料產生味道和諧，它持續力強，滲透力高，不會因長時間烹煮而失去風味，這種角色好比萬人之上的帝王，君臨天下，威風凜凜，最終形成味覺和諧關係，提升食物成品醇度與厚度，當然，如果運用得宜，例如特定品種辣椒，甚至還可以在味覺末端隱隱約約吃出它的「甜味」。

除了盛氣凌人的辣，
還能為食物增添微妙甜味

英名	Chili
學名	*Capsicum annuum* L.
別名	唐辛子、番椒、海椒、辣子、辣角、泰椒
原鄉	南美洲熱帶地區，以墨西哥為主

屬性

具備辛、香、調味功能，是全方位辛香料

辛香料基本味覺

辛 甘 酸 苦 鹹 澀

適合搭配的食材

所有食材皆宜

麻吉的香草或辛香料

各種香草及辛香料都是好朋友

建議的烹調用法

醃漬、鹽漬、燒烤、燉煮、燜燒、烙烤、煨煮

食療

- 去除體內脂肪累積、驅除濕氣
- 維生素C豐富，是所有蔬菜之冠，能抗老化及抗氧化
- 辣椒素：能減輕肌肉或神經引起的疼痛
- 抗菌：對枯草芽孢乾菌、大腸桿菌、金黃色葡萄球菌有抑制作用

香氣與成分

辣椒之所以「辛」，完全是因為辣椒素的緣故。辣椒素最集中在胎座（辣椒子附著的白色海綿狀組織），內膜次之，要減低辣度需把胎座刮除（通常辣椒籽也跟著除去了）

乾燥的辣椒有一股薰香，定色效果也比新鮮辣椒更好。

辣椒 Story

在東南亞，手舂辣椒就是古早味

東南亞人的廚房可以沒有油鹽，但不能少了辣椒，有了辣椒後便不能失去石臼，兩者之間好比唇齒相依，難捨難分。

大陸東南亞國家，如泰國、柬埔寨、寮國等地大多使用高腳木臼，島嶼東南亞國家則有三種研磨辛香料的方式，一則如新馬是深碗型石臼，再來是如印尼使用淺盤型石臼，另有如平板式的石磨，究竟為何堅持使用臼，最大的祕訣在於：經由杵與臼不斷搗、碾、磨產生熱能，將全部的辛香料融合，共譜出鸞鳳和鳴的樂章，尤其對於日常飲食中的參巴醬（Sambal）更是一點都馬虎不得。參巴醬為新、馬、印尼餐桌上的必備佐餐沾醬，由新鮮辣椒、紅蔥頭、蝦粉、糖、鹽等材料舂搗而成，分直接生食或過油爆炒兩種，這一類的辣椒醬共有二十幾種會隨不同膳食而搭配做法。對新馬人而言，能吃到手舂辣椒就是古早味啊！

台灣人對辣椒反應兩極，一種愛之欲其生，另一種惡之欲其死：愛吃麻辣鍋的粉絲與一丁點都去之而後快的人，成了天秤的兩端，難道辣椒真的只能表現「辛」嗎？

世界餐桌革命

辣椒得以傳播主要歸功於哥倫布，若非他誤以為登陸的地方是印度而非美洲，就不會

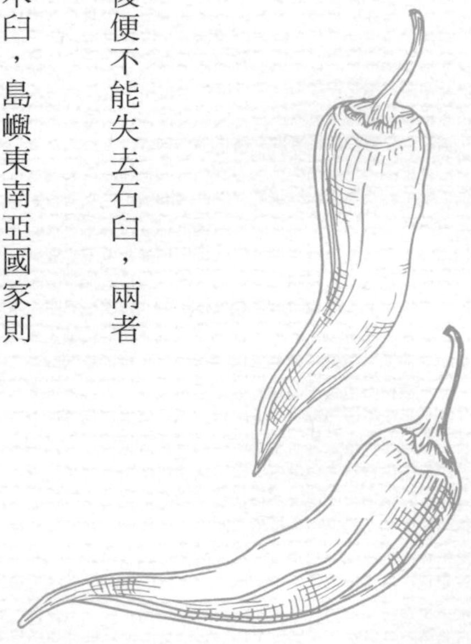

point 日常參巴醬製作

材料

新鮮辣椒　6條
紅蔥頭　2瓣
蝦粉　1大匙
砂糖　1茶匙
金桔　1顆

做法

把辣椒去籽切小段、紅蔥頭切片，放入石舂搗成泥，再加入蝦粉、糖搗勻，最後擠入金桔汁混合，即可食用，適合拌飯、拌麵、沾食。

將辣椒視為胡椒而稱之Pimiento（西班牙語的胡椒）。一開始辣椒只在宮廷中種植當觀賞花卉，十六世紀西班牙農民開始種植入菜，並很快抵達義大利及法國，再輻射至東歐與巴爾幹半島國家。十九世紀，辣椒終於在歐洲遍地開花。

有明顯辣味的Capsicum與甜味的Paprika都被稱為辣椒，而大部分歐洲人選擇後者做為蔬菜，如甜椒、匈牙利辣椒（Hungarian wax pepper）等，同一時期，昂貴的胡椒驟然斷貨，加快辣椒在歐洲的栽培腳步。

辣椒是窮人胡椒

在辣椒傳播的歷史中，葡萄牙人功不可沒，十五世紀登陸印度引進辣椒後，徹底改變印度人把胡椒當主要辛度的習慣。爾後，辣椒透過商賈貿易從此風行全世界，不但豐富了貧窮人們餐桌上的味蕾饗宴，也引燃世界餐桌革命的開始。

辣椒進入中國餐桌也不過三百多年的歷史，在明朝末年只做為觀賞用途，著名戲劇家高濂所撰《遵生八箋》記載：「番椒叢生，白花，果儼似禿筆頭，味辣色紅，甚可觀。」直到清初，雲貴高原地區以辣椒替代缺乏的鹽巴來醃漬、調味，奠定後來的俗諺：「四川人不怕辣，湖南人辣不怕，貴州人怕不辣！」

辣椒為多年生木本植物，春天發芽，秋天採擷，又名臘茄，一七五五年王錦在《柳州府志》中始稱之「辣椒」。爾後，荷蘭占領台灣才引入，在《台灣府誌》、《鳳山縣誌》中被稱為「番仔薑」。

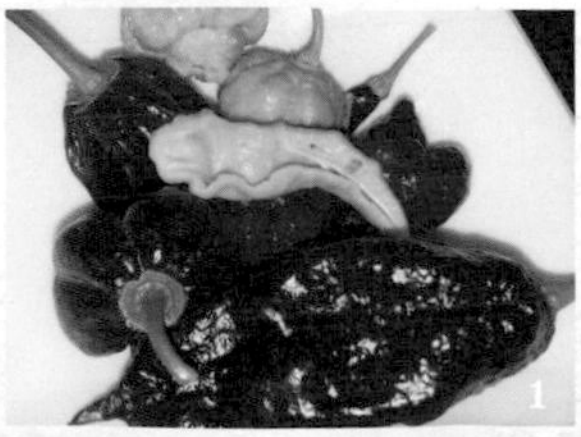

1. 各種不同辣椒品種，越可愛魔性越強。
2. 墨西哥黑魔鬼辣椒。

原鄉南美，吃辣好精采

南美洲有一百多種不同類型的辣椒。各種辣椒形狀大小不一、色澤繽紛，有紅色、黃色、黑色、紫色、白色、橘黃色、墨綠色，外形越俏麗可人，魔性越強大可怕；個兒越發嬌小，脾性越發潑辣。辣椒有甜的、微辣、中辣、大辣、極辣還有煙燻口味，根據史高維爾辣度單位（Scoville Heat Unit，簡稱SHU），辣度分為十級：單位從完全沒有辣度的零至一千萬以上，品種、季節、產地在在影響它的級數、厚度、辣度及風味。

南美洲原鄉大部分菜餚都是用辣椒烹製，包括著名的燉肉醬Adobo、什錦辛香醬料Recado rojo，很多時候即使食物中已加辣椒烹煮，南美洲人還是習慣餐桌上再放一碟新鮮辣椒沾食，此外，以Molcajete（墨西哥火山岩製成的石臼與石杵）調製莎莎醬是拌食的靈魂所在，有時候也當主菜吃，墨西哥有一種辣醬mole sauce，利用不同顏色辣椒烹煮出五顏六色的色澤，擺在餐桌上極其賞心悅目，南美洲人吃辣已經達到登峰造極的境界。

歐洲人就顯得收斂許多，用乾辣椒的比例高於新鮮辣椒，通常用於燉菜、湯品，或者製成各式各樣的辣椒鹽、辣椒油、辣椒醋，他們喜愛甜椒勝過辛度的辣椒，南義大利人喜歡在夏天以番茄燉甜椒（Peperonata）當開胃菜，匈牙利人則愛番茄燉辣椒（Hungary tomato-pepper stew），由此可見南美洲嗜辣的文化，歐洲人並未照單全收。

王者風範！擁有統籌眾辛香料的本事

到底辣椒有何魅力，竟然讓它擊退胡椒及生薑，位居辛香料之冠呢？主要是辣椒素氣勢磅礡，銳不可當，不管是單方或複方香料結構，有辣椒的配方，哪怕是一、兩根，都足

1. 東南亞人烹煮咖哩很少只用一種辣椒，大多新鮮與粉狀雙管齊下。
2. 色彩繽紛的辣椒，有紅、黃、黑、紫……各種顏色。

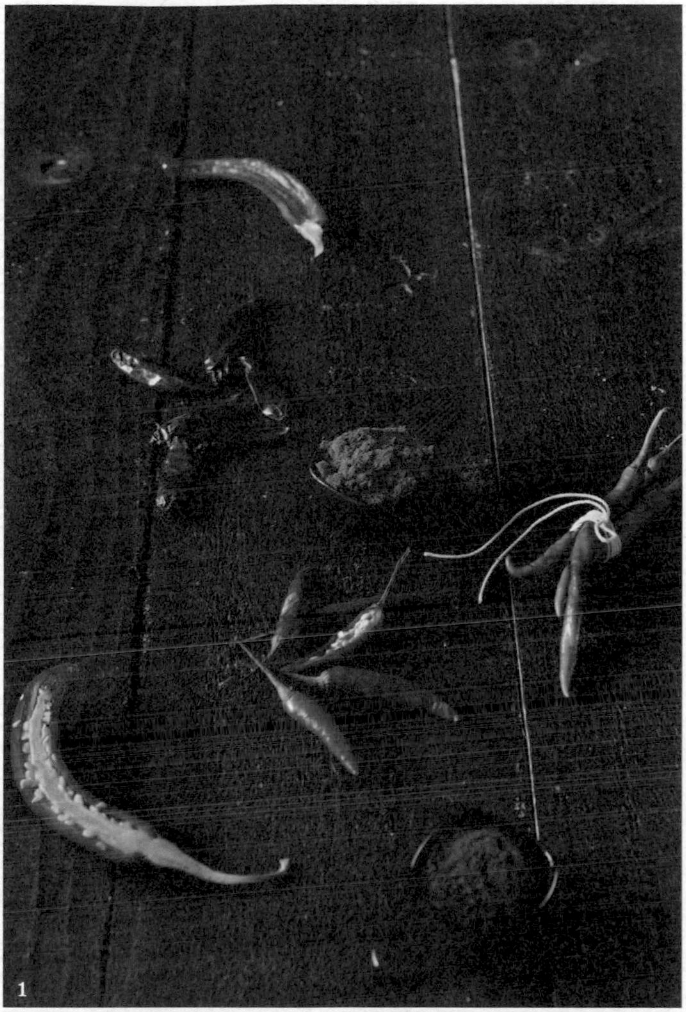

1

2

以駕馭、引導、整合眾辛香料間產生味道和諧，它持續力強，滲透力高，不會因長時間烹煮而失去風味，這種角色好比萬人之上的帝王，君臨天下，威風凜凜，最終形成味覺和諧關係，提升食物成品醇度與厚度，如果運用得宜，例如特定品種辣椒，甚至還可以在味覺末端隱隱約約吃出它的「甜味」。

舉個例子，我們常常滷肉、滷蒟蒻或豆干，希望能做到滲透入味，若在配方中適時加入些許辣椒，就能幫助其他單方辛香料中的酚、醚、酯釋放，達到這個效果。辣椒還有另一個特點，它的抗氧化功能很強，能幫助身體排汗，讓住在赤道國家的人們因此得到救贖，把辣椒當成最佳保健盔甲。話又說回來，辣椒之所以「辛」，完全是因為辣椒素惹的禍，不過辣椒並非完全盛氣凌人，也有其嬌羞溫婉的一面，重點在於用得是否恰當、擺放的位置是否合宜、品種、辣的級數是否全然掌握……若拿捏得當，辣椒還能為食物增添微妙的甜味，因此在香料調配範疇中甚為重要。

在保健方面，事實證明辣椒能去除體內脂肪累積。日本人早有遠見，把抽取物提煉成膏，強調「減脂、瘦身」；其次，辣椒富含維生素C，常吃辣椒的確不易感冒；其抗氧化功能，能讓蛋白質恢復光澤。對嗜辣的人而言，冬天來一鍋又麻又香的麻辣鍋不但禦寒，對驅濕也大有幫助，邊吃邊大汗淋漓更是一件幸福無比的事！

如何抑制辣度？

牛奶或含乳製品的優酪乳可以解辣。當然，牛奶純度越高（非調味乳），解除痛苦的速度也越快；若當下有四十度的烈酒，只需五十毫升就可以立即解除警報。在烹調過程中若要抑制辣度，可以使用密度較低的純芝麻油或苦茶油，不過若需要釋放辣椒素，應使用大豆沙拉油。被辣椒灼傷時，應以冷牛奶沖洗或以薄荷敷之。

亞洲的辣椒運用

由於溫度及地理因素，中東國家使用碎片狀辣椒占比很高，如阿勒坡辣椒（Aleppo

辣椒粉是印度料理的日常辛香料。

Pepper）。他們將新鮮辣椒與鹽巴揉捻至發酵，再撈出曬乾，研磨成粉，吃的時候有非常明顯的酸味。另一種是有近乎葡萄乾、濃濃果香及楓糖綜合風味的烏爾法辣椒（Urfa Chili），當地人白天日曬夜晚覆蓋，進行自然發酵，直到氧化變成深色並發出煙燻味道，辣度非常高，需小心謹慎食用。他們將之製作成各式各樣的辣椒鹽，撒在直火烤羊肉、全雞、碎牛肉丸（Kabobs）；在優酪乳中拌入一些辣椒粉會嚐出微妙的甜味，搭配肉類食用順便為肉類解膩。中東人的熱巧克力飲品、巧克力蛋糕或巧克力慕斯都會撒上辣椒粉，吃起來別有一番滋味。

印度人買辣椒粉是以「舌尖」品出要的「辛」度及「香」度還有「調味」等厚度，再根據上面標示的編號購買，除了標準綜合辛香料（Standard Garam Masala）沒有辣椒粉外，印度人的日常完全仰賴辣椒度日，若非葡萄牙人，生活在底層的首陀羅（Sudra）及賤民（Dalita）階級可能無法攝取如此高比例的維他命C，徹底成為貧窮族群的日常保健食品。

韓國則把糯米、發酵黃豆及鹽巴和入辣椒粉中製成苦椒醬，寄託在醃漬的泡菜裡，確保冰天雪地的季節也能享用蔬菜，補充纖維；另有一道經典菜餚，將蒸過的小青椒再以辣椒粉拌炒。此外還有肉鑲辣椒、辣炒年糕、辣炒花蟹湯……吃辣，韓國人可以面不改色。

日本人吃辣吃得非常含蓄，一瓢七味粉，能適時提升一些味道，保留更多食物原味，才是品嚐美食最高的境界啊！

在台灣吃辣分三種類型：一、避開辛辣味，新鮮辣椒只用於菜餚配色；二、嘗試吃辣者，選擇較溫和的辣椒油或豆瓣醬；三、很會吃辣的族群，無辣不歡。

東南亞人烹煮咖哩很少只用一種辣椒，大多新鮮與粉狀雙管齊下，除了開胃、排濕外，也達到抑菌效果，讓食物不容易因炎熱氣候變質。

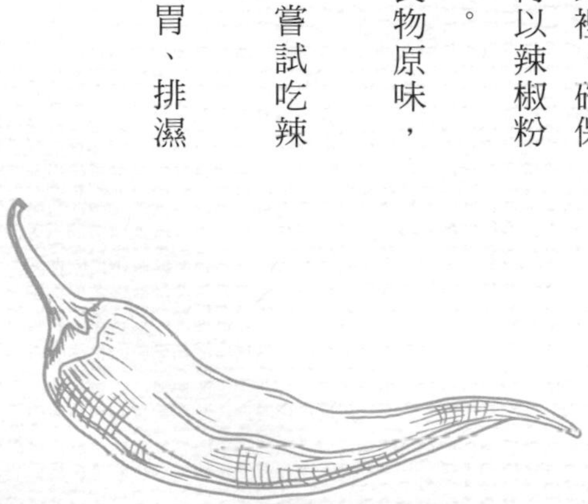

動手試試看

日常版

辣椒 × 蒟蒻
（可以替換成任何食材）

辣椒不只有辣度，也是烹調裡能提點香氣的重要元素。同樣一鍋滷味，是否有加辣椒，香氣與滲透性差別很大，附上蒟蒻食譜，有實驗精神的人，可以試試香料相同，有辣椒跟無辣椒版，就可以知道辣椒在香料裡統領風味的厲害了！

材料

- 蒟蒻　4片
- 青蔥　2-3根
- 薑片　2片
- 醬油　$^2/_3$杯
- 米酒　適量
- 油脂　2大匙
- 冰糖　1½大匙

spice

- 大辣椒　1條
- 朝天椒　1條
- 八角　1顆
- 中國肉桂　2公分
- 丁香　2-3顆
- 白胡椒　1茶匙
- 肉豆蔻　$^1/_4$顆

步驟

1. 將蒟蒻燙過，去除鹼水。
2. 起油鍋，加入冰糖，炒到糖融化變成褐色。
3. 放入青蔥、薑片煸香，再加入醬油及米酒。
4. 燒開後加入蒟蒻、所有辛香料、加水淹過食材。
5. 熄火燜約半天。

辣椒的持續力強，
滲透力高，能駕馭
整個複方的風味。

point 如果不炒糖色，可省略步驟**2**加冰糖的動作，起油鍋直接進行步驟**3**即可。

動手試試看
進階版

辣椒 × 醬料

這道辣椒醬的香氣密度高、集中且濃郁，適合稀釋當沾醬、拌麵醬、爆炒、煮湯等，簡單料理就可以做出美味便當或下酒菜。

材料

油脂　145毫升
紅蔥頭　6大匙
洋蔥丁　80克
蒜末　2大匙
香菜梗細末　2大匙

調味料

冰糖　30克
白糖　3茶匙
鹽　3茶匙

spice

一般辣椒泥　4大匙
乾辣椒泥　3大匙
小辣椒泥　2大匙
南薑　1½茶匙

步驟

1. 用調理機將全部辣椒打成泥狀，備用。
2. 起油鍋，將紅蔥頭、洋蔥丁入鍋爆炒。
3. 炒至水氣蒸發後，加入所有辣椒泥，繼續以小火炒至變色。
4. 加入蒜末炒至香氣四溢，再加入南薑及香菜梗細末，攪拌均勻。
5. 下調味料調和，全部溶化後即可起鍋。
6. 待涼後裝瓶，放入冰箱可以保存3個月。

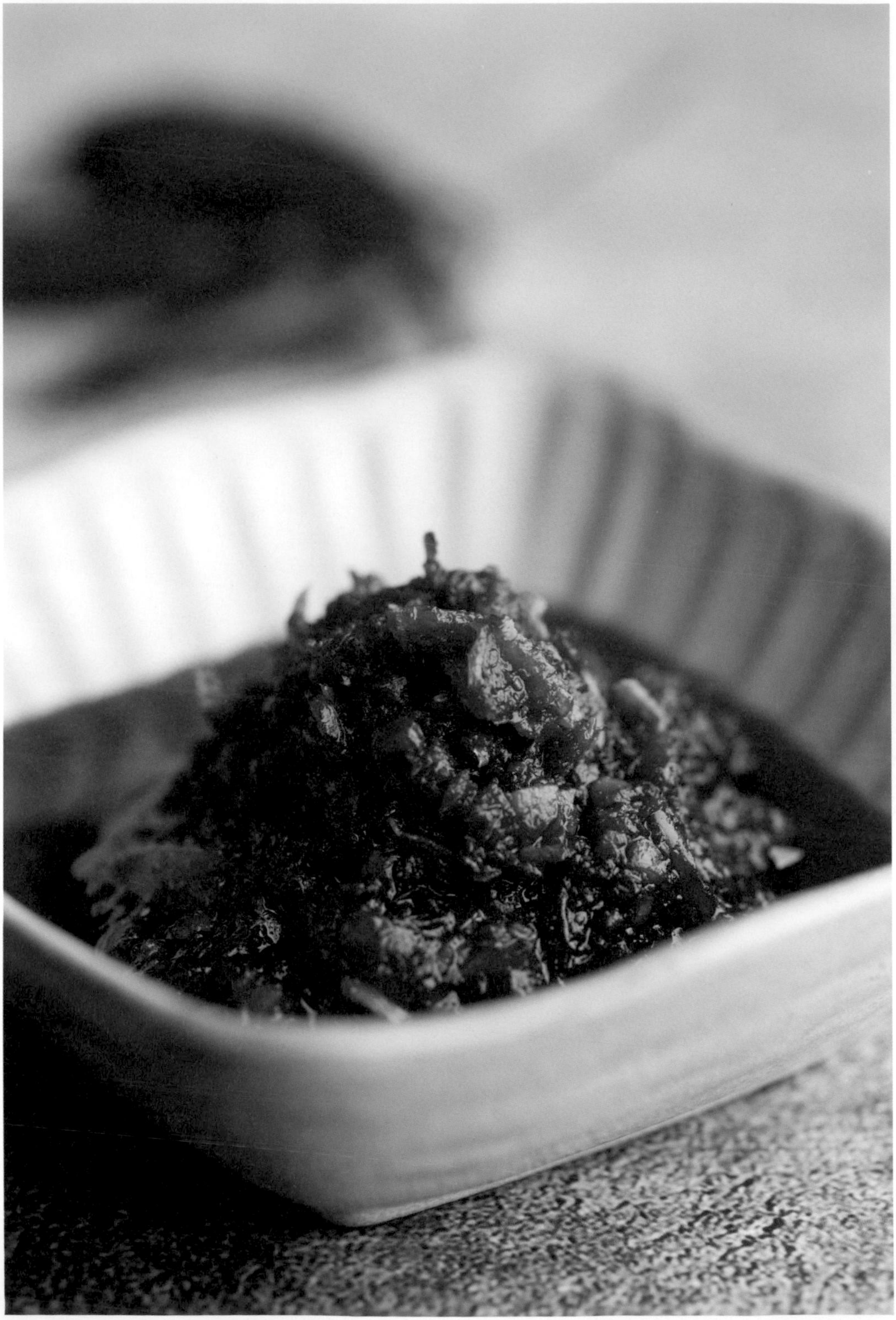

辣椒醬風味圖

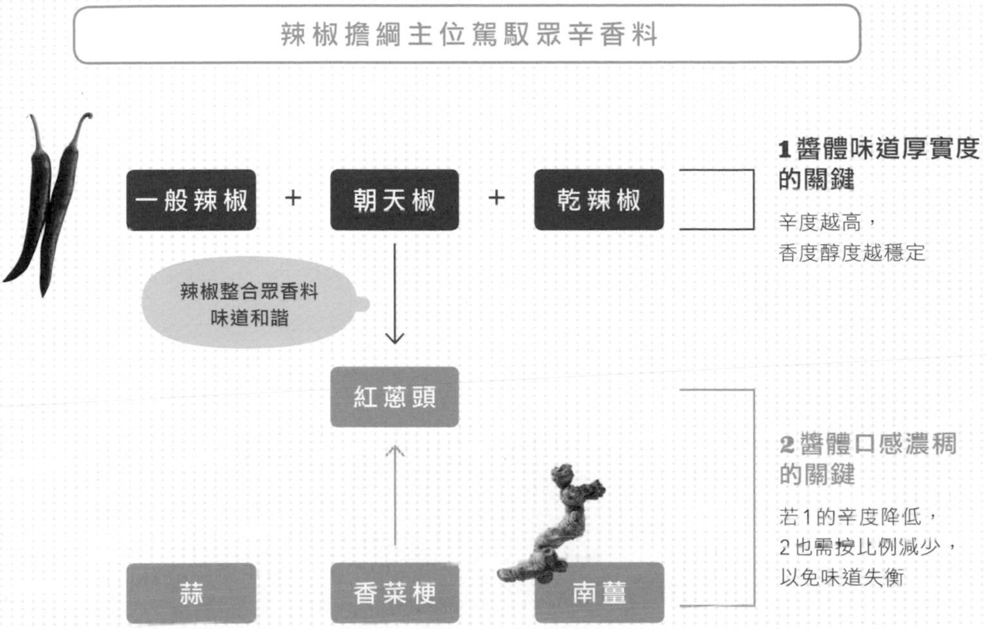

1 採用三種辣椒，擔綱味道厚實度，統領眾辛香料

- **一般辣椒：**指的是常見於炒菜配色的辣椒，果漿味道較好但不夠辣。
- **朝天椒：**外型較細小，皮薄激辣，加入朝天椒增加厚實度，若有綠色朝天椒也可加入。
- **乾辣椒：**新鮮辣椒水氣重，有不易上色的缺憾，故採乾辣椒（或辣椒剪片），乾燥的辣椒有一股薰香，定色效果也更好。

2 紅蔥頭為醬體口感來源，蒜、香菜、南薑加強清爽口感

- **紅蔥頭：**做為基底，若要口感更好，可以增加10-15%。
- **蒜、香菜梗、南薑：**輔助紅蔥頭，讓醬體清新爽口，變得更立體，若一時找不到南薑，也可以用檸檬葉或咖哩葉替代。

Sichuan Pepper

辛香料

2

花椒

麻、辣、香令人意猶未盡

瞬間麻痺味蕾，宛如魔鬼般狡黠

喜歡吃麻辣鍋不足以跟喜愛花椒劃上等號，要實際在嘴裡咀嚼並享受它瞬間麻痺你交感神經的過程：充滿刺激、誘惑與幻想，這滋味在口中撩動起舞，不吃惋惜，吃了狂野奔放，麻得讓人喪失理智，麻過之後又不斷想念。四川以外的各地華人，喜歡以複方入菜，例如滷豬腳、大腸、河鮮魚、牛肉、內臟類，只需要一小匙，腥羶異味馬上消失無蹤。

只需一小匙，腥羶異味馬上消失

英名	Sichuan Pepper
學名	*Zanthoxylum schinifolium*
別名	秦椒、川椒、漢椒、大椒、蜀椒
原鄉	中國四川

屬性

全方位辛香料

辛香料基本味覺

辛　甘　酸　苦　鹹　澀

適合搭配的食材

牛肉、羊肉、豬肉、雞肉、鴨肉、鵝肉、豆類

麻吉的香草或辛香料

花椒鹽、五香粉、十三香、百草粉、七味粉、芝麻、柑橘、胡椒、辣椒、八角、丁香、甘草、小茴香、茴香子、薑、蒜、甜胡椒、新鮮胡荽、青蔥

建議的烹調用法

燉煮、燒烤、煮湯、燜燒、爆炒

食療

- 可解風寒濕痹、止癢解毒
- 豐富的牻牛兒醇、檸檬烯、磷、鐵可增強免疫力
- 對肺炎雙球菌、金黃色葡萄球菌有抑制作用

香氣與成分

- 含有豐富揮發性油脂，烯、酯、酚、芳樟醇等高達50%，但都難溶於水，故多數廚師以熱油沖泡或小火煉製
- 花椒含揮發油：檸檬烯、枯醇、異茴香醚、牻牛兒醇等味麻、辛而香

主要氣味及揮發油都集中在外皮突起的疣狀油點，分布越多，越麻香。

花椒
Story

東方寓意：多子多孫多富貴

終於等到真正屬於東方的辛香料——花椒喊聲，放眼望去，全世界華人對它的用途一致，即「五香粉」是也！再回頭看花椒的英文是Szechuan Pepper（四川胡椒），在四川境內最多，不過外國人卻稱之為Skin Pepper（皮胡椒），主要氣味及揮發油都集中在外皮突起的疣狀油點，分布越多，越麻香。

花椒最初產於甘肅，而今在四川發揚光大，營造出四川獨特的一菜一格、百菜百味架勢。研究花椒相關資料，最早可追溯至西周，人們見其鮮紅豔麗，秋天結實纍纍。《詩經．唐風．椒聊》說：「椒聊之實，蕃衍盈升。」有多子多孫的意思；在《詩經．陳風．東門之枌》中，男女相互饋贈椒聊做為定情之物；戰國時期詩人屈原在《楚辭．九歌》寫下詩句「奠桂酒兮椒漿」，描述農曆年飲用花椒酒，是為了取其吉祥如意的隱喻，顯見當時花椒已廣為流行，多到可以「播芳椒兮成堂」，用來粉飾壁堂，謂之「椒房」。經驗告訴人們，花椒能除腥羶味，《釋飲食》記載：「脂，銜也，銜炙細密肉和以薑、椒、鹽、豉巳，乃以肉銜裏其表而炙之也。」事實上，花椒早在東周已做為祭祀的一部分，與肉桂、薑、辣椒、糖、鹽等被當供品，末了再和入脩中醃製而食。魏晉之後，羊肉變成中國餐桌上的主要肉類，花椒也順理成章成為除腥羶味的上上之選。

處理非川味菜餚時，只需要一小匙花椒就能除腥去羶味，量多了會反客為主。

而四川人之所以愛吃麻辣，係因身處亞熱帶區域加上盆地效應，夏季炎熱，冬季寒濕，花椒恰巧符合《本草經集注》所述：「主治風邪氣，溫中，除寒痺，堅齒長髮，明目。」還有《本經疏證》之說：「主邪氣，咳逆，溫中，逐骨節皮膚死肌，寒濕痺痛，下氣。」明代之後，人們才將茱萸、花椒與外來的辣椒三結義，成為中國三大辛辣來源。

花椒世界廚房

十幾年前，為了學習如何正確使用花椒，曾短暫到成都餐飲學校進修，這是第一次近距離接觸花椒，那位老師傅頂著一頭白髮，總是遠遠挨在教室門邊，從沒跨進來一步，偶爾眼角掃過，冷不防地一吼：「什麼東西！倒掉重來！」有大半個月都在煉花椒油，還真是生不如死！

事情還沒結束，累了一天，想找個食物暖暖胃，偏偏成都人從早餐開始就吃「又麻又辣」的擔擔麵，吃辣我不怕，吃麻簡直膽戰心驚！午餐來個肥腸雞，晚餐大夥兒相約吃麻辣鍋，到了宵夜再來幾串麻辣燙也稀鬆平常，整天下來從嘴唇麻到舌頭，快分辨不出酸甜苦辣鹹！

第二次我到蘇門答臘進行食物探究，吃到巴塔克人（Batak）運用毛刺花椒（Andaliman）做的菜餚，簡直驚為天人，風味完全有別於中式料理，開啟了我對花椒的視野，當地人稱之為巴塔克胡椒，或者巴塔克莓果（Batak Berry）。巴塔克人從多峇湖（Lake Toba）捕撈鮮魚之後，大量運用薑黃、大蒜、石栗、辣椒、紅蔥頭及毛刺花椒等搗成泥狀，烹煮成咖哩魚（arsik），多重辛、香、辣的滋味，加上毛刺花椒的檸檬香氣不停在嘴裡跳探戈，至今意猶未盡！

全世界花椒屬約有兩百五十種以上，是芸香科花椒屬果實的果皮。花椒著名產地位於四川南邊青溪、富林、西昌等地，又稱「南路花椒」；西邊汶川、金川、平武所產，稱為「小路花椒」。想要理解所有分布於熱帶及亞熱帶區域的花椒品種，一時半刻恐難辦到，根據目前已知，亞洲國家除了韓國、日本及島嶼東南亞的印尼，吃花椒吃得最精采的就屬四川人。但若把花椒只用在四川菜，未免就太小看花椒了，到底它還能怎麼發揮呢？

花椒有豐富的揮發性油脂，而烯、酯、酚、芳樟醇等高達五〇％，但都難溶於水，這就解釋了為何多數廚師會以熱油沖泡或小火煉製，使用的油脂也專挑密度較高的蔬菜油或沙拉油，而非橄欖油或芝麻油，以免干擾花椒獨有的檸檬、柑橘或柚子氣味。此外，把花椒與海鹽、岩鹽、玫瑰鹽一起炒製，能把香氣包覆在鹽體中；也有將花椒研磨成細粉，和於沾醬中沾食，據四川老師傅說，講究的人還會先將花椒具苦澀味的內層白皮去除呢！

紅花椒

外皮紫紅，依疣狀油點密度又分
大紅袍、小紅袍，為台灣料理常使用品種。

青花椒

果實顆粒碩大，
味道較紅花椒辛嗆，川菜常用。

花椒亦可研磨成細粉，
和於沾醬中沾食。

辛香料語錄：
流露出魔鬼般的狡黠、活力、誘惑

喜歡吃麻辣鍋不足以跟喜愛花椒劃上等號，要實際在嘴裡咀嚼並享受它瞬間麻痺你交感神經的過程：充滿刺激、誘惑與幻想，這滋味在口中撩動起舞，不吃惋惜，吃了狂野奔放，麻得讓人喪失理智，麻過之後又不斷想念。四川以外的各地華人，喜歡以複方入菜，例如滷豬腳、大腸、河鮮魚、牛肉、內臟類，只需要一小匙，腥羶異味馬上消失無蹤。

不過話又說回來，花椒通常與八角、丁香、辣椒攜手合作，最能相互激發彼此優點，丁香擔任左右護法，加上少不了的辣椒統籌分配，根本就是不敗食譜！二十世紀後飲食全球化，廚界交流頻繁，大家無不求新求變，就連堅守原食原味的粵菜、閩菜也開始借助花椒的部分特性，演繹出讓人耳目一新的風味。當然，從眾所皆知的五香粉到百草粉，乃至於十三香，看中的正是花椒 α-和 β-蒎烯的特性，花椒加上辣椒，一方面香得令人入迷，另一方面又麻得讓人求饒，真令人又愛又恨啊！

花椒通常與八角、丁香、辣椒攜手合作，它能把八角的所有優點發揮得淋漓盡致。

動手試試看
日常版

花椒沾粉

四川人日常飯食少不了沾粉，不論是滷味、油潑辣子、炒麵食、串串鍋，一碟夠味的沾粉走遍天下，沾食或涼拌都很適合。

材料

花椒　2茶匙
鹽　¼茶匙
蒜粉　1½茶匙
糖　1茶匙
辣椒粉　1茶匙
薑粉　¼茶匙

步驟

1. 將全部材料混合後打成粉，並以乾鍋炒香。
2. 放涼之後密封即可，可保存2個月。

花椒是中式料理常見辛香料。

動手試試看
進階版

花椒 × 牛肉麵

集辛、香、鮮、味於一碗；會讓你吃過後一直念念想想的牛肉麵！

材料

A高湯
牛骨　2-3根
甘蔗頭　1根
洋蔥　150克
胡荽子粒　1大匙
黑胡椒粒　1大匙

B酸菜
酸菜　150克
一般辣椒　3條
油脂　2大匙
香油　1茶匙
蒜末　35克
糖　18克
海鹽　8克

C辣椒醬
蘿蔔乾　2大匙
紅蔥頭末　4大匙
蒜末　3大匙
一般辣椒泥　3大匙
朝天椒泥　1大匙
乾辣椒泥 1大匙
冰糖　適量

D滷牛肉
蔥白　2-3根
新鮮辣椒 2根
大蒜 20克
生薑　2片
辣豆瓣醬　45克
青木瓜 150克
半筋半肉黃牛　1000克
醬油　200毫升
冰糖　40克
水 可淹過食材的量

E煮麵配料
刀削麵　4包
青菜　4根（裝飾）
青蔥　4根（裝飾）

spice

粒狀香料
八角　2小顆
丁香　5顆
花椒　1茶匙
中國肉桂　5公分
錫蘭肉桂　少許
小茴香　½茶匙
茴香子　1茶匙
月桂葉　1-2片
肉豆蔻　1小顆

步驟

A高湯

1. 牛骨汆燙後，溫度保持在攝氏90度，讓牛骨流出血水後撈起，備用。
2. 把高湯食材放入深鍋，注水淹過食材。
3. 小火熬煮至少4小時（火候保持在菊花心），製成牛骨高湯。

B 酸菜製作

4. 將酸菜、辣椒切絲。
5. 起油鍋，加入香油與油脂，爆炒蒜末、辣椒。
6. 加入酸菜炒至水分消失，加入糖、鹽調味，香氣撲鼻後離鍋，備用。

C 辣椒醬製作

7. 將蘿蔔乾洗淨，去鹽後瀝乾。
8. 另起油鍋，爆香紅蔥頭末，加入蒜末、三種辣椒及蘿蔔乾炒香，適度加一些糖，備用。

D 滷牛肉

9. 牛肉切塊，青木瓜切大塊，備用。
10. 以乾鍋炒【粒狀香料】後放入滷包。
11. 另起油鍋，爆蔥白、生薑後，炒辣豆瓣醬，接續放入牛肉炒至變色，加入【步驟 10】滷包、辣椒、大蒜、青木瓜、醬油、冰糖燒開。
12. 將【步驟 11】移入燉鍋，慢火燉至牛肉軟嫩，成為牛肉原湯（若使用電鍋，則3杯水，一次一杯，分3次蒸煮）。

E 煮麵配湯

13. 煮刀削麵，鋪於深碗。加入比例1:1的牛肉原湯（步驟12）與牛骨高湯（步驟4）。
14. 放入牛肉並加入適量酸菜（步驟7）及辣椒醬（步驟9）
15. 撒上蔥花，鋪上青菜即可。

牛肉麵風味圖

三層香氣接續進行除腥、軟化肉質、增香工作

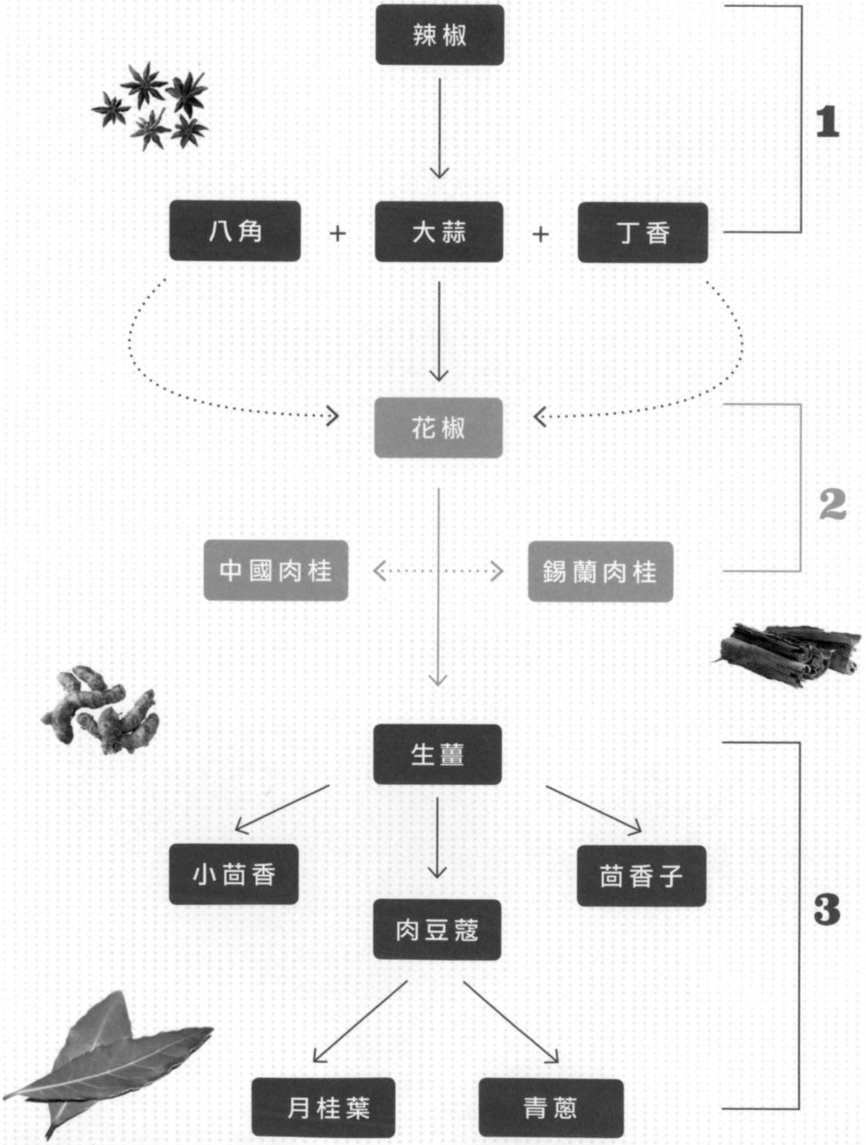

1 辣椒統領氣味底蘊，八角、丁香除腥增香

- **辣椒**：這裡做的是紅燒口味。牛肉麵的口味豐富多元，各家配方不盡相同，除了爆炒原有的辣豆瓣醬外，另加入一根新鮮辣椒，可以創造微甜口感，而一般炒菜用的配色辣椒大多不辛辣，足以統領第一層的氣味底蘊。
- **八角、丁香、大蒜**：台灣普遍又熟悉的香料，不僅能夠增香，也可稍微為食材除腥。八角、丁香會隨著量的多寡提升強度及張力，不建議在第一階段放入太多，以免搶味。

2 雙桂軟化牛肉，創造漸層香氣

- **花椒**：擔綱第二層主位，銜接丁香與八角的香氣。話雖如此，這一種辛香料需拿捏恰當，用得好不如用得巧，過之或不及皆不妙：過之會互相產生角力，不及則發揮不了作用。
- **肉桂**：牛肉不易軟嫩，請出雙桂（錫蘭肉桂與中國肉桂）一輕一重，一能創造漸層氣味，二來軟化肉質，八角與丁香匙數不多，香氣由雙桂接棒。

3 小茴香、茴香子隱約添香，肉豆蔻、月桂帶出輕盈香氣

- **小茴香、茴香子**：生薑擔綱第三層主位並軟化肉質，納入小茴香去除羶味，同屬繖形科的茴香子則開始進行調味，既除羶味又暗中添香；茴香子的屬性較其他辛香料隱匿、低調，這階段正好能借助它來周旋。
- **肉豆蔻**：久燉久熬的食材加上需要大量滲透香氣，既穩重又能產生飄逸香氣，非它莫屬。

- **月桂、青蔥**：牛肉麵堆疊三層味道已綽綽有餘，最後輪到較輕盈的辛香料上場，月桂、青蔥都是不錯的選擇。

Pepper
辛香料
3

胡椒

世界香料之王

縱橫天下餐桌，
改變歷史的黃金辛香料

黑、白、紅、綠這四種胡椒，西方人較鍾情於黑胡椒，未剝皮直接曬乾，多了重要的香氛氣味——萜烯，具有柑橘、木質和花香元素，將其製成迷人醬汁深得人心；亞洲人偏愛白胡椒，認為它比較辣，適合加入所有羹湯盡情揮灑，由於加工方式較繁複，價格比黑胡椒貴約四倍；至於綠、紅胡椒，繽紛的色澤最能擄獲饕客味蕾，胡椒就這麼縱橫天下數千年而歷久不衰，難怪被譽為「香料之王」。

提鮮、去腥、微辛辣，隨手撒些就能畫龍點睛

英名	Pepper
學名	*Piper nigrum*
別名	白川、黑川、浮椒、古月、昧履支、玉椒
原鄉	印度

屬性

- 乾燥黑、白胡椒：辛料、香料、調味料
- 乾燥紅、綠胡椒：調味料
- 醃漬綠胡椒：調味料

辛香料基本味覺

辛 甘 酸 苦 鹹 澀

綠胡椒：

辛 甘 酸 苦 鹹 澀

紅胡椒：

辛 甘 酸 苦 鹹 澀

適合搭配的食材

紅肉、味道較重的海鮮類、豬肉、鴨肉、醬料、沙拉類、羹湯、濃湯

麻吉的香草或辛香料

咖哩粉、五香粉、印度綜合辛香料、甜胡椒、丁香、錫蘭肉桂、蒔蘿、茴香子、肉豆蔻、八角、胡荽子、小茴香、香薄荷、奧勒岡、蒜、薑、紅椒粉、荷蘭芹、葫蘆巴了及葉、迷迭香、鼠尾草、辣椒

建議的烹調用法

燒烤、醃漬、鹽漬、熬煮、爆炒

食療

胡椒鹼具有抗氧化功能，有助於預防或延緩自由基產生，這種活性化合物，可以有效對抗炎症，有助於薑黃素活性成分的吸收

香氣與成分

- 揮發性精油成分含鹼、醛、烯、醇等，能為食物保鮮
- 胡椒鹼提鮮能力非常強，除去腥羶的同時還能提升食物味道

胡椒 Story

尊貴到庶民，改變人類餐桌的黃金辛香料

如果不是因為胡椒，葡萄牙人肯定不會興致勃勃地創立航海學校，積極培育人才找尋航向辛香料之路，最終歷經千辛萬苦，克服海上驚濤駭浪，在一四九八年抵達印度喀拉拉（Kerala）。

如果不是因為胡椒，麥哲倫大概不會那麼早發現原來地球是圓的，而東南亞是否會免去被殖民百年的命運？島嶼與島嶼之間的殺戮及爭奪，會不會就此弭平，人人安居樂業？或許，胡椒也就默默無聞，「黃金香料」的美譽便這樣被塵封，人類歷史從此被改寫。然而，一切往往不從人願！

都是香氣惹的禍

古埃及祭司製作各式各樣香膏，讓居住在殿堂的諸神每日享受馨香之氣，帝王往生後經過一連串儀式，便帶著一身尊貴氣味離去，他們相信奢侈、稀少的胡椒能讓靈魂重新回到軀殼，死而復生。同樣地，胡椒在古羅馬時代原本只用於祭祀焚香，皇帝為了塑造威望，不惜斥資連城，讓自身接受香氛裊繞，享受眾人欽仰。

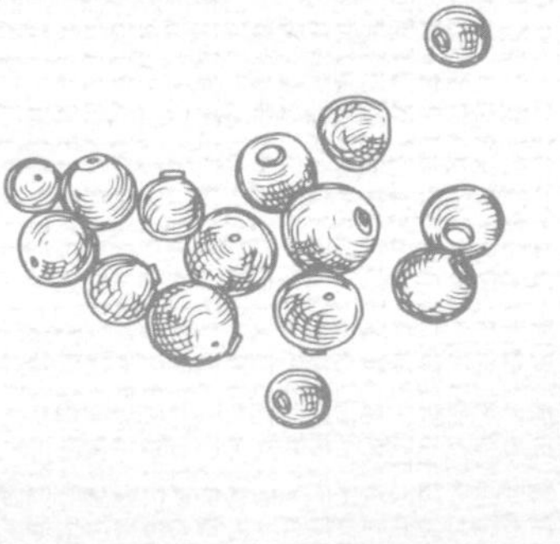

貪婪這馥郁繚繞香氣的還有古希臘人，他們認為透過煙霧裊裊，人神一同進入虛無飄渺的境界，才是儀式之當然。更不用說胡椒的原產地印度，在《闍羅迦集》及《阿闥婆吠陀》（Atharva-Veda）中，在在闡述香氣至關重要，混濁的靈魂本質可透過薰香而獲得淨化。

胡椒直到漢代才傳入中國，可惜並未造成太多漣漪，此前人們習慣以花椒或華撥保鮮醃漬，《新修本草》如此記載胡椒：「味辛，大溫，無毒。主下氣，溫中，去痰，除髒腑中風冷。生西戎，形如鼠李子。調食用之，味甚辛美，而芳香不及蜀椒。」短短數句已經說明一切。

紅、綠、黑、白哪裡不一樣

在資訊不發達的年代，胡椒生長於遙遠的神祕國度，歐洲人一直沒機會親眼一睹其真面目，因此讓香料貿易商有機可乘。他們混充華撥、華澄茄研磨成粉並抬高價格，葡萄牙人一度信以為真，直到十七世紀才終於真相大白。

胡椒是胡椒科胡椒屬的果實，而我們看見紅、綠、黑、白四種不同顏色的胡椒，其實都來自於同一植株，只是成熟度及加工方式迥異。

在胡椒長得像果穗般接近綠色時割下，然後曝曬豔陽高溫發酵，漸漸會出現皺摺、轉為黑色；若讓胡椒自然在樹上熟透，會呈紅色，果漿甜度高，此時需要小心翼翼以人工將它一顆顆採下，而為了保留艷麗色澤，工人會將其浸泡在水中再進行乾燥作業，成為歐美廚師妝點餐盤的首選，萬綠叢中一點紅大大加分；若把胡椒換個方式加工，在水中浸泡並卸掉果肉，可以看見白色顆粒，再將它曝曬幾日便是白胡椒。

對住在產地的人來說，當然可以隨時採摘新鮮的綠胡椒下鍋烹調，為食物增加清新香

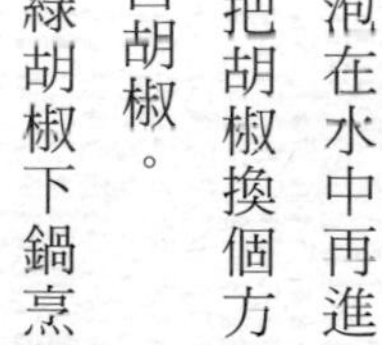

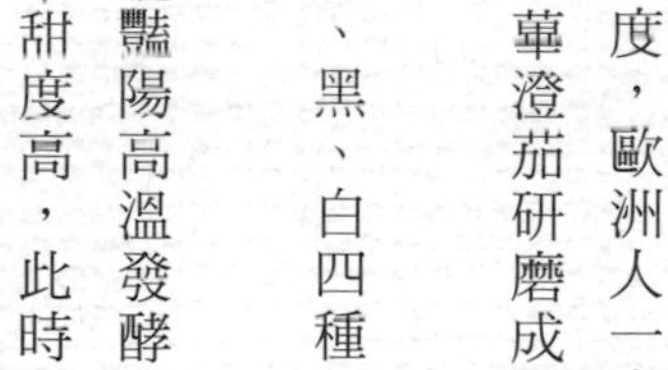

1. 紅、綠、黑、白四種不同顏色的胡椒，其實都來自於同一植株，圖為紅胡椒，果漿甜度高。
2. 在胡椒長得像果穗般接近綠色時割下，曝曬豔陽高溫發酵，漸漸會出現皺摺、轉為黑色。

氣，但其他人可沒那麼幸運，能讓綠胡椒保全色澤的辦法，是以鹽水或醋醃漬或冷凍乾燥，才勉強留住它的些許風味。

辛香料語錄：面如冠玉、走路有風的王者

歐洲人所指盛產胡椒的神祕國度，就是現在的印度馬拉巴（Malabar）海岸，此外，馬來西亞東部著名的砂勞越（Sarawak）一直把白胡椒當成自豪的伴手禮銷售，同時也是新加坡肉骨茶重要的辛度來源。這幾年占世界產量第一名的越南西原地區（Tây Nguyên），每年出口占世界胡椒總量的五〇％；曾在十五世紀讓歐洲人爭個你死我活的蘇門答臘南部地區，依然維持胡椒界的一席之地；瓜地馬拉及巴西後來居上。

黑、白、紅、綠這四種胡椒，西方人較鍾情於黑胡椒，未剝皮直接曬乾，多了重要的香氛氣味——萜烯，具有柑橘、木質和花香元素，將其製成迷人醬汁深得人心；亞洲人偏愛白胡椒，認為它比較辣，適合加入所有羹湯盡情揮灑，由於加工方式較繁複，價格比黑胡椒貴約四倍；至於綠、紅胡椒，繽紛的色澤最能擄獲饕客味蕾，胡椒就這麼縱橫天下數千年而歷久不衰，難怪被譽為「香料之王」。

遠古時期胡椒便做為藥用，不論是阿育吠陀醫學、尤那尼醫學（Unani）或中國本草，經常以胡椒治癒發燒、神經痛、呼吸系統問題等疾病。另外，它的揮發性精油成分含醶、醛、烯、醇等，能為食物保鮮。中國人運用鹽、花椒、辣椒似乎已經足夠，實在沒必要捲入歐洲人胡椒的紛爭。

天氣冷的時候來點胡椒豬肚湯，著實是件令人暢快的事；為豬肉醃漬調味增香，也同樣不能少了胡椒，習慣隨手撒點胡椒往往就能畫龍點睛，可以做肉捲、客家鹹豬肉、臘

肉、薰肉、板鴨、鹹水鴨、火雞、桶仔雞、胡椒餅；偶爾來碗羹，靈魂香氣就是白胡椒粉；節慶宴客少不了炒米粉、鹹粥……日常生活若少了胡椒肯定若有所失，有機會到東馬砂勞越、印度南部喀拉拉、越南富國島等地，別忘了買胡椒當伴手禮。

黑胡椒

採收胡椒未成熟的果實，未剝皮直接曬乾，多了重要的香氛氣味——萜烯，具有柑橘、木質和花香元素，將其製成迷人醬汁深得人心。

白胡椒

去除胡椒成熟果實外皮，將種子充份乾燥處理而成，亞洲人偏愛白胡椒，認為它比較辣，適合加入所有羹湯盡情揮灑。

綠胡椒

新鮮的綠胡椒較少見，乾燥的則與黑胡椒一樣是採收未成熟的果實，經冷凍乾燥後保留綠色的色澤，新鮮的綠胡椒有明顯辣度，常出現在川菜、泰國菜中，是嗜辣者的最愛。

紅胡椒

果實成熟後採收，經乾燥加工而成。一般的紅胡椒（或稱粉紅胡椒），包含了胡椒、歐洲花楸和巴西胡椒木的果實，除了胡椒果實外，另兩種幾乎都沒有辛辣感，但帶有獨特的香氣與酸味，入菜配色很漂亮。

此胡椒非彼胡椒

中外同列胡椒之名，或者跟胡椒沾上邊的辛香料還真不少，前面提到的華澄茄又名「長尾胡椒」，長於廣東一帶；令葡萄牙人迷惑的還有華撥，不知是有意還是無意，阿拉伯商人一律稱之為pipali，直到十七世紀謎底揭曉，葡萄牙人終於恍然大悟，這兩種辛香料雖然來自東方，前者有淡淡樟木氣味，後者略帶微辛，早在胡椒還未登陸前已做為藥用，得知上當受騙後，葡萄牙人隨即下令停售以正視聽，華澄茄與華撥於是從歐洲辛香料名單中剔除。

事實上野胡椒（wild pepper）是個大家族，它涵蓋樟科木薑子屬的山胡椒（即山蒼子，又稱馬告〔Makauy〕或木薑子），除了有胡椒的味道外，還帶檸檬風味，廣東人會以此搭配胡椒來入膳，尤其在滷味或滷水中發揮得最好。另有一種生長在雲南高海拔的香料，稱為「肉軸胡椒」，因不易移植，市面上並不流通，只能到深山一窺真面目。

另一種胡椒集五種風味於一身：丁香、肉桂、肉豆蔻、豆蔻皮、胡椒，被稱為「甜胡椒」，這種胡椒大多來自新世界產區，別名「牙買加胡椒」，我們將於下一篇深入討論，在此便不贅言。

鄰近的國家日本有一代表作胡椒木，稱為粉山椒，是芸香科花椒屬，微微透出柑橘氣味的辛辣，是佐鰻魚飯的最佳搭配。

輸人不輸陣，台灣除了馬告外，還另有一位除腥羶專家——食茱萸，別名「鳥不踏」，國外諸多研究正關注它對肝硬化病變的治癒功效。

最後一種塔斯曼尼亞胡椒原產於澳洲東部，有別於一般胡椒生長於熱帶雨林，它是一種耐寒物種，一入口即感覺清甜，很快就會被辛辣籠罩，這種漿果含有花青素，能清除自由基、對抗皮膚過敏，是當地原住民的保健辛香料。

印尼及印度最多長胡椒。

動手試試看

日常版

胡椒 × 新加坡黑胡椒蟹

入秋時分，蟹肥膏黃，正是品嚐黑胡椒蟹的好季節。要用兩種現磨的黑白胡椒，搭配碩大、圓潤的大沙公或大沙母，與好友一邊品蟹一邊喝啤酒，秋高氣爽，實是人生一大樂事！

材料

原粒黑胡椒　3大匙	蒜末　3茶匙
原粒白胡椒　1大匙	蠔油　1½大匙
紅蔥頭　3茶匙	咖哩葉　10-15片
新鮮辣椒　1條	醬油　2茶匙
大沙公　1隻	糖　3茶匙
無鹽奶油　75克	

步驟

1. 黑白胡椒磨成粗粒狀，乾鍋炒香，新鮮辣椒切末，備用。
2. 螃蟹剁小塊，放入180度油鍋，大火炸3分鐘撈起。
3. 另起一鍋融化奶油，把蒜末放入鍋中快炒，待香氣四溢後下紅蔥頭、蠔油、胡椒、咖哩葉等拌勻，放入辣椒末、醬油、糖炒勻。
4. 放入螃蟹翻炒6-7分鐘，即可起鍋。

動手試試看

進階版

胡椒 × 鹹酥胡椒鹽

自己製作胡椒鹽一點都不難，這款鹹酥胡椒鹽在鮮度、香氣表現、似有若無的辛、麻感達到完美比例，吃油炸類順口到不行！

材料

- 蒜粉　½茶匙
- 甘草粉　½茶匙
- 冰糖粉　½茶匙
- 海鹽　1½大匙
- 白胡椒粉　3½匙
- 黑胡椒粉　1¼匙
- 辣椒粉　½茶匙
- 錫蘭肉桂粉　¼小匙
- 中國肉桂粉　¼小匙
- 荳蔻皮粉　¼茶匙
- 花椒粉　½茶匙

步驟

1. 把所有辛香料粉準備好，起鍋開小火慢慢炒香。
2. 最後起鍋前加入鹽、冰糖粉拌合即可。

point　胡椒鹽完成後，最佳賞味期三個月。

白胡椒辛辣。

黑胡椒香氣飽和。

鹹酥胡椒鹽風味圖

漸層式的辛辣風味配方

1

白胡椒 ⇠⇢ 黑胡椒

↓

蒜粉

↓

2

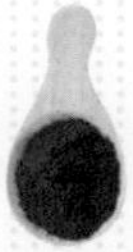

辣椒粉

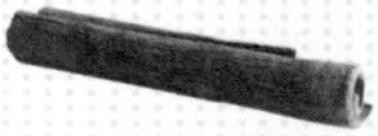

中國肉桂 ⇠⇢ 錫蘭肉桂

↓

3

花椒

↓

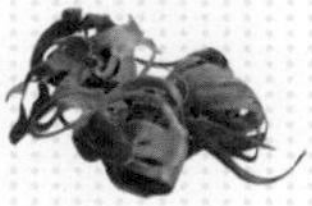

豆蔻皮

↓

甘草

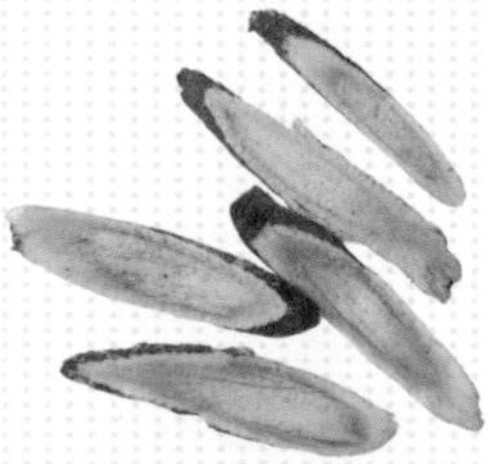

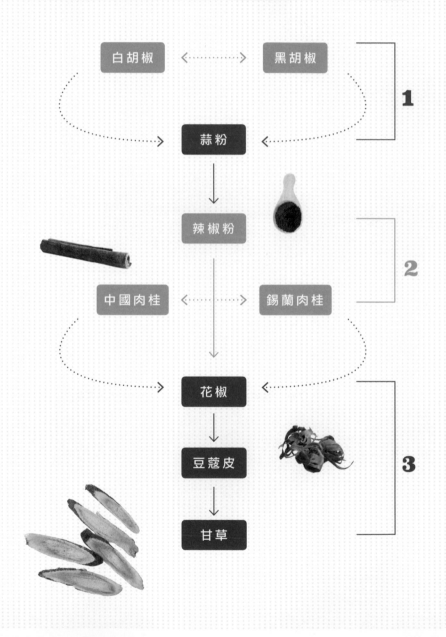

1 黑白胡椒創造辛辣與飽和香氣

- **白、黑胡椒**：以白胡椒為主，黑胡椒為輔，若要以黑胡椒鹽為主，兩者分量對調即可。白胡椒辛辣、黑胡椒香氣飽和，兩者一搭一唱既能相互補拙，又能彼此激發，可謂相得益彰。
- **蒜粉**：接續是蒜粉，蒜味的硫化物與胡椒鹼互相激發提鮮作用。

2 雙桂香氣一沉一輕，些許辣椒提升醇厚度

- **肉桂**：用雙桂開始堆疊香氣，錫蘭肉桂味道輕盈，而中國肉桂香氣沉穩，相互補拙，香味循序漸進不斷與唾液交織拉扯，一柔一剛、一強一弱，彼此角力。
- **辣椒粉**：加上些許辣椒粉，有助於整合整體香氣。

3 花椒、豆蔻皮延續辛辣感，融合所有香氛

- **花椒**：微麻帶刺激辛辣感，與上一層雙肉桂堆疊，展開馬拉松式接力，強烈味道鏈沒有停歇，延續更長一段醚、酚、烯之旅，讓香氣穩定不搖晃。
- **豆蔻皮**：緊接著豆蔻皮出場，讓所有香氛不斷交織、磨合、上下衝擊，確定不會出現味道斷層。
- **甘草**：最後甘草在末端調味。

Allspice
辛香料
4

甜胡椒

擅長消除異味，整合味道各異的食物

最愛出風頭，
外表出眾的妙齡女子

甜胡椒的賦香效果非常好，只需一點點就能成功為食物添味，高精油成分用於中式料理，多一分會掩蓋食物原味，少一分則力道不足，不過這種特性用於除腥避羶效果相當顯著。除了豬肉、鴨肉、雞肉或其他野味外，甜胡椒對重奶油類甜品、乳酪製品（如起司）、果醬類（如莓果）、季節性洛神花、杏桃類、李子、梅子、蘋果、鳳梨都非常合適。蔬菜方面可選用特殊味道，例如甜菜根、牛蒡、苦瓜、白蘿蔔、紅蘿蔔等，能去除蔬菜生澀味，為其加分。

集五種味道於一身，胡椒、丁香、肉桂、肉豆蔻、豆蔻皮

英名	Allspice
學名	*Pimenta dioica*
別名	眾香子、多香果、牙買加胡椒、三香子、甘椒
原鄉	牙買加

屬性

屬全方位辛香料，卻無緣擔綱主味，因為大部分中式料理不太習慣甜胡椒的味道，只能運用少部分提香

辛香料基本味覺

辛　甘　酸　苦　鹹　澀

適合搭配的食材

番茄、根莖類、家禽類、牛肉、羊肉、海鮮、甜點、餅乾、派皮、燻過的食材

麻吉的香草或辛香料

月桂葉、小豆蔻、錫蘭肉桂、丁香、胡荽子、小茴香、茴香子、薑、芥末子、紅椒粉、薑黃、杜松、肉豆蔻、豆蔻皮、胡椒、辣椒、迷迭香、鼠尾草、百里香

建議的烹調用法

- 調配咖哩粉、製作成辛香料鹽
- 熬煮、煙燻、燒烤、醃漬

食療

- 牙買加人取新鮮漿果泡茶，用於治療感冒、痛經、消化不良
- 阿育吠陀將之納入藥學辭典，能緩解呼吸道不適、治療牙痛

香氣與成分

- 挾著高度丁香酚，甲基丁香酚和 β-石竹烯，造就極香氣味與微辛涼感
- 具備胡椒、丁香、肉桂、肉豆蔻及豆蔻皮五種香氣

甜胡椒 Story

集五種味覺，兼具香氣與辛辣

歷史上若不曾有過大航海時代，甜胡椒最終會有怎樣的際遇？或許是終其一生走不出南美洲，而人們也感受不到這集五味於一身的辛香料是多麼風情萬種；也許胡椒的西班牙語Pimenta從此將會改寫。

甜胡椒帶給人們的震撼不只如此，更改變人類對味道的想像：原來餐桌上的調味料不只表現香氣，還能展現辛辣！小小一顆辛香料竟能展現迷人無比的風韻，在嘴裡同時迸發胡椒、丁香、肉桂、肉豆蔻跟豆蔻皮。這一切的發展，都要歸功於哥倫布。

甜胡椒是桃金孃科多香果屬的果實，有許多別名。話說哥倫布在一四九二年受馬可波羅啟蒙揚帆出海，本以為自己來到印度，卻作夢也沒想到竟然抵達現在的加勒比海，他滿心歡喜地以為終於找到胡椒，取名Pimenta。很快西班牙人發現原來是大夢一場，此胡椒非彼胡椒，一五〇九年牙買加成為西班牙殖民地後，順理成章易名為Jamaica pepper，不過在西班牙仍稱之la pimienta de Jamaica。甜胡椒到了十七世紀才進入歐洲市場，英國人為了區分胡椒與甜胡椒的先來後到，將其易名為Allspice，從此開啟人類味蕾新的歷險記。

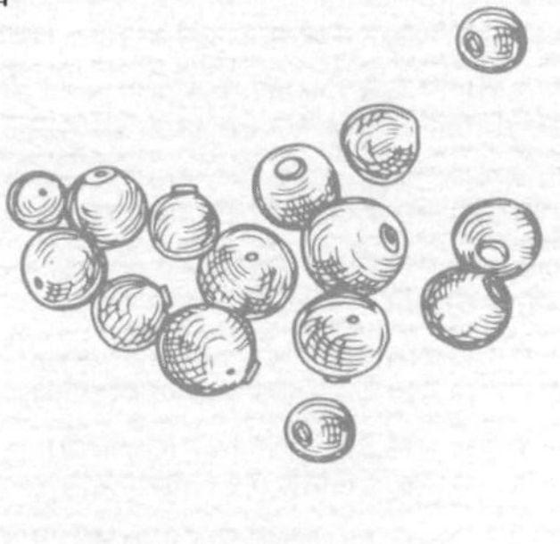

緩解感冒、疼痛，傳統醫學貢獻大

古巴傳統醫學很早對甜胡椒進行研究，包括民間療法，牙買加人取新鮮漿果泡茶喝多香果茶，用於治療感冒、痛經、消化不良；南美洲人習慣將果實敲碎塗抹，治療瘀傷、關節疼痛和肌肉疼痛。隨著歐洲人登陸印度，阿育吠陀很快把它納入藥學辭典，用於緩解呼吸道帶來的不適跟治療牙痛。

延續過去古人經驗及現代研究，多香果萃取物已用於治神經痛，多香果精油加入精油按摩及沐浴，不僅能舒緩身體疲憊、促進血液循環，還能緩解肌肉痙攣和拉傷所引起的疼痛。此外，它還用於治療頭痛，對抗壓力和抑鬱病症，多種複合式氣味經火候轉化或是調和成複方後，變成舒適、柔和，讓許多人著迷，在芳香療法的選擇上，特別適合與薑、薰衣草搭配，能紓解抑鬱和壓力過大的情緒。

香氣應用跨越三大洲

事實上，甜胡椒非常好用，華人對它的認識卻極少。非洲人喜歡將胡荽子、小豆蔻、葫蘆巴、小茴香、甜胡椒、獨活草、薑、胡椒、丁香、辣椒、肉桂等混合成粉，用於醃漬、燒烤或沾料，堪稱非洲人的萬用調味粉。許多中亞國家使用甜胡椒混合式的綜合辛香料製作明爐烤肉（kebab），滋味滿分。歐洲人特別喜愛既香又帶有辛辣氣息的甜胡椒，尤其是在耶誕節前夕煮一鍋紅酒，讓身體在寒冬裡頓覺暖和。英國人獨愛運用甜胡椒來做甜點或醃漬蔬菜，讓食物散發濃郁香料味，為刻板生活增添情趣。印度人受英國影響緊追在後，馬上將甜胡椒發揮於古魯瑪咖哩系列（korma curry）、結合印度與巴基斯坦的巴蒂咖哩系列（balti dish）、結合中亞與印度傳統的豆子咖哩系列（dal curry），成為特色。

無獨有偶，土耳其人與北非的摩洛哥人常用巴哈剌綜合辛香料（baharat）及摩洛哥綜合辛香料（Ras El Hanout）。在墨西哥，人們喝巧克力喜歡加入甜胡椒、辣椒及香草，強烈味道讓人陷入癡迷。甜胡椒果殼及葉子皆具香氣，葉子用於包裹食物，其木材則用於薰香，創造出迷人風味。

花枝招展，最愛出風頭

挾著高度丁香酚，甲基丁香酚和β-石竹烯造就極香氣味與微辛涼感。甜胡椒綜合胡椒、丁香、肉桂、肉豆蔻及豆蔻皮於一身，賦香效果非常好，只需一點點就能成功為食物添味，高精油成分用於中式料理，多一分會掩蓋食物原味，少一分則力道不足，不過這種特性用於除腥避羶效果卻相當顯著。

值得注意的是，由於甜胡椒具備五種香氣，與同質性單方相遇，味道可能會過重，需斟酌用量。除了豬肉、鴨肉、雞肉或其他野味外，甜胡椒對重奶油類甜品、乳酪製品（如起司）、果醬類（如莓果）、季節性洛神花、杏桃類、李子、梅子、蘋果、鳳梨都非常合適。蔬菜方面可選用特殊味道，例如甜菜根、牛蒡、苦瓜、白蘿蔔、紅蘿蔔等，能去除蔬菜生澀味，為其加分。

歐洲與原產地運用

甜胡椒香氣來自果殼，在漿果還未成熟時就開始採摘，日曬後轉成棕色。由於甜胡椒有多種複合式香氣、丁香油酚占比略高，人們萃取精油做為香水調香材料、美妝用品及芬芳的蠟燭……不論新鮮或乾燥葉子都是提取香味的來源，一般稱乾燥葉子為「香葉」，能賦予食物辛辣又濃郁的氣味，近幾年新鮮葉子開發成殺蟲劑的天然替代品，被運用在農業上，為生態環境盡一份心力。此外，葉子有非常好的抑菌、保存食物效果，加勒比海地域的居民會以之為肉類薰香。

十六世紀歐洲人發現甜胡椒的豐富滋味後，紛紛進口製作香腸，平常用於烹調魚類、牛肉、羊肉或雞肉，西班牙人取更果實與葉子釀酒，因而產生了甜胡椒酒，後來更進一步收集枯葉來燻烤肉類，使複雜而多樣的香氣附著於表面，到了二十世紀，萃取油脂的技術更為成熟，人們將甜胡椒的油脂用於減輕腸胃脹氣和促進消化，同時開發許多止痛藥和殺蟲劑，其獨特風味和香氣成為一些國家重要的經濟來源。

甜胡椒的東方運用

甜胡椒該如何運用在華人圈的飲食中？

其實可以往胡椒、丁香、肉桂、肉豆蔻及豆蔻皮等同質性香料思考，只要注意斟酌用量即可，也適合與辛辣香料或洋蔥類香草搭配使用，例如薑、胡椒、辣椒、蔥、蒜、韭菜。用在中式滷肉或燉菜尾，與家禽類的搭配也十分合適，要醃漬、燒烤、燜煮烹調也可以，由於甜胡椒的多樣性、變異性大，對味道豐富的食物（如菜尾）不但擅長消除異味，同時也能發揮整合作用，讓一鍋味道各異的食物修去邊邊角角，融合得天衣無縫。對於水果類（如莓果類、梨子、桃果）適合搭配在一起，製成果醬味道渾然天成，滋味多層次。附帶一提，甜胡椒與辣椒、檸檬、番茄等是手牽手的好朋友，也非常適合與煙燻食材（如培根、燻鴨等）搭配。

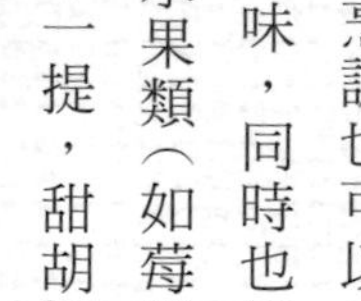

動手試試看

日常版

甜胡椒 × 奶油酥餅

甜胡椒跟奶油類相當搭配，用它來做酥餅滋味很好。集結五種香氣的甜胡椒，在奶油類中盡情釋放，可以同時吃出複合式滋味。

工具

擠花袋　1個
擠花嘴　1個

材料

奶油　360克
糖粉　90克
玉米粉　200克
低筋麵粉　220克
甜胡椒　½茶匙
錫蘭肉桂　½茶匙
香草莢　1根

撒在餅乾的配料

檸檬皮　少許
甜胡椒　¼茶匙
錫蘭肉桂　½茶匙
糖粉　1茶匙

步驟

1. 奶油放至室溫之溫度，能按下去即可，加入糖粉，用手拿攪拌機低速打至乳霜狀。
2. 將玉米粉、低筋麵粉全部過篩混合，加入甜胡椒與錫蘭肉桂。慢慢加入【步驟1】中，把香草莢刮下加入拌合均勻，避免過分攪拌產生筋性。
3. 用刮刀或刮板拌合，放入擠花袋。
4. 預熱烤箱至170度，鋪上烘焙紙，擠出喜歡的形狀，在等待烤箱溫度上升之前先放入冰箱冷藏，以免因為天氣太熱而融化。
5. 入烤箱烤20分鐘，中間可以將烤盤取出，方向對調後再放入，讓溫度均勻受熱。
6. 烤好的餅乾放在網架上待涼，完全冷卻後就可以裝保鮮盒密封。
   吃的時候不妨撒一些檸檬皮、甜胡椒、錫蘭肉桂與糖粉，另有一番風情。

動手試試看

進階版

甜胡椒 × 台灣傳統肉羹

「羹」是台灣傳統之味，講究鮮味、甜味及香氣，這道食譜擷取辛香料當中擅長表現「香」與「調味」突出的單方，再配合食材原味借力使力，以香油、烏醋、香菜等後味助香，成為一道清爽又美味的羹，也讓身體更無負擔。

材料

白菜　350克
胡蘿蔔　150克
醃筍　250克
全蛋　1顆

A肉漿材料
梅花豬肉條　350克
白胡椒　½茶匙
太白粉　½茶匙
醬油　½茶匙
魚漿　600克

B調味料
醬油　1大匙
白胡椒粉　1茶匙
鹽　適量
烏醋　適量
糖　2茶匙
葛鬱金粉　適量
香油　適量
香菜　適量

spice

C辛香料
甘草片　2片
水　3600毫升
八角　1小顆
帶皮蒜頭　3瓣
中國肉桂　3公分
丁香　2顆
甜胡椒粒　1/4匙
肉豆蔻　¼顆
甘松香　一小搓
沙薑　1-2顆
辣椒　1根

D類五香
（混合後，使用1茶匙量）
茴香子　½茶匙
中國肉桂　1大匙
錫蘭肉桂　1茶匙
八角　1茶匙
丁香　½茶匙
胡椒　½茶匙
花椒　1茶匙

步驟

1. 將【A肉漿材料】的梅花豬肉條以白胡椒、太白粉與醬油抓3分鐘，備用。
2. 醃筍、胡蘿蔔切絲，白菜掰小片，備用。
3. 將【步驟1】和入魚漿當中，均勻裹上漿體。
4. 準備3600毫升的水，用濾包放入【C辛香料】，放入水中大約維持在70度左右溫度，緩緩放下肉條，浮起即可撈出，備用。
5. 放入【步驟2】已切絲醃筍、胡蘿蔔絲、白菜片，小火煮約20分鐘。
6. 放入【D類五香】，重新放入肉羹，撈出濾包。
7. 加入【B調味料】，依自己口味調味，把蛋打散淋入羹中，以葛鬱金粉勾芡，淋上香油及香菜，即可上桌。

傳統肉羹風味圖

分三次調香堆疊層次，辣椒增加高湯厚度

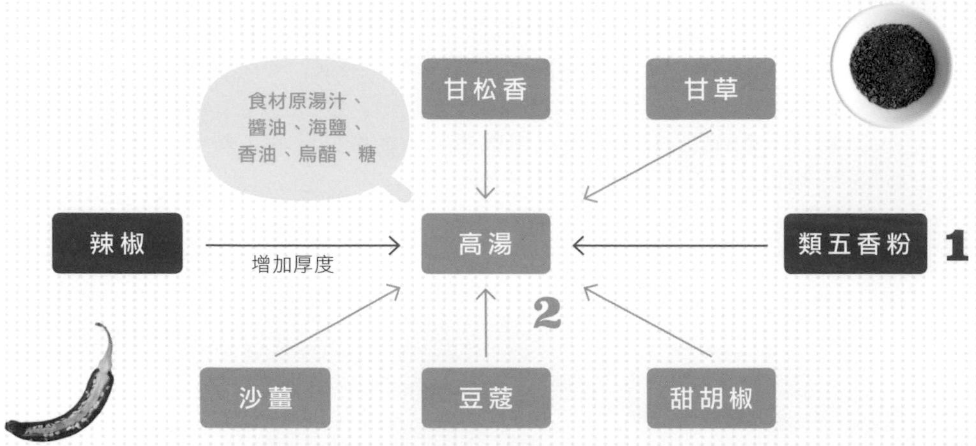

1 類五香兩次為高湯舖陳打底

- **類五香**：傳統中式料理重視五香，在羹湯中巧妙帶入類五香：花椒、丁香、八角、茴香子、胡椒、中國與錫蘭肉桂。八角、丁香、肉桂都具有除腥效果。在不同烹調時序二次加入類五香，經過火候催化滲透羹中。
- **辣椒、蒜球**：增加鮮味的帶皮蒜球及微量辣椒，能為高湯實體增加厚度。

2 沉、輕香氣交織調味

最後增加較沉的香氣（甜胡椒、豆蔻、沙薑）及較柔和的香氣（甘松香）來墊底，形成不同層次的後味。因此後端調味部分無須靠調味劑或鮮味劑，也能吃出美味健康，為慢性病患提供更好的選擇。

point 分三次調香除了適時增加分層效果，凸顯食物原味，亦讓火候熟成並達到融合效果，不會刺鼻、造成跳躍式噴發而引起突兀感。

經典菜

辛香料如何為台灣傳統味道加分？

如何把羹做到位又不偏離古早味，這的確是個大挑戰，在在考驗調味師的功力。台灣傳統料理無須考慮抑揚頓挫，但著重香氣「分層」，重點在於使用單方辛香料需小心謹慎拿捏，過與不及都無法達到效果。

在這裡「香」的單方辛香料鋪陳採多元手法，除了日常五香，還納入甘松香以散發清涼香氣。同時亦借助甜胡椒與其他類五香粉，有同溫層的放大及加成作用，分別堆疊出清香、濃香、沉香、幽香、馝杏。在調味方面，除了原高湯外，講究食物原味，最後用葛鬱金粉勾芡，讓人吃羹也可以無負擔。

Cloves
辛香料
5

丁香

古代口香糖，庶民的廚房料理好幫手

釋放馝香，
如韻味十足的成熟女人

公丁香

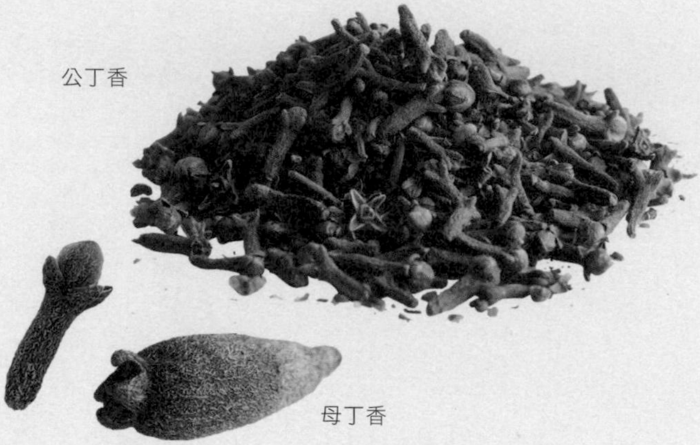

母丁香

穩重老成，擅長創造尾韻及回韻滋味，好比韻味十足的成熟女人，兼容並蓄又拿捏得宜，溫婉有力又內斂，適合全部食材。話雖如此卻不宜豪邁無止境添加，有一種情況例外：調配咖哩粉或其他複方調味料，即使如此還是不宜超過主味道的1-1.5%。粵式滷水可與公母丁香搭配運用，能有效除去蛋白質中不好的氣味且賦予食物幽香。另外家中常燉煮苦瓜排骨湯、雞湯、牛骨或豬骨，可在湯中放入2-3顆丁香，除去骨髓中血水味或腥羶味，使湯能喝出清香。

去腥、增添幽香，使用量宜少不宜多

英名	Cloves
學名	*Syzygium aromaticum*
別名	丁子香、雞舌香
原鄉	印尼、馬達加斯加、馬來西亞、錫蘭等地

屬性

全方位辛香料，是少許不宜擔綱首發主位的辛香料

辛香料基本味覺

辛 甘 酸 苦 鹹 澀

適合搭配的食材

蘋果、洋蔥、根莖類（胡蘿蔔、白蘿蔔、甜菜根）、瓜類（冬瓜、南瓜）、豬肉、牛肉、火腿

麻吉的香草或辛香料

八角、錫蘭肉桂、中國肉桂、胡荽子、小茴香、新鮮薑、羅望子、辣椒、肉豆蔻、胡椒、咖哩葉、越南香蜂草

建議的烹調用法

- 調配成五香粉、複方調味鹽
- 醬油烹煮、中式清湯類、熬煮類

食療

中醫認為丁香性溫味辛，藥用於治胃病、止瀉、改善消化不良。

香氣與成分

花蕾中的丁香油酚、黃酮、苯甲醛、番櫻桃素亭、乙酸丁香酚酯、異番櫻桃酚，能使食物產生馝香四射的效果

丁香味道強烈，需斟酌使用。

丁香
Story

原鄉丁香用處多

東南亞是丁香的重要產地，品質好且價格親民，福建華人家庭常隨手丟幾顆跟tau eu bak（豆油肉，「滷肉」的福建方言）一起滷，吃起來的味道跟一般滷肉就是不一樣。福建人、峇峇娘惹族群因受當地文化影響，加上聯姻學會運用一些辛香料，家常廚房會把丁香與排骨熬湯，不僅去腥，更增加幽幽香氣，是庶民廚房料理的好幫手，而這是在福建家鄉不曾有過的經驗。

印度人擅長使用丁香粉調配咖哩，煮出又香又濃的咖哩；媽媽檔（mamak）咖哩是專屬於馬來西亞式的味道；蘇門答臘的巴東菜向來以辛辣、少湯、多辛香料且無菜單料理著稱，一樣少不了丁香加持。

遠在印尼東部的丁香產地摩鹿加群島（Moluccas），當地原住民在新生兒誕生時會種一棵丁香樹代表迎生，並且奉行避邪驅病的傳統，將丁香串成項鍊配戴於身上，如此會使厄運不近身。他們更進一步發現丁香能治療哮喘，便將菸草和丁香捲在一起抽，因而開發丁香菸（rokok kretek）成為印尼最大特色。

丁香有助於除去不好的氣味，讓食物變得幽香，透出一絲絲鮮甜滋味。

中國以丁香消除口臭

中國最早出現丁香的文獻是《山海經》，後來在馬王堆漢墓中赫然發現丁香也在其中。北魏賈思勰曾在《齊民要術》提到雞舌香，記載如下：「俗人以其似丁子，故為『丁子香』也。」

傳說在東漢期間有一位名叫刁存的臣子，嘴巴氣味異常重，皇帝命其含一種東西，他頓覺辛辣刺口，內心惶恐，以為皇帝賜死，回去後打算與妻訣別。恰巧友人來訪，告知此乃名貴雞舌香，能除口臭，這才放下心頭大石，爾後朝廷紛紛效法，一時蔚為風潮。此外，丁香也是受到大家閨秀喜愛的胭脂粉末之一，《齊民要術》記載許多擷取香氣方式：「唯多著丁香於粉合中，自然芬馥（亦有擣香末絹篩和粉者，亦有水浸香以香汁溲粉者，皆損色，又費香，不如全著合中也）。」

西方人為丁香癡迷

早在西元前就已有丁香的買賣跟使用紀錄。古羅馬人視它為抗菌及抗發炎的珍寶；古印度醫學認為丁香可以促進循環、消化系統和新陳代謝，並有助於對抗胃病和腹脹；希臘尤那尼醫學（Unani）發現丁香對抗真菌、鎮痛、抗發炎及滅蚊有相當好的功效，也難怪西方人趨之若鶩。考古學家曾在大海中撈起一艘載滿丁香的船舶，據說這艘船來自東方，在駛向歐洲的途中沉沒。沒有人知道船從哪裡來，連最擅長香料買賣的阿拉伯人都不知曉，只知道印度跟斯里蘭卡是批貨的地方。事實上，印度人早已在西元前揚帆航向東南亞，卻始終不願透露產地訊息，說明為何一直到今日中東菜餚甚少加入丁香。

十字軍東征時期，由於徹底切斷中東商賈往來，歐洲人失去香料供給，又遭受瘟疫疾病侵襲，想找尋丁香來源卻未果，因而促成十五世紀人類歷史上開拓新航線之旅，摩鹿加群島因此被葡萄牙人占據並血洗，甚至一度造成丁香失去產能。

丁香有公、母之分

丁香是桃金孃科蒲桃屬，分為公、母兩種，公丁香是未開花蕾，母丁香則是成熟果實，在辛香料的範疇中是以公丁香為主。母丁香常用於入藥，外表看起來個頭大，香氣較淡，揮發性精油約在二至九％，若用於辛香料起始較慢，但後續性強；公丁香揮發性精油介於十五至二十％，張力迅速，遇蛋白質釋放快速、穩重。兩者在中式料理中確實可合併使用，但中亞、南亞、東南亞咖哩乃至於東亞其他國家，普遍使用公丁香，甚少知道母丁香在烹調中的特性。

辛香料使用以公丁香為主

母丁香主要用於入藥，
少部分菜餚適用

公丁香俐落，母丁香慢熱

中國與世界華人共通的飲食記憶離不開丁香與八角，但兩者命運顯然不同，前者很早就被列為藥用，但直到清末民初才做為烹調香料使用，它花蕾中的丁香油酚、黃酮、苯甲醛、番櫻桃素亭、乙酸丁香酚酯、異番櫻桃酚，能使食物產生馝香四射的效果。

話又說回來，母丁香也不是全然無用，若遇久熬久燉的食物，最適合兩者一起加入，公丁香遇見蛋白質釋放速度較快，缺點是不宜放入太多，以免覆蓋食物原味，這時適當加入母丁香格外重要，其慢熱個性與公丁香的迅速到位產生互補，一柔一剛、一濃一淡，合作無間。

丁香怎麼用？

丁香雖為全方位辛香料，是釋放馝香之能手，但因氣味強烈無法擔綱主味，它在料理中緩慢釋放、穩重老成，擅長在熟成後創造尾韻及回韻滋味，好比韻味十足的成熟女人，兼容並蓄又拿捏得宜，溫婉有力又內斂，適合全部食材。話雖如此卻不宜豪邁無止境添加，通常以顆為單位而非匙數，有一種情況例外：調配咖哩粉或其他複方調味料或滷水，即使如此還是不宜超過菜餚主味道的一至一・五%。例如：滷水中的南薑是八百克，丁香的量約在八至十二克之間。粵式滷水可公母丁香搭配運用，能有效除去蛋白質中不好的氣味且賦予食物幽香。另外家中常燉煮苦瓜排骨湯、雞湯、牛骨或豬骨，可在湯中放入兩、三顆丁香，除去骨髓中血水味和腥羶味，湯就能喝出清香。

除了家禽類，丁香亦適合與腥味較重的魚類，如草魚或虱目魚搭配運用，或蒸或煮，丁香在溫度中迸發、流竄，有助於除去不好的氣味，讓食物變得幽香，透出一絲絲鮮甜滋味，美味極了！丁香在蔬菜類也不遑多讓，適合醃漬，特別是與醇或醋結合，能使甘甜味更趨明顯。

世界廚房中的丁香

在西方國家，人們喜歡用丁香製作甜點、果醬、糖漿、蜜餞等，如蘋果、柑橘類、鳳梨、檸檬，許多歐洲麵包體或燉菜也喜歡以丁香來調味，此外最能代表中國的增香調味香料莫過於五香粉，其中一個成分就是既強烈又溫婉的丁香。

丁香是種非常馥郁的辛香料，十三世紀英國人製作丁香球配戴身上：取一顆新鮮橘子，用大頭針戳一個洞再鑲入丁香，這種手工活靠的是細心與耐心，製作過程必須毫無縫隙釘滿並放於陰暗處兩週，乾透後可掛於衣櫃裡薰香防蟲，或是放在別緻容器裡做為擺設，據說可吸附室內負能量，改變磁場與人際關係，有機會不妨一試。

英國人把丁香放入牛尾與紅酒燉煮，此外，做成鹿肉啤酒鹹布丁（ale pudding）也非常受歡迎，法國人尤其愛將豬肉插滿丁香以蘋果酒醃製後烤clove cider ham入味，香氣撲鼻，可搭配麵包食用。

中美洲的古巴料理Ropa Vieja，會將丁香與牛肉慢燉軟嫩再澆於白飯，是國民級美食之一，另一個牙買加香腸（jerk sausage）已成為每日不可或缺的佐餐配菜。

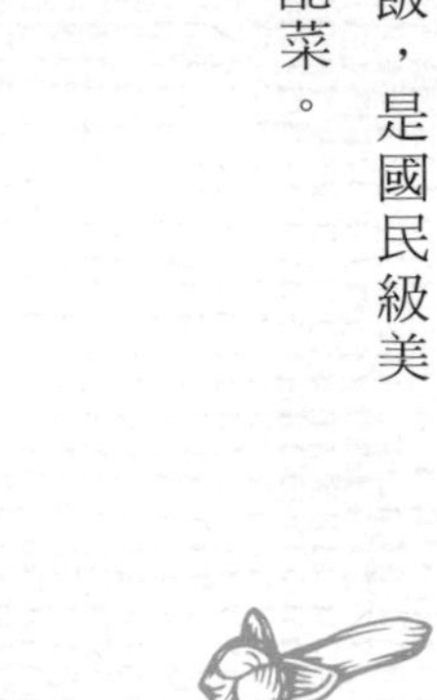

動手試試看
日常版

丁香 × 虱目魚清蒸鳳梨豆醬

丁香是除腥的好幫手，和熱帶水果(如鳳梨)也很對味，蒸魚放一些丁香，可去除虱目魚的土味，再添些許幽香。

材料

虱目魚肚　1個
鳳梨豆醬
或蔭瓜　1大匙
水　1大匙
蔥絲　少許
薑絲　少許

spice

丁香粒　4-5顆

步驟

1. 把虱目魚洗淨，放入平盤。
2. 將鳳梨豆醬或蔭瓜、水、丁香放入蒸籠蒸約15分鐘。
3. 取出鋪上薑絲及蔥絲。

point　丁香適合久燉，也能在短時間替食物除腥！

動手試試看
進階版

丁香 × 焢肉

這道焢肉味道清香，但不偏離台式傳統，尤其是針對銀髮族想嚐美食又擔心重口味的問題，滿足口腹之慾的同時，也兼顧健康調味。

材料

五花肉　600克
冰糖　20克
醬油　200-250毫升
米酒　½杯
青蔥　5-6根
油脂　3大匙
水　850毫升

spice

辣椒　1-2條
花椒　½茶匙
丁香　3顆
甘松香　1小搓
八角　1-2顆
中國肉桂　3公分
甘草　3-4根
茴香子　½茶匙

步驟

1. 五花肉切塊狀，備用。
2. 起油鍋，將冰糖炒至焦糖化。
3. 放入五花肉塊翻炒，加入醬油及米酒上色。
4. 將青蔥及辛香料加入，加水淹過即可。
5. 轉小火熬煮35-40分鐘（可視個人喜歡的嫩度調整）。
6. 搭配白飯食用。

傳統控肉風味圖

多種香氣交替釋放，發揮去油除羶功能

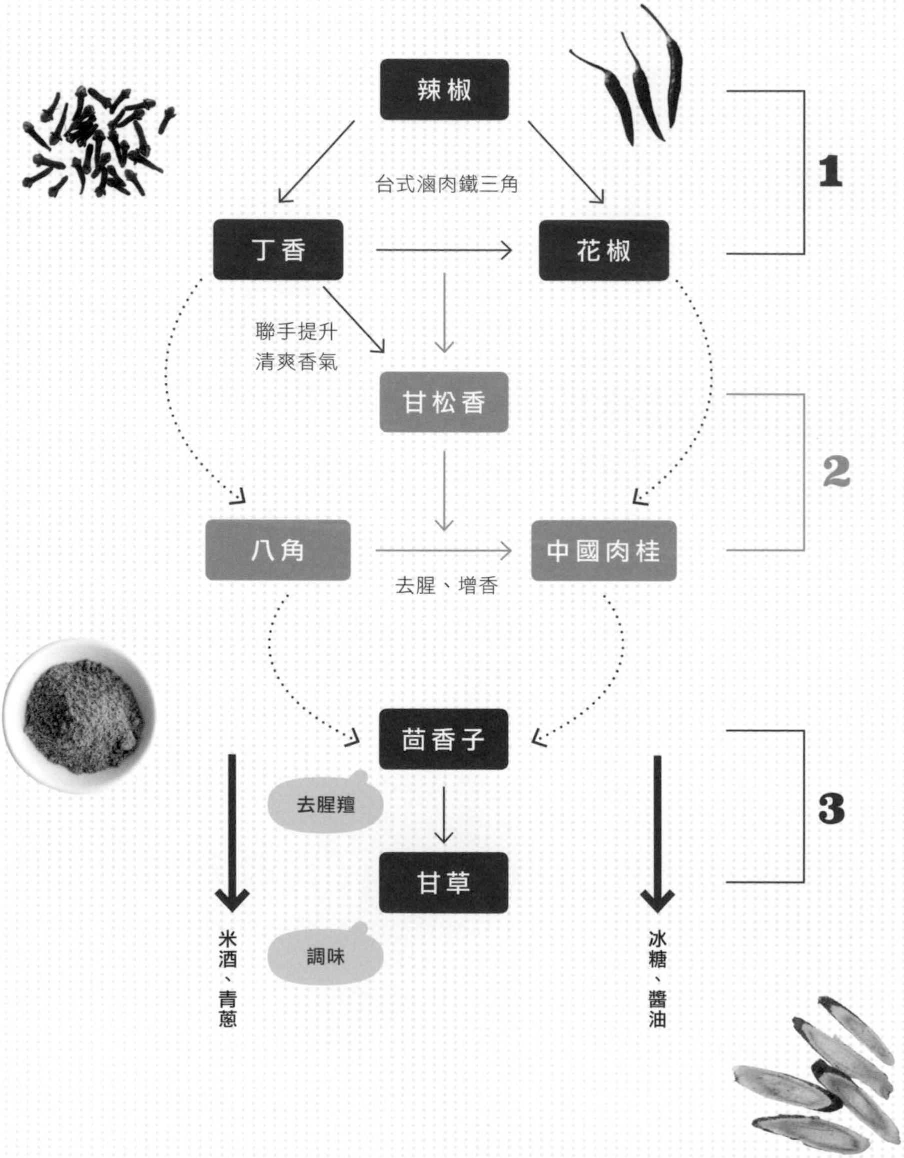

1 運用辣椒、花椒、丁香產生層次

- **辣椒**：全方位辛香料，擔綱主位，駕馭眾辛香料。這道菜餚是台灣傳統家常料理，要增加香氣調味但不希望嚐出辛辣味道，辣椒在這裡的角色是增加味道厚度。
- **花椒、丁香**：由於辣椒分量需拿捏得宜，不足的部分就讓花椒與丁香接續聯手出擊。

point 三種全方位辛香料，產生不同層次的「辛」、不同層次的「香」、表現驚豔「調味」，這類型的鐵三角常用於傳統台式料理中的滷肉。

2 三種辛香料交替釋放，發揮去腥增香功能

- **甘松香**：納入藥膳辛香料，具有醒脾健胃效果，能發揮開胃消食的作用，它的倍半萜酮達10-20%，能散發清涼香氣，放在焢肉配方能帶出清香芬芳，有別於一般傳統焢肉的濃郁醬油味。
- **八角、中國肉桂**：能增香及掩蓋竄味，保留中國肉桂那一層皮，沒有經過發酵，含桂皮鞣質能鬆肉解膩。

point 三種辛香料能相互交替釋放不同層次香氣，避免太側重某種特定辛香料，造成味道沉重，進而掩蓋食物滋味。

3 茴香子接續去腥，甘草避免味道過鹹

- **茴香子**：香味很重很強，能除掉腥羶異味，幫助肉類去油膩，用於中式料理只需少量即可。有淡淡苦味與強烈香氣，微辣中帶著溫暖香甜，讓焢肉嚐起來滋味豐富。
- **甘草**：汰除一般焢肉死甜、死鹹的口感，特別加入甘草以彌補蔗糖的不足，除了讓口感回甘外，也提高食物穩定性，不易滲出水分，不易發酸，有延長食物保存的效果。

Ginger
辛香料
6

生薑

味道辛辣，香氣突出的除濕專家

主位、配角皆能勝任，
八面玲瓏又出奇不意的雙子座

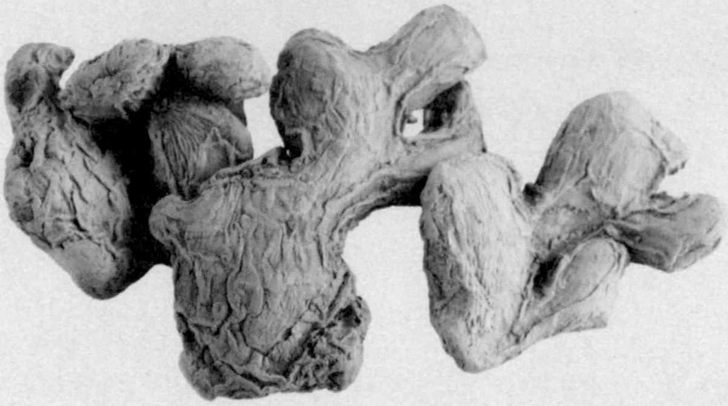

薑，是全世界華人養生之光，從薑湯、薑片、薑泥、醃漬嫩薑、乾薑、嫩薑及老薑，許多人對薑第一印象就是除腥味，印度人自古對薑就有股莫名的崇拜，煮咖哩、調配增香劑，認為薑助消化，多吃薑能增進食慾、清除身體汙穢、疏通微血管，他們加入大量生薑烹煮食物，咖哩雞、牛、羊等入味又耐嚼。華人把薑視為還魂草，去除產後寒氣，平日能殺菌解毒，活血發散風寒，家裡應常備生薑。曾受漢文化影響的日本，甚少以薑搭配生魚片食用，這一點跟廣東人對魚的鮮嫩度有一定的追求不謀而合。

能統合多種辛香料味道，使味道圓潤

英名	Ginger
學名	*Zingiber officinale*
別名	薑仔、生薑、乾薑、還魂草、因地辛、百辣雲、勾裝指
原鄉	印度、中國

屬性

全方位辛香料

辛香料基本味覺

辛 甘 酸 苦 鹹 澀

適合搭配的食材

牛肉、豬肉、蛋糕類、餅乾類、咖哩類、海鮮類

麻吉的香草或辛香料

小茴香、茴香子、咖哩葉、薑黃、八角、丁香、中國肉桂、錫蘭肉桂、胡荽子、辣椒、南薑、香茅、小豆蔻、眾香子

薑具備辛、香、調味料，是全方位的辛香料。

建議的烹調用法

燜煮、爆炒、烘烤、燒烤或調配成牙買加綜合辛香料粉、法式辛香料粉、咖哩粉

食療

- 薑能去除風寒，感冒喝薑後發汗很快痊癒
- 若遇輕微腹瀉，能起殺菌及暖胃作用
- 夏日沒有食慾，吃點薑能夠開胃健脾

香氣與成分

- 生薑蛋白酶（Ginger Protease）：能軟化肉質，但同時也會讓鮮嫩的肉失去彈性，如果蒸魚或煮雞要求口感滑嫩，應避免與薑同煮，可以用其他香料去腥
- 薑醇（Zingiberol）：味道辛辣、香氣突出、角色分明

生薑
Story

老廣的豬腳薑好難忘

俗話說：「冬吃蘿蔔夏吃薑，不勞醫生開藥方。」說明夏天吃薑有益健康，而俗諺「薑還是老的辣」形容一個人見多識廣，處事手腕高明，晚輩望塵莫及，道盡薑頗有大將之風，兵來將擋，水來土掩之氣勢。

自古以來全世界的華人社會一直認為薑能發汗促進血液循環、去除體內寒氣、避瘟疫之效，我的記憶甚至停留在老宅院的廚房，家人會把買來的新鮮生薑埋在沙堆中保存，是家裡的常備辛香料。小時候不愛吃薑，任憑家人怎麼好說歹說、威脅利誘就是不動搖，直到有一天，家裡來了一位娘惹廚娘，見她把老薑切成絲再放入油鍋炸得酥脆，吃進嘴裡「卡滋卡滋」作響，一時之間真不知自己吃的到底是薑或零食，薑就這樣悄悄進入我的辛香料版圖。

提到薑，總會想起做月子必吃的「豬腳薑」！明哥是道地廣東人，這道菜做得特別好，明哥找來比例一：二的老薑與嫩薑，把表皮刮乾淨，沖去汙泥，用刀背拍破再放入乾鍋裡烙乾水分，一來老廣認為產婦不宜吃進生水，二來方便薑體達到入味效果。接下來準備陶鍋，甜醋與酸醋以二十：一的比例混合倒入陶鍋燒開。關於豬腳，廣東人喜歡用膠質多又爽口的前蹄，我在明哥身邊看他汆燙去腥共兩次，重點是撈起後要即刻浸泡

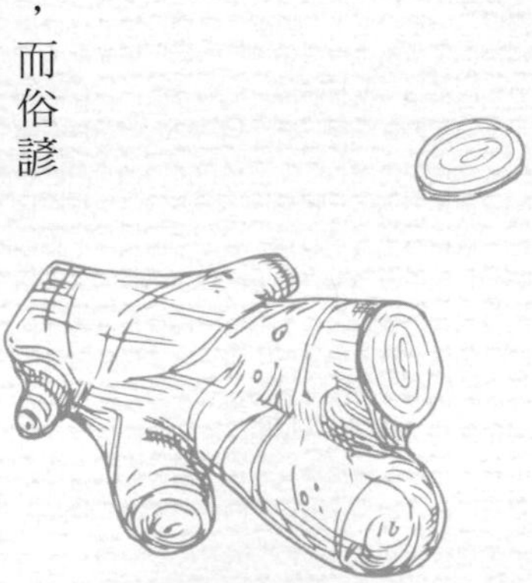

在冰水中，藉著熱脹冷縮原理讓久煲豬腳又嫩又Q彈。陶鍋內的兩種醋沸騰之後，先入薑慢火煲三十分鐘，再入嫩薑熬一個半小時，才可放入豬腳，再過兩小時後入白煮蛋。可別以為熬好就可食用，明哥堅持要靜置一夜，第二天才端上桌。一掀開鍋，薑氣、膠質、入味到不行的滷蛋，還有那香濃又開胃的拌飯醬汁，吃完一身舒暢啊！

克瘴氣、驅寒濕——亞洲之寶

薑，是中國乃至全世界華人養生之光，從薑湯、薑片、薑泥、醃漬嫩薑、乾薑、嫩薑及老薑，許多人對薑第一印象就是除腥味，印度人自古對薑就有股莫名的崇拜，煮咖哩、調配增香劑，認為薑助消化，多吃薑能增進食慾、清除身體汙穢、疏通微血管，他們加入大量生薑烹煮食物，咖哩雞、牛、羊等入味又耐嚼。華人把薑視為還魂草，去除產後寒氣，平日能殺菌解毒，活血發散風寒，家裡應常備生薑。曾受漢文化影響的日本，甚少以薑搭配生魚片食用，這一點跟廣東人對魚的鮮嫩度有一定的追求不謀而合。

關於薑從哪裡而來，大家一致指向兩大文明古國——中國與印度。它是傳統醫學的重要植物，西元前二一六五年，中國宮廷會把肉桂、生薑、胡椒等一起隨遺體埋葬。據說在西元前二四〇〇年的古希臘人在麵包中加入薑，飯後食用可助消化，他們還把薑列為解毒劑。在羅馬時代，人們會把薑加入燈油中，使空間充滿薑氣薰香助性。印度人稱薑為Vishwa Bhesaj，意思是「對所有人皆有益的辛香料」，甭論阿育吠陀傳統醫學給予的高評價。

中國東漢時期，文字學家許慎在《說文解字》提到薑（薑）為「禦濕之菜」，唐朝才將字改為「薑」，華人對薑能克瘴氣、驅寒濕深信不疑，認為它就是「還魂草」。

阿拉伯人祕密把薑從印度帶入歐洲國家，始終不肯透露來源。到了西元二世紀，薑被列入亞歷山德里亞（alessandria）進口清單裡的賦稅項目，到了九世紀，德、法相繼往它靠攏，接著英國……輻射至全歐洲，到了十四世紀，薑與胡椒並列為常見辛香料，從此奠定其在歐洲香料版圖上的一席之地。

許多宗教經典如《聖經》、《古蘭經》、《塔木德》（Talmud）、不約而同對薑情有獨鍾，古代聖賢認為，攝取天然而完整的食物不僅帶來健康，也直接影響靈魂純淨度，而薑就擁有這些條件，不但是藥用植物，也具備烹調食物時重要的辛味、香氣及調味劑三種功能。

近年來，美容護髮用品不約而同運用薑的微量矽成分開發商品，希望促進健康的皮膚、頭髮、牙齒和指甲；印度人則喜歡把薑加入奶茶中，讓一天充滿活力。新鮮的生薑比乾燥薑更具含氧化合物，對身體增加能量有很大的助益。但話又說回來，乾薑的油脂確實比生薑含有更多碳氫化合物，也就是說，乾薑有較高含量的倍半萜烯烴，能夠提升免疫力。

八面玲瓏又出奇不意的雙子座

薑的用途相當廣泛，它同時做為辛料、香料及調味料，可擔綱主位（成為料理的主風味），即使少量使用，也能統合多種辛香料，藉由提升成品醇厚度使之圓融（全方位的辛香料，如辣椒、胡椒也具此效果），再者也可輔佐其他辛香料與食材（香氣加成），勝任抬轎人的角色，例如韓國泡菜不可或缺的薑泥、熱帶島嶼大溪地著名特調薑飲（Ginger Margarita）等，皆有神來一筆之妙。薑的美妙還不只用在菜餚裡，從甜點如重奶油類、

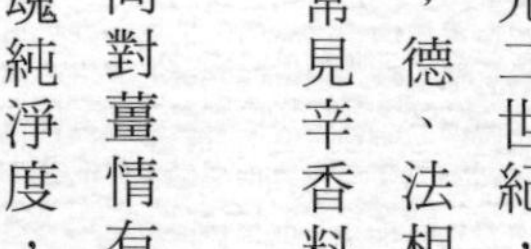

餅乾、吃多會膩口的果醬都是優秀的中介者，它不但能緩和膩口感，同時亦能助食物達到飽和的香，卻溫煦如初陽般的柔軟。

乾燥的薑粉風味強烈，有如傲視群雄、稱霸一方；新鮮的薑高靜素雅，二者各有所長、各司其職。印度人喜歡二者並用，取生薑之口感與薑粉之香氣。華人以薑粉調配五香粉、百草粉、十三香等，日常料理慣用生薑去腥、除濕寒：產婦碗裡的老薑麻油雞、冬日驅寒的薑茶。西洋耶誕節充滿歡樂的薑餅屋，印尼人喝的保健茶賈姆（Jamu），猶太人特別愛在湯及咖啡中添加薑粉助興，緬甸人日常少不了由薑味加持的茶沙拉（gyin-thot），日本人的薑汁燒肉…等，薑在世界廚房扮演溫暖保健的角色。記得有一次，在前往廣西山區的路上嚴重暈車，靠著當地人給的止暈妙方：薑糖，才得以舒緩，另外對胃部不適、腹瀉、噁心時，依照長輩交代乖乖喝碗薑湯準沒錯！

分辨老薑、嫩薑、肉薑

生薑依地下莖成熟度分為嫩薑、肉薑（粉薑）與老薑（薑母）。通常粉狀辛香料會以薑母乾燥使用，香氣強烈，新鮮的肉薑運用在提味、去腥、創造口感，老薑以保健功效為主，嫩薑多當食材使用。

把薑粉加入咖哩複方或五香、十三香、印度綜合辛香料（garam masala）、中東跟北非摩洛哥人特別愛用以泡製蔬菜的醃漬辛香料。別說亞洲人愛薑，歐洲人更深深迷戀其揮發油成分——薑醇，說明法式四味粉

嫩薑

適合醃漬，肉嫩、多汁，具有辛味卻不會辣。

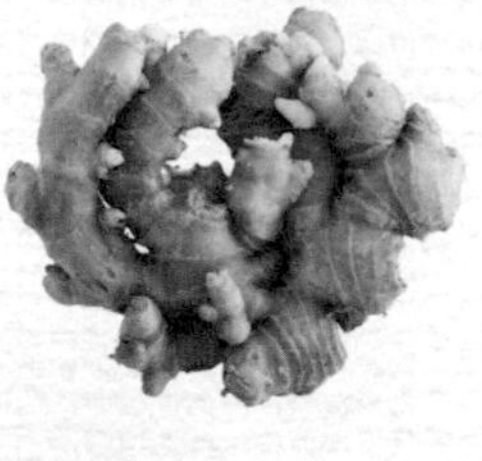

肉薑（粉薑）

外皮為淡褐色，纖維比老薑細，有「健胃津脾」的功效。

老薑（薑母）

薑辣素含量最多，辛辣程度也較強，常用於驅寒、活血、去腥味。

乾燥的薑母

通常辛香料的使用會選擇薑母。

（quatre épices）為何至今歷久不衰！提供一個典型的法式四味粉配方：薑粉與丁香粉各一茶匙、肉豆蔻粉半茶匙、白胡椒粉四茶匙混和均勻，以乾鍋小火炒至香氣溢出，待涼之後裝入玻璃瓶，適合醃漬鴨胸肉或灑在剛出爐的烤肋排，若燉煮根莖類蔬菜、製作肉腸，也可以作為調味品。

成也蕭何敗也蕭何——生薑如何搭配魚肉

我們習慣用薑烹煮家禽、為魚除腥，這樣的邏輯對廣東人來說只對一半。粵菜不僅講究原食原味，還力求鮮嫩、滑溜。以蒸魚來說，廣東人講究現撈現殺，上蒸籠時間「分秒必爭」，不可蒸得過老，這時他們不會把薑與魚同蒸，因為他們認為生薑蛋白酶會破壞魚肉的「彈性」。要除去腥羶味，可選用南薑或陳皮，或是將魚蒸熟後才撒上新鮮薑絲再淋入熱油及豉油，此時魚肉鮮甜Q彈，同時滿足對「色香味」的追求！

同樣地，老廣對雞、鴨也有近乎苛刻的要求，在雞鴨的料理中，通常講究滑口，可選擇南薑、沙薑或陳皮增香去腥，

不過薑雖對腥羶味有抑制作用，對泥濘味卻無能為力，例如草魚、泥鰍，越有土腥味的食材越不宜以薑去腥，否則反而會導致腥味反攻上揚，所以用薑前還得先看看是什麼食材，免得弄巧成拙！

如果非要引薑醇出馬，又想避開生薑蛋白酶，該怎麼辦？只好使出殺手鐧，把薑放入滾水中煮約五至七分鐘後撈出泡冷再使用，或者捨老薑改用嫩薑。

老廣認為生薑蛋白酶會影響肉質「彈性」，製作如廣式油雞、芽菜雞等需講究肉質滑口性的料理，會把薑製成沾醬上桌搭配。

動手試試看
日常版

生薑 × 醃漬嫩薑

嫩薑盛產的季節，不妨動手醃漬，適合當成小菜、搭配白粥、佐餐，相當開胃。

材料
鹽　1茶匙
水　80毫升
白糖　140克
白醋　150毫升

spice
嫩薑　280-300克
甘草　4片

步驟
1. 嫩薑刮去外皮後切成片狀，加入鹽醃漬並靜置30分鐘。
2. 將滲出的水倒掉，用開水洗去鹽巴，以滾水燙薑片後瀝乾，備用。
3. 將甘草、水、白糖、醋煮開後放涼。
4. 把嫩薑鋪入玻璃瓶中，倒入【步驟3】的醃漬水。
5. 冷藏，隔夜即可食用。

嫩薑辣度不高，多汁脆口，常用來醃漬當開胃菜。

動手試試看

進階版

生薑×薑母鴨小火鍋

寒流來襲，最適合來一鍋薑母鴨火鍋，霸味紅燈籠高高掛，坐矮凳子挨著炭火，一口湯一口肉，專屬於冬天的記憶。

薑香四溢、濃郁不上火，是可口又溫補的冬季好滋味，自己在家也可以動手做，搭配各種火鍋食材食用。

材料

麻油　¼杯
鴨　半隻
米酒　半瓶
雞高湯　2000毫升
醬油　3大匙
冰糖　60克
鹽　適量

spice

薑母　160克

藥膳辛香料

巴戟天　6克
田七　2克
黨參　4克
麥冬　8克
太子參　3克
肉蓯蓉　8克
枸杞　1大匙
甘草　5-6片

步驟

1. 將整根薑母帶皮切薄片。
2. 起鍋，加入麻油，放入薑片，小火爆香至捲起。
3. 放入鴨肉，炒至肉縮起後加米酒及水（淹過鴨子即可）。
4. 放入所有【藥膳辛香料】，小火熬煮75分鐘，以醬油、冰糖、鹽調味。

point

這是可一鴨兩吃的薑母鴨，第一次搭配白飯，香嫩滋補。

剩下一半時再加高湯與火鍋材料，就是薑母鴨火鍋，品嚐兩種截然不同的味道。

薑母鴨風味圖

薑母領頭整合眾藥膳辛香料滋補養生

薑母：全方位屬性，整合眾香料

高湯 →

↓

肉蓯蓉：潤腸、補腎氣、益精血

↓

麥冬：益胃生津、避免口乾舌燥

↓

巴戟天：壯筋骨、去風寒

↙ ↘

黨參：健脾益肺

太子參：補中氣

↓

甘草：調味

↑ 搭配健胃易消化的藥膳辛香料

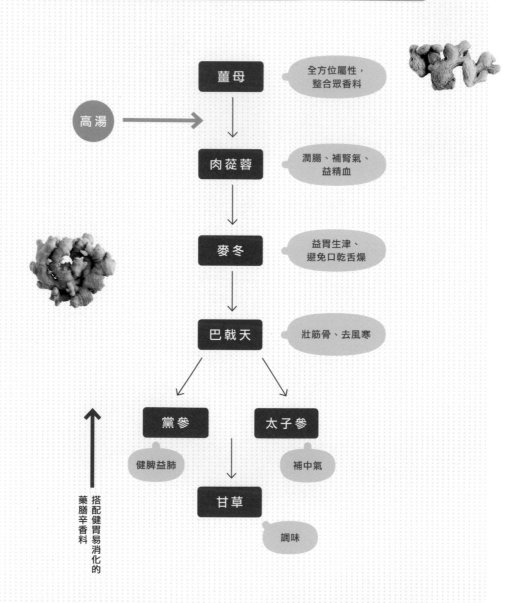

各種藥膳辛香料的養生功效

- **薑母**：鴨子為寒性食物，用薑母的時候比較適合去皮烹煮，可以祛寒、排汗與暖胃，特別是在寒風過境的冬季，適合各種體質的族群。
- **肉蓯蓉**：又稱為「沙漠人參」，味甘甜，能提高免疫力、活化腦細胞，明代李時珍綜合歷代藥學家觀點，認為「此物補而不峻，故有從容之號。從容，和緩之貌。」雖同為補腎之物，卻相對溫和。
- **麥冬**：有降血糖的功能，性寒質潤，與燥性麻油達到平衡，葡萄糖苷幫助調味，《本草拾遺》記載：「去心熱，止煩熱。」能緩解口燥並消渴。
- **巴戟天**：本身有去風寒、改善腰痠膝痛效果，與鴨肉搭配可消油膩、滋陰補肺，還能補腎益精，治五勞七傷，辛溫散風濕，治風濕腳氣水腫，加入薑母鴨再適合不過了。
- **黨參、太子參**：兩帖補中氣代表，有助於改善氣血不足與食慾不振，兩者都帶甘甜，根據《本草正義》，黨參「健脾運而不燥，滋胃陰而不濕，潤肺而不犯寒涼，養血而不偏滋膩」；太子參又稱「孩兒參」，適合普羅大眾，不過燥不過補，藥力微薄，不易上火。

Black Cardamom

辛香料

7

黑小豆蔻

尼泊爾、北印度重要的日常調味料

龍眼煙燻般風味，如香料界女神卡卡

黑小豆蔻是全方位辛香料，除了辛香功能外，果莢外皮所產生的深粉紅色（3-O-葡萄糖苷）和紅色（二葡萄糖苷），色澤容易附著於食物，在醃漬、增香、調味上都有顯著效果。另外，黑小豆蔻抗菌功力一把罩，對滷水有維護作用。除了避免食物變質外，5-7%的萜品醇釋放出高雅香氣，為食物增加美妙細緻的味道。

適合搭配海鮮類，明顯的龍眼乾味道附著於食物

英名	Black Cardamom
學名	*Amomum subulatum* Roxburgh
別名	香豆蔻、尼泊爾豆蔻
原鄉	印度、尼泊爾

屬性

全方位辛香料

辛香料基本味覺

辛　甘　酸　苦　鹹　澀

適合搭配的食材

羊肉、牛肉、鴨肉、鵝肉

麻吉的香草或辛香料

錫蘭肉桂、月桂、胡荽子、小豆蔻、丁香、眾香子、胡椒、薑、蒜、辣椒、大茴香、小茴香、茴香子、葛縷子

建議的烹調用法

熬煮、燜燒、燻烤、浸泡、醃漬

食療

- 對哮喘、感冒、咳嗽和支氣管炎有減緩作用
- 可以刺激和調節胃腺和腸腺
- 具有驅風作用，可緩解腹部脹氣、消化不良
- 有兩種抗氧化劑：二吲哚基甲烷、吲哚-3-甲醇，有助於對抗大腸癌、乳腺癌、前列腺癌和卵巢癌，還可以防止癌細胞的生長

香氣與成分

- 香氣來源主要是1,8-桉葉素，初聞有一股濃烈刺鼻味，不過很快就被乙酸萜烯酯散發的幽香取代。
- 5-7%的萜品醇釋放高雅香氣，為食物增加美妙細緻的味道

黑小豆蔻強烈、尾韻帶點煙燻，經過火候會出現龍眼味。

黑小豆蔻 Story

當黑小豆蔻遇見小豆蔻

黑小豆蔻對於吃糯米就容易脹氣的人來說無疑是個福音，將它研磨成粉加入白糯米或黑糯米一同蒸煮有助消化。有一年我在佛羅倫斯住了幾個月，心裡實在太想念東方餐食，好不容易找到一家義大利人開的泰國菜欣喜若狂，店老闆將泰式芒果糯米甜點改造：將黑糯米、椰奶、粒狀小豆蔻和研磨成粉的黑小豆蔻和入與糯米同蒸，上桌時鋪上當季以糖蜜過的血橙片再淋上椰奶，令我大開眼界，原來黑小豆蔻與柑橘真是天造地設的一對啊！若汰換成台灣柳丁，滋味應該不賴吧！小豆蔻和黑小豆蔻喜愛聯袂出席，增添清香與尾韻，在印度原產地，人們也會拿來涼拌八至九分熟的芒果，加入洋蔥絲簡單調味後冷藏入味，清香脆口，相當開胃！

歐洲人會直接以黑小豆蔻加入餅乾或點心裡：混合低筋麵粉、奶油、雞蛋、酸奶與小蘇打，加入黑小豆蔻粉和鹽糖調味，靜置二十分鐘，捏成小條狀放入油鍋中炸脆，令人欲罷不能！

是黑小豆蔻還是草果？

黑小豆蔻被印度人稱為badi elaichi，由於它的表皮與草果非常類似，一不小心可能會混淆。

從外形來看，草果呈橢圓形，種皮為淺棕色且比較薄，帶有微微澱粉，剖開見隔膜分三瓣，有種子約十至十一顆，較為鬆散；黑小豆蔻果實前後扁平，呈深褐色，有十五至二十個不規則的齒狀，外皮硬韌，內壁較厚，剝開可見種子平貼於隔膜上，不易脫落。

在味道方面，草果的爽松木味接近甲殼昆蟲氣味，黑小豆蔻的樟腦或胺樹味略為明顯，聞起來接近一股龍眼煙燻風味。

至於取得方式，草果在一般中藥店即可買到，而黑小豆蔻需要在網路平台或印度辛香料店購買。

就配置香料而言，如果說草果是「對症下藥」，黑小豆蔻則是「提前布局」！

印度與穆斯林的飲食融合：扁擔飯

國中時，我最愛隨家人到檳城和諧街，去光顧一家位在回教清真寺和華人店家銜接處的一攤幽靈小店。那裡沒有招牌，是一群印度回教徒經營的飯攤，一大早就開始賣各式各樣的咖哩：羊肉、牛肉、雞肉、魟魚、小卷、魚蛋；紅的、綠的、白的、褐色、黃的、橘色，鮮豔奪目，沒有任何菜單，每天賣完為止。

這一群印度人原為西北部旁遮普人（Punjabi）及古吉拉特人（Gujarati），在西元前就已經抵達南洋落腳，大多從事貿易，參與海上辛香料買賣。到了馬來半島並不急於傳播宗教，性格內斂而保守。他們的服飾、音樂及食物具強烈文化色彩，反倒被在地人吸收並採借，例如：著沙龍（Sarong）、以手抓飯進食、薰香祭祀、運用辛香料入菜。

草果

呈橢圓形，種皮為淺棕色且比較薄

黑小豆蔻

果實前後扁平，呈深褐色

十四世紀後隨海上絲路來到馬六甲從事辛香料買賣，沒想到意外在馬來半島落地生根，與當地穆斯林結婚共組家庭，飲食交織混融：印度辛香料結合馬來菜，剛開始挑扁擔沿街叫賣，好不容易存夠錢，在騎樓或巷子搭起簡陋布棚，獨創「扁擔飯」（nasi kandar）。

由於原鄉天氣寒冷，他們習慣吃燥性辛香料溫暖身子，黑小豆蔻、肉豆蔻、黑胡椒等，菜餚大多以味道偏重著名，拿手好菜也多以羊肉、雞肉和牛肉為主。

除了不供應豬肉、沒有熱湯外，五、六十種咖哩一字排開，儉奢由人，多種醬汁淋在白飯上，有如一場滋味交響樂，大家不分種族一起搭桌吃飯，有些人習慣以手抓飯，有些人用湯匙叉子吃飯，「混搭」在這裡流行得很！

尼泊爾的日常調味料

黑小豆蔻是喜馬拉雅東部地區最重要的經濟作物，是薑科豆蔻屬黑小豆蔻的果實，喜歡生長在海拔七百六十五至一千六百七十五公尺的斜坡，以及潮濕陰涼的地方。

這種辛香料產量稀少、價格昂貴，成熟後以人工採摘，接著使用木材進行煙燻，做為尼泊爾、北印度、不丹、斯里蘭卡重要的日常調味料，有「香料女王」的美譽。香氣來源主要是1,8-桉葉素，有一股濃烈刺鼻味，不過很快就被乙酸萜烯酯散發的幽香迷惑，這種讓人愉悅放鬆心情的感受會持續很久。可以在烹調的一開始就加入或中間階段再加入，或是想在起鍋前加入，創造強烈尾韻香氣也無不可！

古印度醫學利用黑小豆蔻的屬性進行食療研究，治癒如鎮痛、抗炎、抗菌、抗氧化，治癒呼吸困難。在貧富不均的各大鄉鎮，人們仰賴民間療法，食物與天然草藥並重，有腹痛或直腸疾病就靠黑小豆蔻治療；它而對抗真菌的功力不容小覷，用來入皂最適合不過！

辛香料語錄：著煙燻妝的夜店小魔女

黑小豆蔻的桉樹腦含量較高，常給人刺激性很高的聯想，北印度地區人們通常會搭配青小豆蔻一起使用，以此減低其強度。辛香料的搭配不僅考量搭配，更多時候還兼顧食療。兩種辛香料屬性相互搭配：青小豆蔻味道酸中帶苦，黑小豆蔻辛辣甜美，形成絕妙組合。

北印度的綜合辛香料中，習慣將黑小豆蔻與清香的錫蘭肉桂、馥郁的丁香、柔和的印度月桂、強烈占有欲的黑胡椒、善解人意的胡荽子……碾碎研磨成北印度獨有的增香劑配方，這種香氣和羊肉、牛肉非常搭配。

黑小豆蔻是全方位辛香料，除了辛香功能外，其果莢所產生的深粉紅色（3-O-葡萄糖苷）和紅色（二葡萄糖苷），色澤容易附著於食物，在醃漬、增香、調味上都有顯著效果。另外，黑小豆蔻抗菌功力一把罩，對滷水有維護作用。除了避免食物變質外，五至七%的萜品醇釋放出高雅香氣，為食物增加美妙細緻的味道。若取黑小豆蔻煙燻海鮮，食物表面會聞到明顯的龍眼肉的味道，極其美妙。

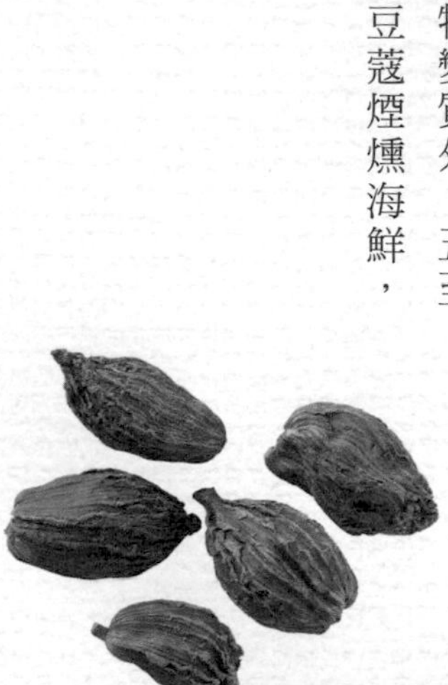

古印度醫學利用黑小豆蔻治療腹痛或直腸疾病。

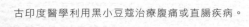

動手試試看
日常版

黑小豆蔻 × 煙燻海魚

黑小豆蔻最適合煙燻，試試看，你會聞到龍眼乾的味道，非常神奇！

材料

海魚　1尾
（約300-350克）
檸檬（或金桔）
1小塊

醃漬材料
蒜末　1茶匙
青蔥　1條
醬油　1茶匙
糖　½茶匙
魚露　1茶匙
米酒　1大匙

燻魚材料
油脂　適量
糖　3大匙
紅茶葉　2大匙
米　2大匙
黑小豆蔻　2顆

步驟

1. 將海魚洗淨，用廚房紙巾抹乾水分，以蒜末、青蔥、醬油、糖、魚露、米酒等醃漬30分鐘。
2. 鋪鋁箔紙在平底鍋上，把油抹於鋁箔紙上，放魚煎熟。
3. 另起鍋，鋪上鋁箔紙，按順序先放糖、紅茶葉、米。把黑小荳蔻剪開，烤架抹油脂，沾黏黑小豆蔻的種子，把魚置上，蓋鍋燻。
4. 開大火，看見灰色的煙即轉小火，過1分半鐘後完全熄火。
5. 燻15分鐘後即可取出。
6. 吃的時候擠上檸檬或金桔。

動手試試看

進階版

黑小豆蔻 × 羊肉咖哩

這道食譜一氣呵成，雖無明顯分層上的高低起伏，味道卻柔和帶韻味，溫馴平衡又順口，最適合雨天或微微風起的季節食用。

材料

A料

洋蔥　1顆
乾辣椒　8-10根
香菜梗　4-5根

B料

油脂　3小匙
丁香　3顆
青小豆蔻　4顆
辣椒條　10克
（泡於熱水中打成泥）
黑小豆蔻　1顆
月桂葉　1片
蒜　2小匙
薑　2小匙
小茴香粉　3大匙
胡荽子粉　2茶匙
辣椒粉　1茶匙

C料

羊肉塊　1000克
番茄醬　½杯
優格　400克
水　1000毫升

D料

香菜葉（裝飾）　適量
檸檬汁（裝飾）　適量
海鹽　適量
糖　適量

步驟

A打泥

1. 洋蔥切細末，分成兩份。
2. 取一份洋蔥末，與乾辣椒、香菜梗一起放入調理機打成泥，備用。

B爆香

3. 起油鍋，爆香丁香、青小豆蔻、辣椒條、黑小豆蔻、月桂葉。
4. 香氣竄出後，加入【步驟2】的醬泥，以及蒜、薑、另一份洋蔥、小茴香粉、胡荽子粉、辣椒粉。

C烹煮羊肉

5. 放入羊肉烹煮，加番茄醬（或新鮮番茄）及優格，繼續小火熬煮90分鐘。

D裝飾調味

6. 加入檸檬汁、香菜裝飾，鹽、糖調味。

羊肉咖哩風味圖

黑、青小豆蔻平衡菜餚風味

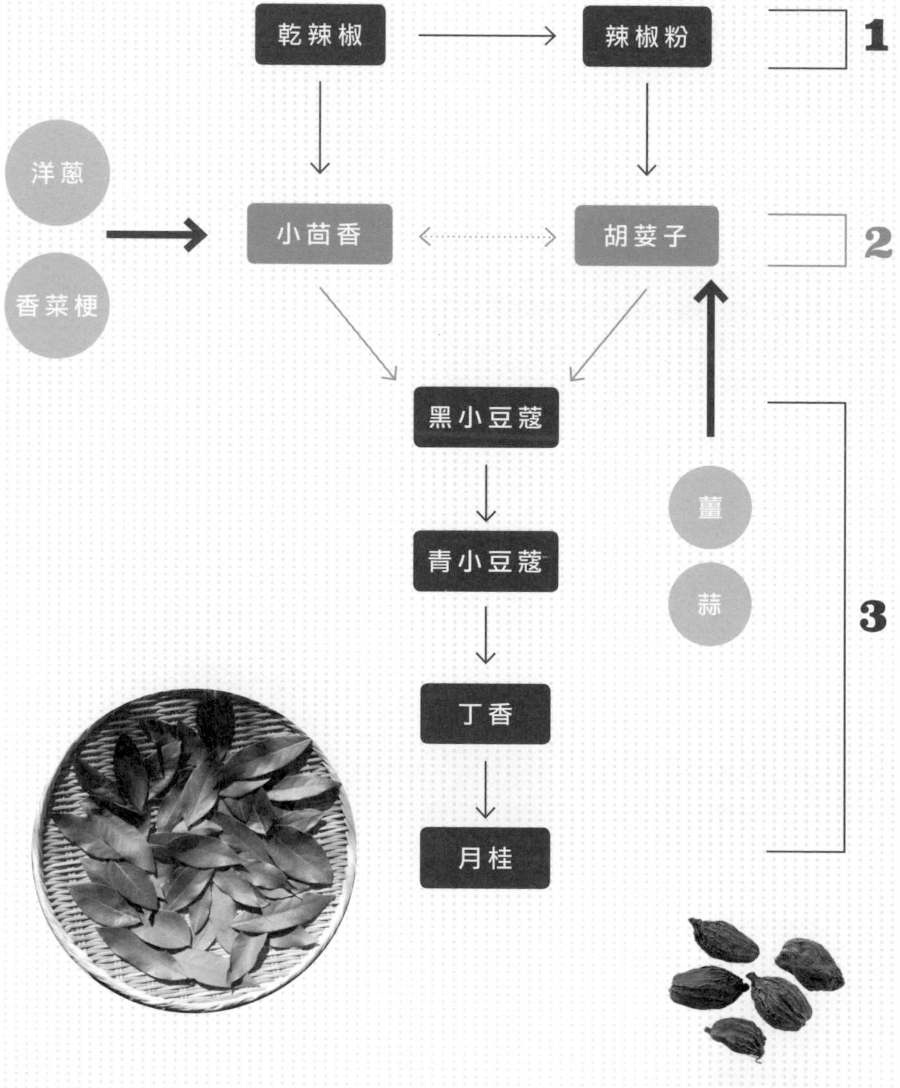

1 乾、粉辣椒整合眾辛香料，使味道飽和

- **乾辣椒、辣椒粉**：延攬兩種辣椒體坐鎮，一乾一粉狀，主要考量有二：第一，在少量結構下的單方辛香料仍需具備整合、統領眾辛香料的能力；第二，確保味道飽和度、醇度風味不減。

2 小茴香、胡荽子調味增香；洋蔥、蒜、薑、香菜梗決定口感辛甜

- **小茴香、胡荽子**：在這裡的角色一是除腥羶味，二是加強調味及增香，它們都是咖哩界中單方的常客，你若喜歡這兩種辛香料，可以斟酌多加半匙的調整。
- **洋蔥、蒜末、薑末、香菜梗**：為口感來源，多一些將增加甜味，少一些則會凸顯辛味，洋蔥想換成紅蔥頭或兩者兼具也無大礙，蒜末與薑末抓1：1即可，這些新鮮香料豐富了咖哩醬汁口感，用來拌飯也很開胃。

3 黑、青小豆蔻爆香，丁香、月桂增添層次

- **黑、青小豆蔻**：印度人煮咖哩不一定每道繁複，有時把粒狀辛香料用來爆香，同樣能達到香氣四溢的效果：黑小豆蔻強烈、尾韻帶點煙燻、偶爾會聞到陣陣龍眼味，與青小豆蔻的清新感平衡菜餚風味。
- **丁香、月桂**：一強一柔唱雙簧，圓潤辛香料的味道。

Asafetida
辛香料
8

阿魏

保水性佳，擅長把水分鎖進食物裡

味道強烈各有褒貶，
獨具風格，
如有深度內涵的智者

阿魏是全方位辛香料，但是不適合擔綱主味，畢竟沒人願意吃菜吃得滿嘴「蒜味」。從表面上來看，阿魏似乎保健功能勝於實用，其實不然，它的獨特硫醚可是天然鮮味來源，只要善用就能為菜餚增味生香，適合長期蔬食者或五辛素者。

釋放如洋蔥與蒜的風味，蔬食族的天然鮮味來源

英名	Asafetida
學名	*Ferula asafetida*
別名	阿魏草根、熏渠、哈昔泥、興渠、臭阿魏、阿虞、形虞
原鄉	伊朗、巴基斯坦、阿富汗

屬性

屬全方位辛香料，但不宜擔綱主味。粉狀使用，複方或單方皆可

辛香料基本味覺

辛 甘 酸 苦 鹹 澀

適合搭配的食材

豆類、海鮮、根莖類、奶油餅乾類、麵包類、肉類、菌菇類

麻吉的香草或辛香料

小豆蔻、辣椒、薑黃、薑、胡荽子、芥末子、胡椒、茴香子、錫蘭肉桂

建議的烹調用法

醃漬、燜燒、燒烤、熬煮、油炸

食療

- 治療哮喘、百日咳和支氣管炎
- 具有黃體素，能改善更年期症狀帶來的不適
- 抑菌能力強，常用在食品添加劑中，能預防微生物生長

香氣與成分

- 有強烈的臭味、洋蔥味與蒜味，喜惡兩極
- 獨特硫醚是天然鮮味來源

阿魏 Story

孰葷還是素——印度素食者的天然鮮味

阿魏的味道奇臭無比，第一次嘗試的人不免會嚇一大跳。李時珍在《本草綱目》中記載：「夷人自稱曰阿，此物極臭，阿之所畏也。波斯國呼為阿虞，天竺國呼為形虞，《涅槃經》謂之央匱。蒙古人謂之哈昔泥，元時食用以和料。」道盡阿魏原為外國之物，連名字都與其臭關係密切，聞者無不掩鼻，避之大吉。

高種姓印度人茹素，阿魏是重要增香來源，佛教稱阿魏為興渠，繼蔥、蒜、韭菜、洋蔥後列入五辛禁食；追求它的強烈感與排斥它爭議的味道，同是虔誠信仰卻有如天秤的兩端，難怪原產地伊朗譽為「上帝的食物」和「魔鬼的糞便」。

到伊朗印象深刻的一次，是因為我不小心著涼感冒，猛打噴嚏又適逢冬季，寒冷夜裡特別想來一碗白粥，住宿飯店很貼心地為我端來熱騰騰米豆粥，色澤鵝黃，上面鋪了些花生和紅蔥頭酥、淋上優格裝飾。開始吃的時候蒜味特別濃，中間層突然覺得口裡椰子風味越來越明顯，最後充滿柑橘味，這場吃豆粥劇情高潮迭起，病也好了一大半，事後追問這神奇的蒜味，竟然是阿魏。

這道料理在伊朗稱為豆飯（kitchri），飯店主廚加了米煮成粥，跟我後來到印度吃的扁豆粥相映成趣。食物流轉千百回，忘不掉的仍是原鄉情感！特別的是，阿魏不知何時

已悄悄進入印度素食者的日常。

辛香料語錄：有深度內涵的智者

阿魏是全方位辛香料，但是不適合擔綱主味，畢竟沒人願意吃菜吃得滿嘴「蒜味」。從表面上來看，阿魏似乎保健功能勝於實用，其實不然，它的獨特硫醚可是天然鮮味來源，只要善用就能為菜餚增味生香，適合長期蔬食者或五辛素者。

阿魏是繖形科阿魏屬的多年生草本，品種達三十幾種之多，其英文名Asafetida來自波斯語，Asa是「樹脂」，foetidus是「聞起來惡臭」，味道來自二硫化物。印度人稱之為Hing，南印度素食者會用阿魏替代洋蔥和大蒜。至於它什麼時候引入中國，目前已不可考，最早的紀錄出現在《新修本草》：「生西蕃及崑崙。苗、葉、根、莖酷似白芷。」在亞歷山大大帝東征時期也發生同樣的事，誤把阿魏當成羅盤草。這是因為白芷、阿魏、羅盤草三種同為繖形科植物。

阿魏從種植到收成需歷時四年，採收者將阿魏根部切斷一小截，並以帽子覆蓋避免陽光直射，讓汁液緩緩流出，接觸空氣後自然凝結成塊，最初呈現灰白色，隨著時間轉化成紅色，最終變成褐色。由於這種樹脂堅硬無比，難以碾碎，需要加工研磨成粉，並加入穩定劑、小麥粉或阿拉伯膠混合以防止結塊，這也說明為何市面上只有阿魏「粉」，而沒有「塊狀」之故。最傳統的方式是每十天循環採收一次，收入相當豐碩。不過近年來由於生長環境受天氣變遷及濫砍濫伐影響，野生阿魏逐年減少，目前以種植居多。

雖然味道頗具爭議性，阿魏依然故我，願者來嚐拒者隨緣，它在自己獨特風格中綻放光芒，不隨波逐流、不偏執，甚至有一點點大智若愚的味道，凡塵俗世歲月靜好，管

在伊朗品嚐的豆粥，阿魏是當中的神奇蒜味。

你外面風風雨雨，阿魏就是眾裡尋他千百度的駿馬！

阿魏的日常運用

印度是阿魏最大的消費族群，高種姓婆羅門不食洋蔥和大蒜，認為它們不淨；南部泰米爾人、西亞移民古吉拉特人（Gujarati）將阿魏加入滷汁（gotsu gravy）或沾醬（nuggekai sambar）中來增加風味；新馬一帶的印度人用阿魏調和扁豆口感，也製成各式各樣的糕點，加上酥油熱轉化，能凸顯豆類與蔬菜的香氣，另一方面又能馴化原本放蕩不羈的味道。舉例來說，有些人認為牛蒡有股鐵銹味，加入阿魏就能除卸此味，後韻還略帶蒜香味，非常神奇。

親脂性的阿魏適合用來煉油，可以塗抹在燒烤食物上，既可避免蒜泥在炭火上帶來焦苦的疑慮，又可在無形中增加蒜香風味；在油脂裡加入阿魏來烹煮高蛋白肉類，它內含的胰凝乳蛋白酶能輕易分解蛋白質，幫助身體消化，不會帶來負擔。

阿魏的食療功能

在傳統醫學阿育吠陀草藥配方Hingashtak中，阿魏占

有一定地位，親水性與親脂性皂苷元素對治療哮喘、百日咳和支氣管炎非常有效。此外，阿魏具有抗菌活性，用在食品添加劑當中，強大的抑菌能力可預防微生物生長，包括大腸桿菌、金黃色葡萄球菌、念珠菌，這種天然的食品添加劑，成為現代人追求健康的最佳選擇。印度南部女性藉阿魏的黃體素，改善更年期症狀帶來的不適，對於婦女疾病（如月經過多及白帶問題），她們以酥油混和阿魏，再以羊奶或蜂蜜吞食，代代相傳至今。

中醫將阿魏用於消積、治療心腹冷痛與瘧疾等疾病，過去貨源短缺，市面上常出現仿冒品，因此有句話說：「黃芩無假，阿魏無真。」不過隨著時代變遷、網路資訊爆炸、交通時間縮短，大家對購買中亞、南亞辛香料開始有共識，大至網路平台，小至印度辛香料專門店，都可以輕易買到。

世界廚房

在原鄉伊朗，阿魏幾乎與所有菜餚混在一起烹煮，如扁豆米飯（mujadara）、中東燉肉（bamia bi-lahm）、狀似魚雷的著名前菜肉丸子（kibbe）。法國人則喜歡在鐵板上塗抹一些阿魏，散發出類似伍斯特醬（worcestershire sauce）的獨特風味，透過瞬間高溫附著於肉表面，產生硫化物香氣，享受愉悅。在中國，神醫謝肇淛在《五雜組》就指出它是一種驅蟲用藥，無毒性平，氣雖臭卻能止臭，是一種神奇藥物。埃及人會將乾燥的阿魏根以沸水煮開，當作利尿劑、驅蟲劑和鎮痛劑，可治療腸胃痙攣。巴西人相信將阿魏的葉子及根莖煮開，能刺激大腦神經興奮，對男生有壯陽效果，深受拉丁民族喜愛。

市面上的阿魏多為粉狀，其強烈又有爭議的味道，被原產地伊朗譽為「上帝的食物」和「魔鬼的糞便」。

動手試試看

日常版

阿魏 × 消食綠豆湯

阿魏能消積食，凡是對豆類感覺不適的族群都可一試！阿魏與糯米一起拌和能達到同樣的效果。

材料　綠豆　150克
　　　冰糖　適量

spice　阿魏粉　1茶匙

步驟

1. 水煮開後，加入綠豆及阿魏同煮，直到適口為止。
2. 加入冰糖，攪拌均勻即可上桌。

point　將綠豆冷凍過再煮，能保留一顆顆粒狀圓形，不會糜爛。

阿魏能消積食，
適合與豆類一起烹煮。

動手試試看
進階版

阿魏 × 蒜香酥炸排骨

阿魏擅長把水分鎖進食物裡，賦予排骨蒜香味，你也可以增加阿魏用量來取代蒜末，讓香氣更濃郁，也能減少排骨表面的蒜末炸焦的風險。

材料

排骨　600克
雞蛋　½顆
太白粉　4大匙
糯米粉　4大匙
地瓜粉　4大匙

醃料
蔥白　40克
薑　12克
大蒜　70克
水　20克
鹽　2茶匙
白胡椒　2茶匙
糖　1大匙
豆腐乳　½塊
蠔油　2茶匙
米酒　1茶匙
醬油　1大匙

spice　阿魏　1茶匙

步驟

1. 將排骨洗淨，瀝乾水分，備用。
2. 將【醃料】所有材料放入調理機，打成泥狀醃料。
3. 將【步驟2】的泥狀醃料拌入排骨，再加入雞蛋、阿魏抓約1分鐘，靜置2小時。
4. 將【步驟3】的排骨，加入太白粉、糯米粉、地瓜粉拌勻，靜置10分鐘反潮（意即裹粉由乾變為濕）。
5. 起油鍋到約170度，放入排骨炸至肉熟後取出，再把油溫拉升至180度，炸第二次約10秒。
6. 起鍋即可上桌。

point　排骨可搭配胡椒鹽食用，更添風味。

蒜香酥炸排骨風味圖

阿魏發揮鎖水功能，避免高溫焦化帶來苦味

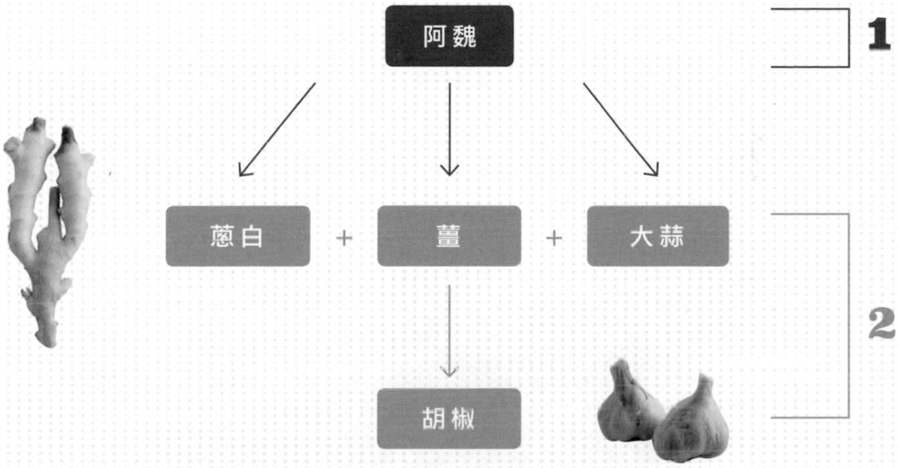

1 阿魏鎖住肉類的水分

- 阿魏保水性非常好，擅長把水分鎖進食物裡，既能釋放如蒜的風味，又能避免高溫焦化帶來苦味，可謂一舉兩得！
- 粉狀阿魏更能表現硫化物特色，不會在高溫中失去風味，反而緊緊附著於蛋白質並且滲透肉類。

2 蔥白、薑、胡椒、大蒜醃漬入味

- 這道蒜香排骨充分表現中華烹調的一貫口味，以蔥白、薑、胡椒、大蒜醃漬入味。
- 其中阿魏完全可以替代大蒜，如果不放大蒜，可以增加一倍阿魏的分量。

point 若想要增加強度，可加入少許辣椒粉，厚度與醇度將會更上一層樓。

Star Anise
辛香料
9

八角

華人的家鄉味！微量就能讓食物變適口

散發迷人的清辣甘甜，好像著豹紋裝的兔女郎

中國和世界的華人喜歡用八角來滷製食物，粵菜師傅常以花椒、八角、丁香、肉桂相輔相成來調製滷水，重點在於這些單方辛香料都不宜使用過多，而是以接力方式完成除腥羶任務。

粉狀八角與粒狀八角如何使用？熬煮、燜煮、焗烤、煨煮、浸泡等烹調方式皆宜，購買的時候還是建議粒狀八角較好；調配咖哩、調味品、增香劑如五香、十三香、川味沾醬粉則用現磨八角粉。八角不僅能除去肉中腥羶味，還能改變原食材的特性，使味道得以重新形塑。

有效去腥羶味與土味，重新形塑食材味道

英名	Star Anise
學名	*Illicium verum* Hook. F.
別名	八角茴香、大料、八月珠、大茴香
原鄉	中國西南方、越南東北部

屬性

香料、調味料

辛香料基本味覺

辛 甘 酸 苦 鹹 澀

適合搭配的食材

豆製品、雞肉、牛肉、羊肉、東方水果類、蔬食／素食類

麻吉的香草或辛香料

中國肉桂、錫蘭肉桂、茴香子、花椒、陳皮、胡荽子、大蒜、紅蔥頭、青蔥、青蒜、辣椒

建議的烹調用法

- 調配成五香粉、八角複方鹽
- 醬油烹煮、中式清湯類、熬煮類

食療

促進消化、緩解痙攣、減輕疼痛、溫陽散寒

香氣與成分

- 茴香腦及脂肪油：散發清辣甘甜的迷人氣味
- 茴香醛、醚、酮、烯組合交織，揮發油就可以「生香」

八角通常有八個漂亮的蓇葖果形，形狀非常漂亮。

八角
Story

原來思鄉味就是八角

生長在多元國度是一種福分，讓我得以從小品嚐不同族裔的味道，開拓味蕾。馬來人把亞系香草（如咖哩葉、薑黃葉）與粒狀辛香料（如胡荽子、肉豆蔻）混合，研磨出純粹而馥郁的醬料；印度人擅長一邊手拉奶茶，一邊舞動身體節拍，大膽揮灑丁香、胡椒等粒狀辛香料烹煮日常膳食，除了力求辛、甘、酸、苦、鹹、澀六味平衡外，還要確保每一顆香氣大噴發，吃來大呼過癮才罷休；華人包括了福建人、廣東人及中國南部各路移民，每個族群都有自己堅持的傳統古早味，經過幾代融合，又交織出另一番風情，例如原鄉福建菜清淡而原食原味，僑居地卻大量看見辛香料、豉油快炒上色；通婚聯姻也造就出不凡滋味，峇峇娘惹其中一方承載華人飲食精髓，另一方同時擅長馬來人運用辛香料的智慧，著名前菜金杯（pie tee）、肉卷（lor bak）、醃漬泡菜（acar awak）都能看見混融元素：柔和中見剛烈、似有也若無，是東南亞飲食中少見色香味俱全的菜餚。

想當然爾，一個約莫三、四歲的小孩，每早醒來深深吸一口氣，聽著遙遠廚房傳來石臼與石杵搗香料的聲音，節奏感清晰分明，下鍋時「滋滋」的作響聲，隨風瀰漫到整個空間，便能分辨今日餐桌上有什麼好料可吃！多年以後我才慢慢發現，原來這些日常滋味不約而同有一股熟悉的思鄉味——八角，其學名 *Illicium verum* Hook. F.，而 *Illicium* 正是指八角那野性氣味的「誘惑」。

八角自國外引進中國

翻遍歐美各國文獻資料，全都直指這一味來自中南半島的北越諒山及寮國東部山區，從中國對八角的描述來看，北宋蘇頌把八角稱為舶茴香，已證實它來自國外，推斷在宋代前經海上貿易由商賈帶入泉州或廣州，因氣候與地理條件適合在廣州生長，現在成為廣東與廣西的特產，現在世界上八〇%產量幾乎都來自於這裡！

八角是八角科八角屬的果實，這種果樹需耗時六年方結果，若照顧得宜至少可活百年，是辛香料中少數的高經濟作物。透過貿易往來，八角被東方商賈帶往印度喀拉拉（Kerala）但未廣傳，這點從綜合辛香料獨漏這種芬芳、馝馞香氣的八角就可窺探一二。到了十六世紀的大航海時代，八角很快被帶到歐洲並延攬進入香料名單，更意外成為英國人的最愛。

八角一開始就做為烹調使用，南宋周去非《嶺外代答》記載：「八角茴香，出左、右江蠻峒中，質類翹尖，角八出，不類茴香，而氣味酷似，但辛烈，只可合湯，不宜入藥。中州士夫以為薦酒，咀嚼少許，甚是芳香。」直到明代，劉文泰才正式將「八角茴香」之名列入《本草品匯精要》，其他名稱還有大料、大茴香等，而八角蓇葖果內深藏一小顆種子，故亦有八角珠之名。

真假八角與八角等級

有一陣子，市面上常有人提到八角有贗品出售，是五味子科八角屬的紅茴香（*Illicium henryi*），又名莽草或紅毒茴，有十至十二個角不等，蓇葖果較為尖銳，有著細長尾巴，色

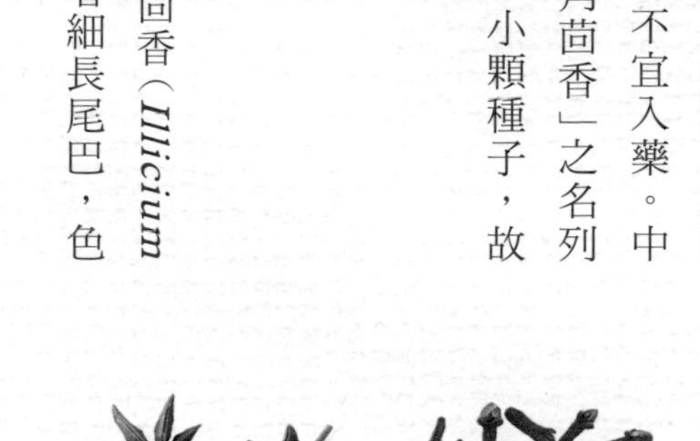

在亞洲，八角與丁香是手牽手的好朋友。

澤帶土黃。真正的八角最常見有八個漂亮的蓇葖果形（也有七或九個角），棕紅色有光澤，味辛辣甘甜。買八角最好買原形，若不得已要購買八角粉，最好也找有信譽的商家。

八角有等級、規格之分。第一收在秋季（八月間），外形大朵均勻，氣味飽足，碩大肥美，此時稱為「正造果」，精油飽和品質最佳；由此再細分為三級，除了分大小也分外觀，八個角分布均勻、沒有缺角即屬一級，以此類推。第二收是翌年春天（三月間），外形較為小朵，稱為「角花果」，屬二級品，下亦分三級，最後未採擷的、落果的或過熟的，屬一般等級。

八角的加工有兩種方式：以滾水煮五至十分鐘後自然晒乾，此法顏色較佳；以文火烘烤乾燥，則香氣較好。

粉狀與粒狀八角怎麼用？

全球華人愛用五香粉，中國則大量運用十三香，台灣偏愛百草粉，在眾多香料中，八角占比不少，它的茴香腦及脂肪油散發迷人氣味，茴香醛、醚、酮、烯組合交織在一起，令粵菜師傅為之著迷，這種香料特性如著豹紋裝的兔女郎，不鳴則已，一鳴驚人，五％茴香油及二二％脂肪油一出場就顛倒眾生，用量宜少不宜多。

記得小時候家裡熬排骨湯或雞湯，總習慣順手丟顆八角一起熬煮，目的就是為了除去腥味，只需一顆，豬雞騷味馬上跑光光。八角有九〇％以上的反式大茴香腦，若投入太多將適得其反，造成氣味過重，反而掩蓋了食材原味。

世界上有華人的地方就有八角，用八角來滷製食物、醃漬、清燉、紅燒等等，粵菜師傅常以花椒、八角、丁香、肉桂相輔相成來調製滷水，重點是這些單方辛香料都不宜使用過多，反倒是應以接力方式完成除腥羶任務。

台灣偏愛百草粉，在眾多香料中，八角占比不少。

粉狀八角與粒狀八角如何使用？熬煮、燜煮、焗烤、煨煮、浸泡等烹調方式皆宜，如果可以建議使用粒狀八角，氣味不易流失；調配咖哩、調味品、增香劑（如五香、十三香）、川味沾醬粉則用現磨八角粉。

八角不僅能除去肉中腥羶味，還能改變原食材的特性，使味道得以重新形塑，舉個簡單的例子：有些人不愛根莖類食物，但經過久燉或久熬後，八角裡的自然化學成分能去掉土味，使根莖類變得適口。

世界廚房中的八角

華人世界這一頭愛八角愛得不可自拔，歐洲人則把八角入甜點：烤蘋果、蜜鳳梨、耶誕節香料紅酒喝起來好溫暖、米布丁加入八角很東方、做成八角磅蛋糕是英式傳統，象徵東方風情。此外還有中東人的主食抓飯（pilaf）、羊肉烤地瓜、烤雞肉、牛肉，北非人則愛把八角與豆子一起烹煮，藉以去除腥味。

在食療方面，八角的主要成分是茴香油，能刺激胃腸神經血管，促進消化液分泌，增加胃腸蠕動，有健胃、行氣的功效，有助於緩解痙攣、減輕疼痛；八角有揮發性精油，可以抗菌、抗流感、些許鎮定效果。也可以搭配花茶沖泡，可增加消化液分泌與胃腸蠕動。

動手試試看

日常版

八角 × 醃鳳梨

八角聞起來辛辣，入口卻有一種麻甜餘韻，最適合跟熱帶水果搭配。可以取八分熟的鳳梨，醃漬入味後直接吃，也可以兑水喝，或吃挫冰時加幾片清爽消暑。

材料

鳳梨　1顆
水 300毫升
冰糖　25克
白葡萄酒　200毫升
白醋　25克

spice　八角　2顆

步驟

1. 鳳梨去皮，切成塊狀，備用。
2. 把水與八角、白醋小火燒開5分鐘。
3. 放入冰糖及白葡萄酒繼續燒3分鐘，待涼。
4. 裝罐並放入鳳梨，冷藏醃漬兩天，冰涼更好吃。

動手試試看
進階版

八角 × 檳城滷麵

當滷麵跟著華人移民到馬來西亞，這道麵點也隨著當地飲食習慣，融合了馬來西亞三大族群（華人、馬來人及印度人）的特色。靈魂是華人家鄉味五香粉，融進馬來人吃辣，印度人運用香料的習慣，成為一道充滿層次感的再造滷麵，與辣椒、蒜泥醬一起吃，有如置身南洋。

材料

A高湯

雞骨　1付
豬骨　1付
八角　1-2顆
錫蘭肉桂　5公分
白胡椒　1茶匙
水　3000毫升

B配菜

梅花肉　200克
雞胸肉　200克
水煮蛋　2顆
油麵　400克
米粉　100克
豆芽菜　100克
紅蔥頭酥　適量

C辣椒沾醬

蒜泥　60克
鹽　適量
紅色朝天椒　5根
綠色朝天椒　5根
一般辣椒　4根
蒜末　1大匙
蝦粉　1大匙
金桔　3-4顆

D滷汁

檳城五香粉　1茶匙
黑抽　2茶匙
鹽　適量
糖　適量
木薯粉　適量
（勾芡用）
全蛋　1顆

spice

E檳城五香粉

（以下辛香料混合磨碎，可以自己調香或買市售五香）

八角　8顆
丁香　2顆
花椒　1茶匙
茴香子　2茶匙
中國肉桂粉　3茶匙
（磨碎）
薑粉　½茶匙
甘草粉　1茶匙
木香　1小撮

步驟

熬煮高湯

1. 將雞骨及豬骨汆燙去血水，洗淨，備用。
2. 米粉泡軟、全蛋打散，備用。
3. 將【**A高湯**】的材料，連同【**B配菜**】中的雞胸肉及梅花豬一起入鍋，小火熬煮。
4. 雞胸及梅花豬煮熟即可取出，切片備用。
5. 湯熬煮2小時後，過濾取得高湯2000毫升。

製作滷汁

6. 將【**E檳城五香粉**】、黑抽、鹽、糖調入過濾好的高湯中。
7. 加入木薯粉勾芡使湯汁變稠。

辣椒沾醬

8. 將蒜泥及鹽拌合備用。
9. 辣椒全放入調理機打至泥狀。
10. 將【**步驟8**】與【**步驟9**】混合，加入蝦粉、蒜末，入鍋小火煮開、冷卻後再擠入金桔拌合均勻。

配菜組合

11. 將米粉及油麵、豆芽菜各取一把放入滾水中煮熟，放入深碗。
12. 鋪上切片之雞胸肉、梅花豬及切半邊之水煮蛋，澆上滷汁。
13. 加入辣椒沾醬，撒上紅蔥頭酥即可上桌。

檳城滷麵風味圖

以華人原鄉味道為核心，融合泰式酸辣概念

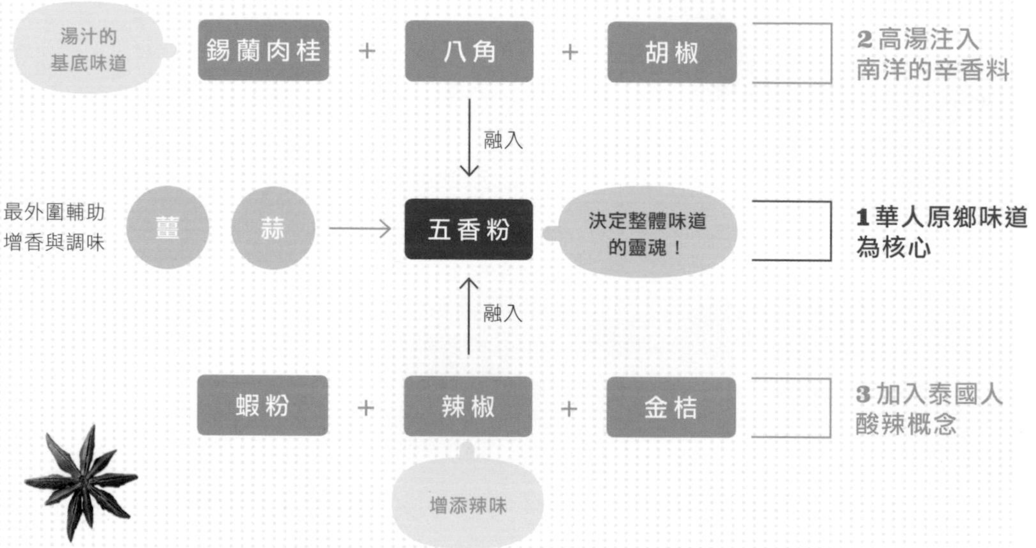

1 五香粉是決定整體味道的靈魂，帶出原鄉風味

這道料理以華人增香調味代表—五香粉為核心。檳城五香粉有深厚的底蘊，其中八角、茴香子、肉桂是主要的香氣堆疊。五香配方的拿捏決定這碗麵的味道！

2 高湯加入錫蘭肉桂、八角、胡椒增香

檳城滷麵保有閩菜的「多湯」特色，與原鄉不同的是，在高湯中加入馬來西亞在地的錫蘭肉桂、八角、胡椒，做為湯汁的基底味，發揮除腥、增香、調味的功能。

3 融合泰國南部吃蝦醬、金桔的飲食習慣

原鄉的滷麵本不加辣，檳城滷麵納入泰國南部元素：蝦粉、三種辣椒及金桔混合而成的辣椒醬，讓原本不嗜辣的福建人重新接受新口味，應驗了一句話：日久他鄉變故鄉！

經典菜

八角 × 檳城滷麵

Penang Lor Mee

一八二六年英國人將檳城、麻六甲及新加坡合併為海峽殖民地，同時也正式使峇峇娘惹從麻六甲轉移陣地至檳城。不過根據史書記載，第一任總督法蘭西斯．萊特（Francis Light）抵達檳城港口時，島上已有華人居住，英國人為了解決長久以來華人群聚鬧事、為搶碼頭而發生械鬥等問題，鼓勵麻六甲華人移民至檳城。

檳城北部娘惹菜受泰國南部及印尼影響，許多食物經過撕裂、創新後再造，例如北部的娘惹菜融合泰國新鮮香草（火炬薑、越南香菜、喜嚐偏酸湯頭（羅望子），把福建原鄉的麵食習慣移植到南洋，經過幾代碰撞後，交織出新的滋味。過去峇峇娘惹家庭喜歡製作滷肉、醬油肉（焢肉），日常生活中少不了五香，檳城老字號「博愛堂」是人手一包的伴手禮。

滷麵極有可能來自福建漳州，台灣稱「魯麵」，是古台南人喜慶才會端上桌的麵點，現已成為庶民小吃；華人下南洋到檳城落腳，複製原鄉飲食記憶，保有閩菜的「多湯」特色，同時也接受泰國南部吃蝦醬、金桔的飲食習慣，喜歡麵食混搭的吃法（米粉混油麵），創造出獨特的檳城滷麵。

Anise
辛香料
10

大茴香

眾辛香料間的媒介

甘為他人作嫁的抬轎人

味道與八角、小茴香接近，豐富的醛、酚、石竹烯融入醇類會發出馨香、清爽滋味，令人回味，卻少了兩者強烈碰撞竄出的侵略性，非常適合用在以酒為做湯主要材料的菜餚，例如燒酒雞、羊肉爐、薑母鴨等。另外大茴香的獨特甘草味適合為肉品、海鮮加工，對灌香腸、醃漬豬肉、內臟、魚漿調味很在行，而多種醣類屬性，有顯著增加不同層次內隱味道的效果，超過九〇%的茴香腦、四種芳香族化合物葡糖苷，在熬製、燒烤、小火慢熬中釋放。

獨特甘草味適合為肉品、海鮮增香，與番茄、白醬是絕配！

英名	Anise
學名	*Pimpinella anisum* L.
別名	洋茴香、西洋茴香、歐洲大茴香
原鄉	東地中海、埃及、希臘、西亞一帶

屬性

香料、調味料

辛香料基本味覺

辛 甘 酸 苦 鹹 澀

適合搭配的食材

蔬菜、海鮮、白醬、餅乾、蛋糕、雞肉、貝類、番茄

麻吉的香草或辛香料

甜胡椒、丁香、錫蘭肉桂、蒔蘿、茴香子、肉豆蔻、胡椒、八角、胡荽子、小茴香

建議的烹調用法

釀酒、燒烤、熬煮、燜燒

食療

- 改善消化、幫助胃腸消脹氣、消水腫、驅風去痰
- 傳統醫學將大茴香用於內服治療百日咳

香氣與成分

- 具有反式大茴香腦，部分香氣接近八角與小茴香的味道，卻不及八角出場時的氣勢，初入口嚐出薄荷的清涼感，停留舌尖的時間稍長，中層段冒出辛辣但很快消失
- 含有艾草醚、呋喃糖苷的揮發油，適合擔綱輔佐角色

大茴香
Story

大茴香、小茴香，同目同科不同命

大茴香看起來似乎與小茴香形影不離、鶼鰈情深，彷彿愛得不可自拔，沒錯！這兩種植物雙雙來自中東、地中海地區，詞彙中又都有「茴」，大家也就順理成章地把它們聯想在一起。大茴香味道類似甘草，散發出水果的清甜滋味，小茴香則辣中帶著馥郁香味，是一種甜而有深度的辛香料，當初要不是拜西班牙探險家之賜，將小茴香帶到南美洲再輾轉抵達亞洲，今日廣泛為人運用的可能就是大茴香了！

古希臘、古埃及、古羅馬為大茴香癡迷千年之久，而它就這樣被深藏在原鄉，之後才被獨具慧眼的波斯人帶到印度，終於在一二〇〇年透過海運抵達漢人的世界，從此被冠上洋茴香之名。

由於大茴香傳播的時間較晚，這說明了為何它在中國、印度、東南亞咖哩普及率遠不及小茴香。小時候看大人們在廚房搗香料、配香料煮咖哩，通常都見到小茴香身影，大茴香偶爾才客串演出，印尼、星馬地區稱之為Adas Manis或Anis；因外貌與麥粒神似，馬來西亞娘惹族群稱它為「大穀」（thua chek）；泰國人在料理中很少用大茴香，不過會以之入茶飲，取其清香、降油膩，並用於退熱及減緩孕吐的不適。

話又說回來，正因其屬性溫潤，想要認真用在調味又不到「火候」，想讓它專注發揮在調香又不夠「馥郁」，好在它的甜味介於水果，香氣落在樟腦間，於是順應成為眾辛香

料之間的媒介。

抗真菌、養生、食療一把罩

大茴香在沒參與辛香料爭霸戰的千餘年當中究竟做了什麼事？原來它在西元前一五〇〇年就加入古埃及人製作木乃伊的行列；古羅馬人發現它的藥用價值，抗毒、抑菌效果非常好，曾以「無敵好」（aniketon）形容大茴香；尤那尼醫學以它做為驅風劑及胃腸痙攣用藥；古希臘人用茴香油製作香水，因為塗抹於身上會產生興奮感，故以之為春藥、後來人們提煉、萃取其籽做成精油，幫助舒緩身心。此外還有祛痰、利尿、防止脹氣的作用。據說婦女生產後攝取大茴香不僅能刺激乳腺分泌，寶寶吸取母乳也能間接避免腸胃不適等問題。後來羅馬人受希臘文化影響，尤其是參加正式晚宴，被請入臥躺餐廳（triclinium）大吃大喝後引起不適，就靠吃大茴香來消食、解膩。

大茴香味道類似甘草，
散發出水果的清甜滋味。

小茴香辣中帶著馥郁香味，
甜而有深度。

現代醫學發現大茴香抽取物成分接近嗎啡，有鎮靜作用及超強的抗炎效果，但沒有上癮疑慮。另一方面，其活性雌激素對更年期婦女潮紅問題亦有很好的抑制作用。現今大茴香多用於天然食品加工添加劑及化妝品素材，法國、俄羅斯、西班牙和波蘭是世界前幾名大茴香油生產國。不知你是否有發現，歐洲許多知名品牌的牙膏、漱口水、護膚霜，都有一股大茴香氣味，而豐沛的反式大茴香腦釋放令人舒坦的清新滋味；對許多世界知名大藥廠來說，大茴香是掩蓋難聞藥水氣味的首選，捨它其誰！

東方人看大茴香

屢次在課堂上提過，辨認「茴」字輩需要三管齊下：一、熟記英文名稱；二、辨識外觀；三、認味道。坊間知名廠商對大茴香的標示還算清楚，但懂得運用在日常料理中的人畢竟少數，相對來說也就不那麼熱門，究竟東方與西方如何使用大茴香？

大茴香在東方別名洋茴香，是繖形科茴芹屬的果實，明代李時珍在《本草綱目．茴香》詮釋：「茴香宿根，深冬生苗作叢，肥莖絲葉。五、六月開花，如蛇床花而色黃。結子大如麥粒，輕而有細棱，俗呼為大茴香，今惟以寧夏出者第一。其他處小者，謂之小茴香。」雖然李時珍提到外觀，也明確指出有大、小茴香之分，但我們無法確定他所指的大茴香是否就是Anise，由此可見「茴」字輩的複雜程度，後人錯把馮京當馬涼也不足為奇！

至於東方如何運用大茴香？由於它的味道與八角、小茴香接近，豐富的醛、酚、石竹烯融入醇類會發出馨香、清爽滋味，令人回味，卻少了兩者之間因強烈碰撞竄出的侵略性，舉個例子：一道湯品同時出現八角與小茴香，味道肯定非常顯著，若想要緩和湯品中兩者之間強烈對應，可加入大茴香。此外它也非常適合用在以酒為作為主要材料的菜餚，例如燒酒雞、羊肉爐、薑母鴨等。另外大茴香的獨特甘草味適合為肉品、海鮮加工，對灌香腸、醃漬豬肉、內臟、魚漿調味很在行，而多種醣類屬性，有顯著增加不同層次內隱味道的效果，超過九〇%的茴香腦、多芳香性分子和葡糖苷，在熬製、燒烤、小火慢熬中釋放。

西方人用大茴香

歐洲及地中海國家用大茴香製作各式各樣的蛋糕、麵包、糖果：義大利磅蛋糕、摩洛哥大茴香麵包、法國著名大茴香糖（violet flavored anise candy），大部分以複方加入咖哩、燉菜、焗烤較為常見。

以大茴香釀酒是法國、西班牙、義大利常見的手法。做法是將葡萄渣滓和入大茴香子及其他辛香料，經蒸餾產生出茴香烈酒，如：保樂力加（Pernod Ricard）、法國茴香酒（pastis）及烏佐酒（ouzo），對烹煮海鮮增加風味有極大加成作用，著名法國淡菜蒸茴香酒（steamed mussels）、馬賽魚湯、義大利海鮮白醬天使麵……都是大茴香酒的愛好者！

大茴香的屬性溫潤，甜味介於水果、香氣落在樟腦間，適合成為眾辛香料之間的媒介。

動手試試看

日常版

大茴香 × 鮮蝦番茄燴嫩豆腐

大茴香馨香、清爽，搭配海鮮非常對味，加上番茄的酸甜，讓豆腐一起吸收湯汁的精華！食譜中僅以油脂萃取粒狀大茴香的香氣，若喜歡大茴香的味道，也可以使用大茴香粉，在【步驟5】炒番茄塊的步驟中直接加入，可吃出更明顯的茴香味。

材料

蝦子　200克
嫩豆腐　½塊
青蔥　1-2根
新鮮番茄　1大顆
油脂　適量
薑末　½茶匙
蒜末　½茶匙
番茄醬　1大匙
鹽　適量
糖　適量
白胡椒粉　適量
青蔥1-2根

醃漬配料

胡椒　½茶匙
糖　¼茶匙
鹽　¼茶匙

spice　大茴香子　½茶匙

步驟

1. 蝦子去殼留尾巴，去腸泥，以【**醃漬配料**】醃漬，備用；蝦頭留下備用。
2. 嫩豆腐切大丁，青蔥切細末，番茄切塊，備用。
3. 起油鍋，爆大茴香子直到味道釋出後撈除。
4. 爆香蝦頭直到變色，之後放入½碗水熬湯，備用。
5. 另起油鍋，爆香蒜末、薑末，放入番茄塊翻炒，直至茄紅素釋出。
6. 加入【**步驟4**】的蝦湯熬煮，放入豆腐吸收味道。
7. 放入蝦仁與番茄醬，試過味道再以適度鹽、糖調整味道。
8. 撒白胡椒粉提味，再撒上蔥花即可上桌。

動手試試看

進階版

大茴香 × 炸醬

有別於一般炸醬，保全了原有的醬香，又增加中間層跟尾韻清爽，多層次的調味與口感值得一試。

材料

五花肉　400克
蔥白　6-8根
洋蔥　80-100克
豆干　4塊
毛豆仁　100克
油脂　5大匙
蒜末　60克
蔥白末　200克
豆瓣醬　80克
冰糖　適量
老抽　1大匙（可不放）

基底醬料

乾黃醬　200克
花雕酒　150-180毫升
黃豆醬　100克
甜麵醬　150克

spice

嫩薑末　50克
紅蔥頭末　60-80克
大茴香　½茶匙
甜胡椒　½茶匙
辣椒粉　½茶匙
甘草　3-5片
陳皮　5-6片
葫蘆巴　1茶匙

步驟

前置作業

1. 五花肉肥瘦分開切丁、蔥白切末並分為二份、洋蔥切大丁、豆干切丁、毛豆仁洗淨，備用。
2. 起油鍋，先將五花肉比較有油脂的部分放入鍋中爆豬油，直到微脆後起鍋，接下來放入瘦肉丁繼續炒至縮起，撈起備用。

製作基底醬

3. 將【**基底醬料**】的乾黃醬與花雕酒順時針方向調勻，接著慢慢加入黃豆醬與甜麵醬，若不夠滑潤，繼續用多一些花雕酒調開，製成基底醬。

煉蔥油

4. 起油鍋，加入油脂、【**步驟1**】的蔥白與洋蔥直到變褐色，撈除丟棄。
5. 放入紅蔥頭末、蒜末、嫩薑末，小火爆香，加入豆瓣醬炒出紅油。
6. 再加入【**步驟3**】的基底醬，小火翻炒，加入冰糖、全部辛香料繼續攪拌。

最後拌炒完成

7. 先放入肥肉丁，拌勻後加入老抽，再放入瘦肉丁拌炒。
8. 接續加入豆干丁拌炒後，再加入毛豆繼續拌炒，加入【**步驟1**】的另一份蔥白，以及200克蔥白末，熄火待涼。

炸醬風味圖

兩種中介辛香料：大茴香、葫蘆巴緩和厚重醬體

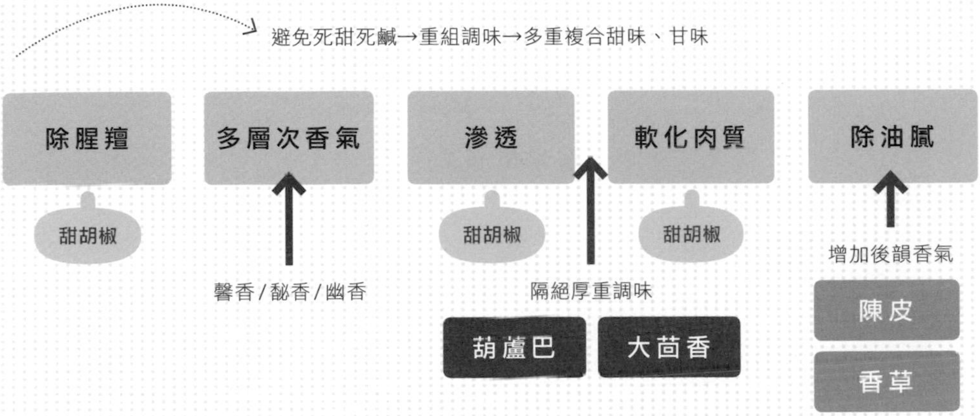

1 甜胡椒發揮去腥、軟化肉質作用

- **甜胡椒**：原本的食譜除了蔥、薑、蒜外，沒有任何辛香料，在煸炒豬肉時加入集五種香氣於一身的甜胡椒，既能除去豬肉的腥羶味，也能滲透、軟化肉質，並且能在多重醬體中吃出淡淡香氣。
- **辣椒**：甜胡椒的全方位特質加上些許辣椒相助，能緩解口中單一滋味。

2 保留台灣味，四重醬體擔綱口感

- **四重醬體**：綜合老北京與台式做法，採納乾黃醬、黃豆醬、甜麵醬、豆瓣醬四種醬，加入花雕酒混搭燒出好味道。
- **蒜末、薑末、洋蔥**：台灣的炸醬特色為紅蔥頭加上蒜末、薑末、洋蔥鋪陳穩固班底，口感來源除了四重醬體，也增加多重口感食材，如毛豆、豆干呼應。

3 葫蘆巴、大茴香緩和厚醬體不膩口

- **葫蘆巴**：能達到輕柔調味效果，在中間層領銜演出，其苦與澀能在沉重醬體味道與味蕾之間形成隔絕效果，讓人不覺膩口。葫蘆巴經過火候催化，轉變為堅果與焦糖味。此外還有消食、避免脹氣的作用。
- **大茴香**：主角大茴香在此正好與葫蘆巴一唱一和，它們都是典型中介者，為人抬轎，大茴香的清香味剛好緩和厚重醬體。
- **陳皮、甘草**：助大茴香一臂之力，在尾韻補強「甘」之味，也算為台式炸醬跳脫老北京與山東框架，走出自己的特色。

Cumin
辛香料
11

小茴香

除去食材異味的高手

奇芳異馥香妃來報到，
把食物羶窳味清光光

許多人以為小茴香（孜然）只能用來做串燒，其實不然！果實含有2.5－4.5%的揮發油，芬芳氣息成為十三香、麻辣鍋甚至是川味的重要成分之一。聽起來小茴香似乎充滿雄心壯志，小廟肯定容不下大菩薩，那可不一定！在日常生活中想要製作滷味、為豬腳增香除腥、滷排骨、滷肉、滷蛋、滷牛肉、炒豆干、白滷羊肉或除去豬肚異味，小茴香都是厲害的祕密武器。

溫暖大地香氣，咀嚼時透出甜尾韻，輕柔薄荷味，是咖哩不可或缺的元素

英名	Cumin
學名	*Cuminum cyminum*
別名	孜然、枯名、安息茴香、野茴香、阿拉伯小茴香
原鄉	地中海東部、印度、伊朗、埃及

屬性

香料、調味料

辛香料基本味覺

辛 甘 酸 苦 鹹 澀

適合搭配的食材

羊肉、米飯、牛肉、內臟類、蔬菜根莖類、麵包、豬肉

大茴香味道有些像八角，顆粒呈圓弧水滴狀。

小茴香些許樟腦、輕柔薄荷味，顆粒較為細長。

麻吉的香草或辛香料

十三香、百草粉、五香粉、葫蘆巴、薑、芥末子、丁香、八角、中國肉桂、錫蘭肉桂、茴香子、紅椒粉、辣椒粉、薑黃粉、黑種草、胡荽子、茴芹、茵陳蒿、蒔蘿、藿香、芹菜

建議的烹調用法

釀酒、調香、熬煮、燜燒、燒烤、燉煮、浸泡、製成小茴香鹽

食療

- 促進胃酸分泌、增加酶的活性
- 1茶匙磨碎的小茴香含有1.4毫克的鐵，是銀髮族、女生重要的補充來源

香氣與成分

具有近70%占比的枯醇、萜品烯，會散發出綜合樟腦、甜馬鬱蘭、臭狐的味道

小茴香
Story

那個輝煌一時的年代

有很多人一聽見小茴香就皺眉頭，心想：「小茴香跟孜然一樣嗎？跟大茴香有什麼不同？葛縷子看起來好像也差不多？茴香子又是怎麼回事？還有蒔蘿，外形好像也類似？」越想搞清楚，反而越迷糊。這也難怪，因為它們都是繖形科，小茴香就是孜然，是孜然芹屬，而大茴香是茴芹屬，葛縷子則是葛縷子屬。為什麼會犯這個烏龍，原因就在於台灣中藥店將茴香子稱為小茴香，加上東方與西方認定差異，俗名多如牛毛……先別扯遠了，讓我們好好來認識小茴香。

小茴香的歷史記載遠比其他辛香料還早。人類在西元前五〇〇〇年就知道小茴香能促進消化並減少食物中毒的危險；古埃及人還未習得用肉桂與丁香為木乃伊防腐前，小茴香是唯一選擇；古希臘藥理學家克拉泰夫阿斯（Crateuas）條列出三十六種解毒祕方；醫學著作《論醫學》（*De Medicina*）描述米特里達梯六世（Mithridates Eupator Dionysos）服用的萬能解毒劑，其中一項正是小茴香。

羅馬作家老普林尼曾詳細記錄，當時人們最喜歡在烹煮菜餚時加入小茴香調味，導致市場價格一度飆漲，而羅馬皇帝狄奧克萊斯（Diocles）為了抑制通貨膨脹，率先創立制定貨品公定價，其中一項指標性貨品就是小茴香，由此可看出其當時對羅馬帝國影響頗鉅！另外在老加圖（Cato Maior）的《論農業》（*De Agricultura*）、世界第一本烹調書《阿比修斯》(*Apicius*),詳細記載了當時人們用小茴香製作蛋糕及烹調的方式。

後來由於大量流通,價格變得親民,羅馬人調侃愛吃小茴香的人,如同種子的形狀狹長深不見底,口袋卻阮囊羞澀,久摸也掏不出半分錢來,全都貢獻給小茴香。著名羅馬皇帝馬可・奧理略(Marcus Aurelius)就是一例,他愛小茴香愛得不可自拔,因此有了「**Cuminus**」的外號!

大茴香
形狀較為圓弧。

小茴香
外形與茴香子相近,但較為細長、短小,顏色較深。

葛縷子
外型與茴香子相近,但更為瘦長,顏色較深。

茴香子
外形與小茴香子相近,但顆粒較大。

小茴香又稱孜然

小茴香的香氣帶有溫暖大地味，咀嚼時透出甜尾韻，偶有輕柔薄荷味，偶爾刺鼻，是咖哩不可或缺的元素。另有一種印度常說的「黑小茴香」（kala jeera），學名是*Bunium persicum* Bioss.，種子形態與小茴香雖然有點相像，但色澤略顯棕黑，外形比小茴香還要細長，帶彎月形，透出濃濃的松樹氣息，同時兼具甜味、澀味與苦味，是一種昂貴的辛香料，生長在喜馬拉雅山海拔約一千八百至三千五百公尺處。還有另一種在印度被稱為「黑種草」（*Nigella*），學名是*Nigella sativa* L.，這幾年頗為流行，俗名也稱「黑小茴香」（black cumin）；自古備受回教尊崇，被視為聖草。之所以會有如此混淆的情況，是因印度人對它們一律稱為black cumin，留給大家一團謎，越看頭越痛！

中國人很早就理解肉會發出腥羶味。《呂氏春秋．孝行覽．本味》記載：「水居者腥，肉玃者臊。」漢代高誘注解：「水居者，川禽魚鱉之屬，故其臭腥也。」漢代由西域（現在的新疆）傳入中原，而南朝醫學家陶弘景曾謂：「煮臭肉，下少許，無臭氣，臭醬入末亦香，故曰茴香。」只是這個茴香到底是小茴香還是茴香子，我們就不得而知了。

至於南方人，尤其廣東、福建一帶，並非所有人都能接受小茴香的味道，愛之者欲其生，而恨之者欲其死，甚至說它分明就是狐臭味！

小茴香特性與食療

小茴香是繖形科孜然芹屬小茴香的果實，在傳統醫學範疇用於治療聲音嘶啞、黃疸、消化不良和腹瀉，尤那尼醫學以它做為胃腸驅風劑、通經劑，並且治療眼睛乾澀及咳嗽，據《新修本草》記載，將小茴香研磨成粉狀再和入醋服用，有改善失眠的作用。

印度醫學最常用小茴香來殺菌或抗蠕蟲，做法是在烹煮咖哩時加入，藉由芳香物質來提香調味；透過蒸餾得到的油脂可用於調酒、甜點及美妝用品（如面霜、乳液、香水）；阿育吠陀醫生也以之抗發炎、驅風及抗痙攣，在腹地遼闊又缺乏全面醫療照顧的印度，將小茴香的功用發揮到極致。

東方運用

許多人以為小茴香（孜然）只能用來做串燒，其實不然！果實含有二．五至四．五％的揮發油，芬芳氣息成為十三香、麻辣鍋甚至是川味的重要成分之一。聽起來小茴香似乎充滿雄心壯志，小廟肯定容不下大菩薩，那可不一定！在日常生活中想要製作滷味、為豬腳增香除腥、滷排骨、滷肉、滷蛋、滷牛肉、炒豆干、白滷羊肉或除去豬肚異味，小茴香都是厲害的祕密武器。

小茴香也很適合烹煮牛骨、豬骨高湯或帶有很重腥羶味的食材，只要撒一小把一起熬製，異味馬上跑光光。在香腸或醃漬肉類加入些許小茴香粉，既能調味又可抑菌。此外，調配一款屬於你自己的小茴香鹽，搭配烤魚、烤肉也很棒！做牛漢堡肉的時候適時加入，更能達到完美的境界。

原鄉運用

當然，西亞跟南美洲堪稱是小茴香追隨者，不過甚少使用單方，大部分與其他複方一起運用，例如醃漬蔬菜、久燉蔬菜或堅果類開胃菜。不過歐洲人例外，獨愛將小茴香加入麵團製作麵包，也加入香腸或乳酪中增加調味。

印度是繼西亞之後的愛用者，是所有瑪莎拉不可或缺的元素，基本款的印度標準綜合辛香料，版本就超過四種，這還不含地域性跟私領域的調配。過去印度家庭都有屬於自己祖傳的瑪莎拉，傳媳不傳女。其他瑪莎拉還有芳香綜合辛香料（Aromatic Garam Masala）、酸味綜合辛香料（Chat Masala）、拌飯佐餐的桑巴綜合辛香料（Sambhar Masala）、烹飯專屬的布里亞多睞綜合辛香料（Puliyadorai Masala）：移民城市古吉拉特省也有四種綜合辛香料：峇魯吉綜合辛香料（Bhruchi Masala）、瓦莎迪綜合辛香料（Valsadi Masala）、結合西亞與南亞的當薩綜合辛香料（Dhansak Masala），以及克什米爾邦綜合辛香料（Kashmiri Garam Masala）等，其他不知名的、特殊的、創作的、鄉間的綜合辛香料不可勝數，印度人運用小茴香已達到爐火純青的地步！

小茴香是咖哩不可或缺的元素，同時也是華人生活圈中除去食材異味的高手。

動手試試看
日常版

小茴香 × 檸檬鹽

新疆人獨愛小茴香那股氣味，搭配肉類真對味，尤其撒在剛烤好的肉上，不但腥羶味跑光光，還能激發出令人躍躍欲試的衝動。

材料

新鮮檸檬皮　1½茶匙
黑胡椒　1茶匙
馬爾頓鹽　2茶匙

spice

小茴香　2茶匙

步驟

1. 將小茴香及黑胡椒研磨後，放入平底鍋乾鍋炒香，再加入鹽巴一起以小火炒約2-3分鐘。
2. 熄火，將削好的檸檬皮和入拌勻，放到冷卻為止，裝瓶密封。
3. 可以搭配烤魚、烤肉或蔬菜料理。

動手試試看
進階版

小茴香 × 印度炒麵

不論是炎炎夏日沒有胃口，還是工作疲憊想大吃一頓慰勞自己，這道麵食都是不錯的選擇！帶點辛辣，充滿香氣，味道揉合了鹹鮮，該有的軟嫩、滑口，搭配不同食材的口感，吃來滋味豐富，尾韻挾帶金桔香，越吃越順口，一點都停不下來。

材料

雞胸肉　60克
板豆腐　¼塊
馬鈴薯　半顆
中卷　半條
蒜末　1大匙
雞蛋　2顆
油麵　450克
番茄醬　1大匙
醬油　1大匙
黑抽　1大匙
辣椒醬　1大匙
油脂　4大匙

A醃料

太白粉　少量
醬油　少量
糖　少量

B裝飾配料

紅辣椒　1條（裝飾）
綠色辣椒　1條（裝飾）
金桔　2顆（裝飾）
大陸妹絲 ¼顆（裝飾）

spice

辣椒粉　1大匙
小茴香粉　2茶匙
胡荽子粉　1大匙
黑小豆蔻粉　½茶匙
大茴香粉　½茶匙
薑黃粉　2大匙
錫蘭肉桂粉　½茶匙
綠小豆蔻粉　½茶匙
肉荳蔻粉　¼茶匙

步驟

1. 將【spice】中的辛香料用乾鍋炒過，放涼後裝瓶密封，可保存3個月，約可用8次。（此食譜取用2茶匙）
2. 雞胸肉切條狀，用【A醃料】抓醃一會，備用。
3. 板豆腐切小塊炸過，馬鈴薯蒸熟切塊，中卷內部刻出紋路並切片，備用。
4. 起油鍋，先爆香蒜末、打入雞蛋炒鬆。
5. 加入板豆腐、雞胸肉、油麵大火翻炒，並加入番茄醬、醬油、黑抽、辛香料粉、辣椒醬。
6. 加入中卷繼續翻炒直到入味，便可起鍋盛盤。
7. 將【B裝飾配料】的金桔剖半，與大陸妹絲、紅辣椒、綠辣椒一起裝飾料理。
8. 食用前擠上金桔。

印度炒麵風味圖

多種香料首重增強香氣飽和度

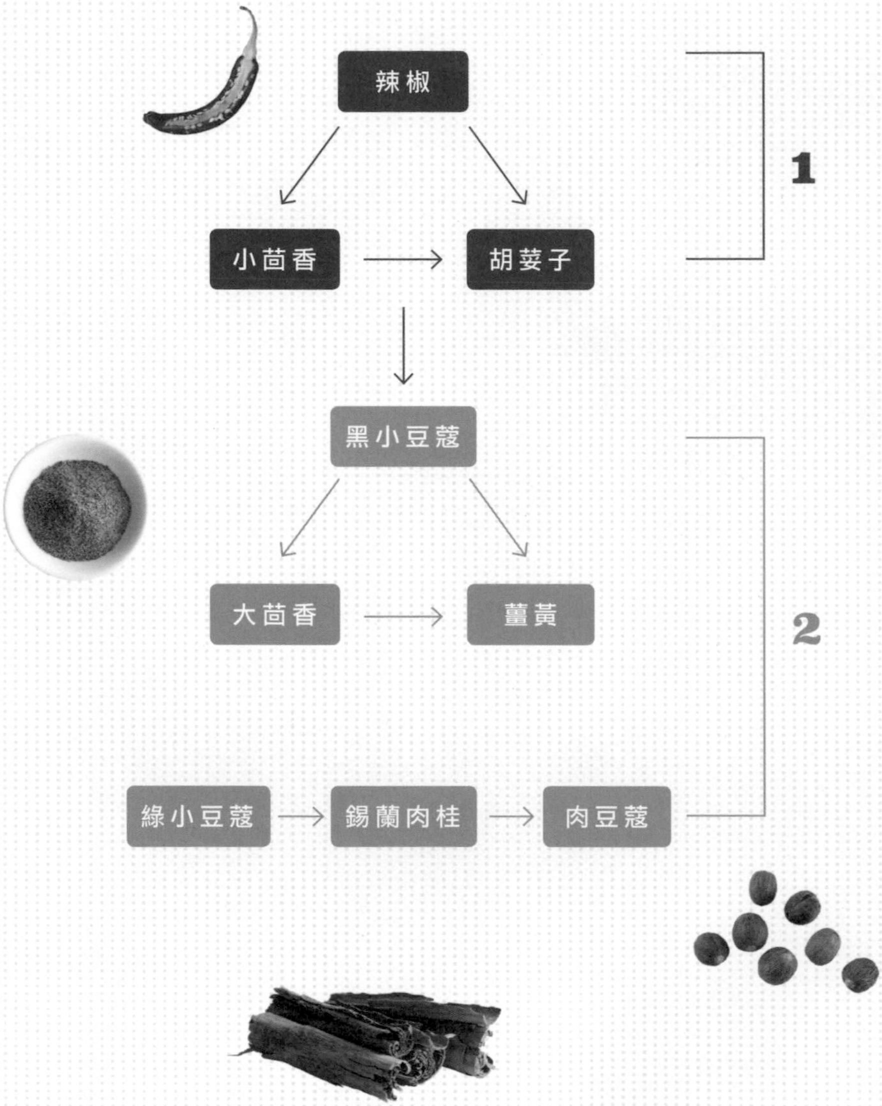

1 辣椒、小茴香、胡荽子結合為鐵三角

辣椒與小茴香、胡荽子形成完整全方位鐵三角。適度的辛不僅能提高香氣飽和度，也具備所有調味跟上色效果。在結構特定的、有非常明確的國界菜系，必須緊抓該國的調味或慣性使用辛香料的手法，舉例：這裡說的「印度」炒麵，當然離不開辣椒、小茴香和胡荽子，每一個國界都有明顯的鐵三角。辣椒能提兩者的香氣，小茴香與胡荽子相互能激發彼此的潛力，三者同時結合可達到互助互利的效果。

2 黑小豆蔻使味道深邃，綠小豆蔻加成香度

- **黑小豆蔻、大茴香、薑黃**：也形成完整全方位鐵三角。黑小豆蔻又稱為香豆蔻，一顆種子有將近70%的桉葉油醇，它的「辛」不在「表面」而在「內涵」，是深具「發熱效果」的燥性辛香料，可讓味道更為深邃。
- **大茴香**：是典型的中介者，連結第一個鐵三角和最後一段各有特色又強烈散發香氣的單方辛香料。
- **綠小豆蔻、錫蘭肉桂、肉豆蔻**：在此為了加成香度而刻意編排。

point

1. 配方編排以增加香氣、調味為主，跟一般考量厚度與醇度並不相同。這種調配方式首重「量」，不建議以少匙數調配。
2. 這款配方也適用於一般炒飯、新加坡式米粉、炒泡麵、炒蔬菜。若除去辣椒粉，就是簡易版的標準綜合辛香料。

Nutmeg
辛香料
12

肉豆蔻

具有麝香堅果香氣，讓食物產生馥郁滋味

別名「麻醉果」，
如勾引魂魄出竅，
令人意亂情迷的女子

羅馬時代，肉豆蔻已做為醫藥及烹調的用途，人們也用以調製成酒飲用。不過當時肉豆蔻價格昂貴，並非一般人用得起，12世紀德國文學家賓根的希爾德加德形容，肉豆蔻是一種具有麝香味的堅果辛香料。

據說18世紀的英國上流社會，人們喜歡隨身攜帶肉豆蔻，不論上餐室或是社交茶聚，現場刨起肉豆蔻加進菜餚或熱飲中。肉豆蔻中的肉豆蔻醚令人興奮，微量使用能產生幸福感，用量一多反而會產生幻覺甚至中毒。肉豆蔻含有高比例的烯類非常具滲透力，對毫無味道的食材特別顯著，如蒟蒻、豆製品、蔬菜（含根莖類）等。

極具滲透力，對毫無味道的食材特別顯著，搭配蔬菜酌量，宜少不宜多

英名	Nutmeg
學名	*Myristica fragrans* Houtt.
別名	漏蔻、肉果、玉果、麻醉果
原鄉	印尼摩鹿加群島

屬性

肉豆蔻與豆蔻皮同時屬香料、調味料

肉豆蔻原粒。

肉豆蔻皮經高溫會釋放檸檬味，清新溫暖，與奶香醬汁是絕配！

辛香料基本味覺

辛　甘　酸　苦　鹹　澀

適合搭配的食材

麵包、蛋糕、餅乾、馬鈴薯、起司類、牛奶類、雞蛋類（如布丁、內餡）、鴨肉、濃湯類、根莖類（如南瓜、地瓜、洋蔥、胡蘿蔔）、海鮮類

麻吉的香草或辛香料

甜胡椒、錫蘭肉桂、丁香、薑、胡荽子、辣椒、玫瑰花、百里香

建議的烹調用法

燜燒、燉煮、咖哩類、綜合辛香料、增香劑、烘焙、醃漬

食療

- 印度民間將肉豆蔻融入食物，其活性抗菌成分有助於改善各種口腔問題，如蛀牙、牙齦出血、牙痛
- 具有 β - 胡蘿蔔素，有助增強免疫系統、預防眼睛病變

香氣與成分

- 成分中占高比例的烯類非常具滲透力，對毫無味道的食材特別顯著，如蒟蒻、豆製品、蔬菜（含根莖類）
- 肉豆蔻含有肉豆蔻醚，能產生興奮與幻覺，需少量使用

肉豆蔻
Story

讓人心醉的果子—肉豆蔻

肉豆蔻具有催情作用，當然這只是印度人迷戀它的千種理由之一。究竟什麼是肉豆蔻？它在人類歷史上扮演什麼角色？該如何運用在料理中？為何它讓歐洲人心心念念、魂縈夢牽？

小時候家裡祭祀大拜拜，我的母親總會訂一隻烤全豬，把頭尾蹄等下腳料再加入剩菜、雜碎、芥菜心、酸菜、亞參皮（藤黃果）、羅望子、乾辣椒等下鍋熬製，這時再加入一顆肉豆蔻正是靈魂所在，令熬好的菜尾香氣四溢、鮮味馥郁飽滿，使人口水流滿地。

東南亞的客家人烹煮鹹菜鴨時也如法炮製，他們相信酸菜與鴨肉屬性為寒涼，吃多會對身體產生不良影響，刻意加入一顆肉豆蔻有緩和效果，一涼一熱達到平衡。

福禍相依都為豆蔻

肉豆蔻最早出現在晉代嵇含的《南方草木狀》：「漏寇樹，子大如李實，二月華，七月熟。出興古。」但未提及運用方式。到了唐代甄權《藥性論》記載：「能主小兒吐逆不下乳，腹痛；治宿食不消，痰飲。」將肉豆蔻當成藥材使用。宋代蘇頌《本草圖經》提到：「肉豆蔻出胡國，今惟嶺南人家種之。春生苗，花實似豆蔻而圓小，皮紫緊薄，中肉辛辣，

六月、七月採。」明代李時珍釐清：「肉豆蔻花及實狀雖似草豆蔻，而皮肉之顆則不同。」區分草豆蔻與肉豆蔻乃不同的兩種辛香料，而陳嘉謨《本草蒙筌》更指出它對心腹脹痛有幫助，對霍亂可止，也許就是因為這樣，讓歐洲人前仆後繼到東南亞爭奪辛香料。

肉豆蔻是肉豆蔻科肉豆蔻屬，原產地就在印尼的香料群島班達（Banda Island），十六世紀前甚少有外人接近，島嶼上的原住民過著安逸生活，直到一五一一年葡萄牙人登陸，因買賣產生誤會而引發殺戮；同時期荷蘭人也參與肉豆蔻貿易，為了壟斷香料無所不用其極，在種子上灑石灰防止發芽、嚴格檢查來往船隻以防偷竊、運載、銷售等，一旦發現立即處死，前後十五年，島嶼上的人們因肉豆蔻死亡慘重。肉豆蔻之所以如此風靡歐洲，是因為當時人相信芬芳氣味可抑制腐味，並治癒蔓延的黑死病，富裕人家紛紛花重金搜刮，並製成香囊配戴。

具有麝香味的堅果辛香料

羅馬時代，肉豆蔻已做為醫藥及烹調的用途，人們也用以調製成酒飲用。不過當時肉豆蔻價格昂貴，異常珍貴只供帝王使用，並非一般人用得起，十二世紀德國文學家賓根的希爾德加德（Hildegardis Bingensis）形容，肉豆蔻是一種具有麝香味的堅果辛香料，聞了能撫慰心靈創傷；吃了可帶來身心愉悅。的確，在古印度醫學阿育吠陀的《闍羅迦集》記載以肉豆蔻薰香房間以掩蓋汗味。

肉豆蔻在膳食中扮演什麼角色？它有強烈的香氣，只需微量即可賦予食物非常芬芳的氣味，且香氣持久，一人即可獨撐全場。據說十八世紀的英國上流社會，人們喜歡隨身攜帶肉豆蔻，不論上餐室或是社交茶聚，現場刨起肉豆蔻加進菜餚或熱飲中。肉豆蔻中的肉豆蔻醚令人興奮，微量使用能產生幸福感，用量一多反而會產生幻覺甚至中毒。肉豆蔻含有高比例的烯類非常具滲透力，對毫無味道的食材特別顯著，如蒟蒻、豆製品、蔬菜（含根莖類）等。肉豆蔻醚能擴張中樞神經，消除疲勞，這也說明古印度醫學為何常用於催情及放鬆。

傳統與現代醫療貢獻

大部分國外研究者深入探討，發現肉豆蔻提取油脂能緩解癌症病患持續性疼痛問題，其鎮痛和慢性止痛功能已獲得證實。此外，肉豆蔻對關節腫脹或輕微觸摸引起的劇烈疼痛也非常有效。豆蔻油是居家驅風常備用藥，馬來西亞媽媽們都知道嬰兒肚子疼痛，要在雙掌倒入豆蔻油，來回搓揉至溫熱，在腹部來回不停按摩，不一會孩子就會放屁而得到舒緩，沉沉睡去。至今豆蔻油仍是檳城的熱銷產品，是遊客必買的伴手禮之一。

在印度阿育吠陀系統中，肉豆蔻被譽為香料之王，其活性抗菌成分有助於治療各種口腔問題，民間傳統用它治癒蛀牙、牙齦出血、牙痛，他們把肉豆蔻融入食物中，做出各種咖哩小菜，既美味又具食療效果，實在是一舉兩得。肉豆蔻具有β-胡蘿蔔素，有助於增強免疫系統、預防眼睛病變，營養價值高，含碳水化合物、蛋白質、膳食纖維，以及維生素A、C、E；儘管如此仍要注意肉豆蔻醚的問題，不可攝取過多。

西方人愛上這味

肉豆蔻亦具有桉葉素和麝香氣味，歐洲人喜愛用它為蔬菜、濃湯、甜點和麵包調味，

肉豆蔻在食用前可敲開或磨成粉，使香氣釋放。

非洲地區製成摩洛哥綜合香料（ras el hanout），方便烹煮肉類、米飯。十六世紀偉大的蒙兀兒帝國結合了波斯與印度料理精華，使用肉豆蔻創造出不凡的比亞尼（biryani）系列料理。

法國人以肉豆蔻調配出法式四味粉，並且做出許多經典料理，例如香料蛋糕（quatre épices Cake）、烤鴨（quatre épices Roast Duck）、四味粉鹽、四味粉番茄醬等；義大利人煮白醬時，習慣撒上一些肉豆蔻來增加底蘊的馥郁香氣，吃起來就是不一樣；荷蘭人從印尼撤退後，在日常醃漬肉類的調味料加入了肉豆蔻，做出炸肉丸（bitterballen）、早餐蛋糕（qntbijtkoek），當然還包括具有印尼風味的饗宴（indonesian rijsttafel）；相較於荷蘭，英國蘇格蘭顯得保守許多，他們會在冬天喝「蛋酒」（eggnog）防止感冒，想必也是理解肉豆蔻的好處！

肉豆蔻如何入台灣菜

既然肉豆蔻有如此強烈味道，究竟要如何使用才不覺突兀？首先我們必須理解，肉豆蔻油脂內具有迷人馨香味，少量運用在豬肉、牛肉、羊肉、鴨肉或雞肉料理非常合適，也可用於重奶油類或重起司甜點、較高比例的鮮奶油布丁或甜麵包類、長時間久燉久熬類的湯品或燜煮類食材、具有特殊氣味之蔬菜或根莖類（如甜菜根、紅蘿蔔、花椰菜）等。若需要醃漬肉類，切記酌量即可，輕柔飄逸的味道，似有若無，這就是我不停叮嚀的重點：辛香料要放在最恰當的地方，而非死守「匙數」或吃「有感」，才能讓它在菜餚中發揮最大特色。

動手試試看
進階版

肉豆蔻 × 鴨肉濃湯

肉豆蔻對上鴨肉就是沒由來地搭！這款濃湯一定要試試看！搭配法棍，就是一道美味的輕食料理，特別適合在冬日享用。

材料

洋蔥　½顆
馬鈴薯　1顆
胡蘿蔔　½根
西洋芹　1根
鴨腿　2隻
低筋麵粉　10克
白酒　200毫升
水　2500毫升
鮮奶油　少許

spice

肉豆蔻（拍碎）　1顆
甜胡椒　6顆
南薑　25-30克

步驟

1. 洋蔥切絲，馬鈴薯、胡蘿蔔切塊、西洋芹切大段，備用。
2. 注入水2500毫升，放入鴨肉、肉豆蔻、南薑、甜胡椒、馬鈴薯、胡蘿蔔、西洋芹等，大火燒開後撈去浮末，轉小火熬1小時。
3. 將半顆馬鈴薯、少量的西洋芹、胡蘿蔔、一隻鴨腿撈出（鴨腿取肉部分），加入些許高湯打成泥狀備用。
4. 起鍋炒洋蔥至褐色，加入白酒燒開，加入麵粉拌勻，倒入過濾高湯與【步驟3】，將之煮開。
5. 上桌前加入一些鴨肉與鮮奶油點綴、刨上少許肉豆蔻粉。

動手試試看

日常版

肉豆蔻×台灣肉燥

肉豆蔻搭配肉燥，既顧全傳統風味又增加賣點，為小吃加分。吃起來鮮甜鹹香、不油膩又非常開胃，讓人回味無窮！

材料

豬皮　150克
五花肉　600克
甘蔗頭　1節
冰糖　60克
醬油　200克
米酒　½杯
水 800克

spice

紅蔥頭　125公克

肉燥五香粉

中國肉桂粉　1茶匙
錫蘭肉桂粉　½茶匙
八角粉　1茶匙
丁香粉　½茶匙
甘草粉　1茶匙
陳皮粉　¼茶匙
花椒粉　¼茶匙
茴香子粉　½茶匙
肉豆蔻粉　¼茶匙

步驟

1. 紅蔥頭切薄片炸酥，肉燥五香粉乾鍋炒香（待涼後可裝瓶保存，約使用2次）。
2. 豬皮事先以滾水煮約5-6分鐘，切絲備用。
3. 將豬五花肉爆出油脂後加入冰糖融化，接著放醬油、米酒、豬皮、紅蔥頭酥、肉燥五香粉（取1大匙），繼續炒香至肉縮起。
4. 加水，放入甘蔗頭，小火熬煮1小時即可上桌。

台灣肉燥風味圖

在傳統肉燥風味基礎上注入多元「香」氣

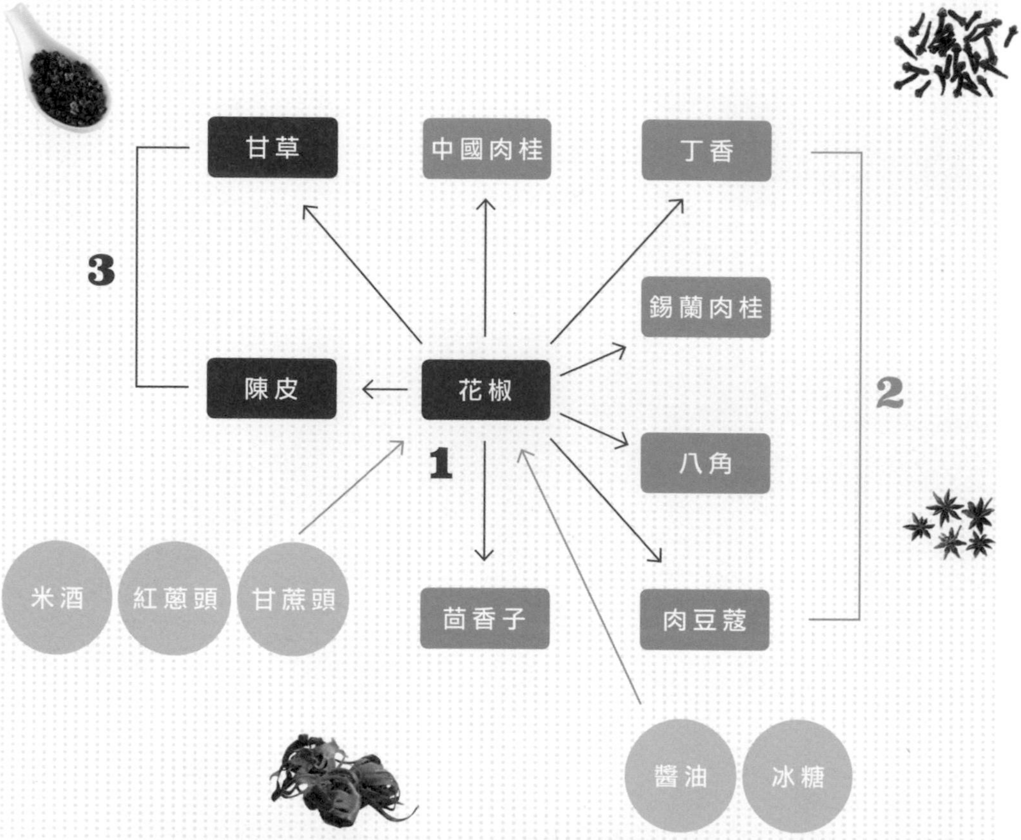

1 花椒整合眾辛香料，少量除腥不搶味

全方位辛香料花椒具有整合眾辛香料的功能，放得好不如放得巧，少量在肉中有除腥羶功能又不致搶味，不足的部分則讓丁香與八角接續領銜演出，而這也是一般華人最熟悉的味道。

2 類五香去羶、軟化肉質、解油膩

- **類五香複方辛香料：**傳統台灣肉燥帶五香味，在配置中也加入類五香的複方辛香料，如丁香、八角、肉桂、花椒、茴香子、甘草等，去除豬五花肉腥羶味、滲透、軟化肉質跟解油膩。
- **茴香子：**五香配置中把小茴香換成茴香子，主要作用為刻意增加調味功能，它味道清新，微甜並有淡淡樟腦味，這類香氣漂浮於食物中層。茴香子也是專業抬轎人，不凸出的個性味道非常隱密。
- **肉豆蔻、肉桂、八角、丁香：**是不同屬性的單方，麝香氣味甜美而馝香，只需一點點就能滲透肉類組織，是本配方中最神祕的訣竅！
- **兩種肉桂：**配置中多了錫蘭肉桂是為了加成香氣，中國肉桂可用有較多桂皮鞣質的帶皮肉桂，一來軟化肉質降低膩感，二來其香氣渾圓沉厚，與幽邃馝馞的錫蘭肉桂一高一低，形成分層。

3 傳統肉燥香，用甘草甜取代蔗糖

- **核心調味料：**傳統紅蔥頭、米酒、冰糖一樣不少，還特別加入甘蔗頭增加清甜。
- **甘草：**運用太多蔗糖往往讓食物容易發酸，而且更容易讓原食物的水分由內往外被擠壓出來，失去彈性。甘草的甜不具滲透壓，可達到調味效果，以甘草一部分的甜度來取代蔗糖，不但避免身體攝取過多的糖分，同時也讓食物質地穩定性較高，避免食物變質。
- **陳皮：**納入陳皮完全是基於食療面，《本草綱目》記載：「橘皮，苦能瀉、能燥，辛能散，溫能和。其治百病，總是取其理氣燥濕之功。」當然，陳皮還有矯正味道的功能，是肉燥中的糾察隊長，叮囑眾辛香料各自歸位，務必達到和諧舒心。

	中國肉桂	錫蘭肉桂	丁香	八角	肉豆蔻	茴香子	花椒	陳皮
除腥羶	●	●	●	●	●	●	●	●
增香	●	●	●	●	●	●	●	
滲透	●		●	●	●		●	
軟化肉質	●							
除油膩	●					●	●	●

Cinnamon
辛香料
13

錫蘭肉桂

緩和濃烈食物味道的輕柔香氣

古代人神溝通媒介，
香氣飄逸宛如仙氣凜凜的女子

錫蘭肉桂約在樹齡兩年左右即取下樹皮，味道輕柔微辣，西方人用於麵包、甜點，主要調「甜」氣味，到了東方，用於調配咖哩粉或其他複方（如印度奶茶、蛋糕、餅乾）。由於味道低調輕柔，宛如仙氣飄飄的女子，使用錫蘭肉桂入膳，大多用在五香粉，或燉肉、燉菜等，偶爾也會搭配中國肉桂使用，一沉一輕，不過於嗆辣、刺鼻，是中式料理當中緩和食物味道的重要關鍵，當然也具增香效果，此外，我們常吃的滷味，滷雞肉、滷鴨肉、滷鵝肉或滷豬肉，也可以如法炮製，讓肉桂的馥郁「香氣」形成多層次堆疊，達到不起膩香、不過於濃烈，發揮「玩味」的效果。

似有若無的清甜與微辣，隱藏於燉湯、番茄、根莖食物裡發揮增香功能

英名	Cinnamon
學名	*Cinnamomum zeylanicum*
別名	斯里蘭卡肉桂、天竺肉桂
原鄉	印度馬拉巴、斯里蘭卡

屬性

香料、調味料

辛香料基本味覺

辛 甘 酸 苦 鹹 澀

適合搭配的食材

家禽類、羊肉、牛肉、米飯、茶類、奶製品、水果類

麻吉的香草或辛香料

八角、丁香、茴香子、羅望子、肉豆蔻、中國肉桂、薑黃、蔻坎果、甜胡椒、葛縷子、小豆蔻、薑、小茴香、辣椒、甘草

point

用些許薑可提升肉桂甜味

建議的烹調用法

滷、熬煮、烘焙、燒烤、煙燻、製成肉桂糖粉、調製標準綜合辛香料、五香粉、摩洛哥綜合香料、肯瓊香料粉(cajun spices)、咖哩粉、燒烤粉

食療

促進消化，有助於降低膽固醇與血糖

香氣與成分

桂皮醛能附著於食物上，散發幽邃香氣，外皮色澤移植至100度沸水中使其上色

著名的肉桂麵包，即以錫蘭肉桂做為主要辛香料。

歐洲需求大，在世界貿易占一席之地

肉桂一詞來自於古希伯來語kinnämön。全世界肉桂屬約有兩百五十種，原產於斯里蘭卡（古名錫蘭），故稱「錫蘭肉桂」。阿拉伯人將這些肉桂帶往歐洲，由於歐洲對肉桂的需求實在太大，只能任阿拉伯人宰割。一世紀羅馬作家老普林尼曾出價五公斤白銀購買相當於現在三百五十克的肉桂；暴君尼祿為了展現財富，焚燒了足以供應全羅馬一整年分量的肉桂來為妻子送行。

阿拉伯人曾控制辛香料買賣達三千年，當歐洲進入黑暗時期，歐洲人積極尋求辛香料來源，葡萄牙人首先抵達印度取得肉桂，卻因貪婪引發一場殺戮，後來荷蘭人相繼抵達，為了利益平分不均，強行與當地頭目進行掠奪，最後落入英國人手中，取得辛香料貿易逾百年。

兼具催情與保健作用

舊約聖經《出埃及記》三十章二十二至二十五節提到，使用肉桂做為聖膏油（Sacredanointing oil）的成分之一；古以色列國王所羅門在《箴言》七章十七節提到，

以沒藥、沉香及錫蘭肉桂來薰香床榻，無獨有偶；《雅歌》四章十三至十四節也以錫蘭肉桂、其他果子、花草、香料等，形容新娘的美豔及身上散發的芬芳，當時人們相信肉桂有催情作用。

其實「催情」不只侷限在肌膚之親，它獨特的味道具有撫慰身心的效果，對心情低落或情緒遭受瞬間衝擊有緩和作用，與中國肉桂相比，其滋味先感受到甜而後微辛，這種令人感覺溫暖氣味適合改善人際關係，不妨放兩三根肉桂棒在辦公桌上，散發麝香芬芳能安撫心靈，令人愉悅。

阿育吠陀醫學將肉桂萃取的油脂用來治療風濕病、關節疼痛，也用於牙齦疼痛（內含丁香油酚）、呼吸問題和泌尿疾病。

肉桂油成分有抗凝血作用，雖有助於改善血液循環，但服用相關藥物的人要特別小心。肉桂還有抗微生物和抗真菌的特性，可以做為防腐劑，印度人常用肉桂來防止酵母腐敗，它是少數可抑制念珠菌滋生的辛香料。許多研究發現肉桂可以幫助消化，有助於降低膽固醇與血糖。

印度人深信肉桂屬中樞神經興奮劑，能夠調節單胺神經遞質（monoamine neurotransmitter）。因此請記得，加了肉桂的印度奶茶千萬別在晚上喝！

東方料理如何入菜

錫蘭肉桂約在樹齡兩年左右即取下樹皮，味道輕柔微辣，西方人用於麵包、甜點，主要調「甜」氣味，到了東方，用於調配咖哩粉或其他複方（如印度奶茶、蛋糕、餅乾）。由於味道低調輕柔，宛如仙氣飄飄的女子，使用錫蘭肉桂入膳，大多用在五香粉，或燉肉、燉菜等，偶爾也會搭配中國肉桂使用，一沉一輕，不過於嗆辣、刺鼻，是中式料理當中緩和食物味道的重要關鍵，當然也具增香效果，此外，我們常吃的滷味，滷雞肉、滷鴨肉、滷鵝肉或滷豬肉，也可以如法炮製，讓肉桂的馥郁「香氣」形成多層次堆疊，達到不起膩香、不過於濃烈，發揮「玩味」的效果。

錫蘭肉桂家常用法可發揮在燉湯、根莖類、新鮮番茄裡的隱味，既然它輕盈，借力使力讓其釋放「調味」功能，匙數分量也不宜多，似有若無，「味道」盡在不言中。

錫蘭肉桂適合與莓果類、桃類、李子醃漬或熬製成果醬，若想為日常湯品增加一些額外「隱匿」的效果，也可加入少量的肉桂。偶爾製作中式糕點，像是蛋黃千層糕的內餡、紅豆、棗泥、花雲豆、花生也都很適合。錫蘭肉桂非常適合與苦味的食材搭配，比如在燉苦瓜時加入一些，能達到平衡的作用。此外，巧克力、咖啡也能如法炮製。

錫蘭肉桂分五大等級

錫蘭肉桂與中國肉桂是同科同屬不同種的植物，其他常聽到的肉桂還有：中國的華南桂、川桂；爪哇的爪哇肉桂；台灣的山桂皮、蘭嶼肉桂；越南的清化桂等。至於產地斯里蘭卡的肉桂，則根據厚度、甜度、外觀、加工方式分為五大等級：

一、雅博等級（Alba Grades）：甜味雅致，香氣濃郁，外表大小適中，表皮金黃色澤，是高品質的肉桂，最為昂貴。

二、歐陸等級（Continental Grades）：其中又可細分為特級C5、一般C5及C4。

三、墨西哥等級（Mexican Grades）：表皮粗糙，棕色，帶辛辣香氣，可再細分為M5

及M4。

四、漢堡等級（Hamburg Grades）：由老樹取下，外皮最粗糙，是較便宜的等級，可細分為H1及H2。

五、碎片（Cinnamon Quillings）：漢堡等級削下來的邊角，外形不規則，較適合蒸餾。

古羅馬將肉桂做為人神溝通的媒介

錫蘭肉桂是古老辛香料之一。古埃及人從阿拉伯人手中購買大量肉桂為木乃伊防腐，在數千年的歷史長河中，阿拉伯人一直扮演著香料的中介者，始終不願透露產地，為了抬高售價，不惜向歐洲人編織各種匪夷所思的謊言，塑造出肉桂適合尊貴帝王享用的形象，讓世人對肉桂的珍貴及稀有趨之若鶩，心心念念嚮往著。不過對於中國肉桂與錫蘭肉桂到底有何不同卻一直說不清楚，以致後人嚴重混淆。

古羅馬人迷戀肉桂含酚的馥郁香氣，古羅馬醫生用於治療外部傷口、寄生蟲及殺菌。富裕人家用肉桂保養頭髮、去頭皮屑；製作香水，在宴客空間薰香來彰顯主人階級；也用於醃漬肉類來防腐。當時肉桂也做為葬禮儀式用油；在神殿焚燒肉桂進行祭祀活動是神聖行為，有助於人神相互溝通，進入虛無飄渺的境界。

印度奶茶、瑪撒拉（增香劑）、咖哩粉少不了的關鍵隱味

兩種肉桂都喜愛的印度人偶爾會兩者並用，尤其是調配印度標準綜合辛香料——瑪撒拉（masala）的時候。在這裡分享一道專煮桑巴湯品的瑪撒拉（sambhar masala）配方，

品質佳的錫蘭肉桂，層層捲得好漂亮。

印度的桑巴湯是一道濃郁的咖哩湯，裡頭有大量的扁豆與其他豆類，可補充優質蛋白質，通常搭配囊餅（naan）食用。有一次我在北印度人家中喝到另一種清爽版本，覺得非常適合東方人的口味，你可以在家試試看！首先調配「桑巴瑪撒拉」：乾扁豆2茶匙、乾鸝嘴豆約20克、乾辣椒2－3條、胡荽子粒½茶匙、葫蘆巴籽¼茶匙、新鮮咖哩葉4－5片（如不方便取得則省略）、黑胡椒粒½茶匙、阿魏粉¼茶匙（如不方便取得則省略或加入1茶匙蒜末替代）、薑黃粉½茶匙，全部放進調理機打成細粉，乾鍋炒香後放涼裝瓶備用。準備當季蔬菜：如花椰菜、馬鈴薯或任何豆類，洗乾淨之後切成小塊，另起油鍋放入洋蔥炒至軟化，加入食材及桑巴瑪撒拉1－2茶匙（視自己口味），注入水或高湯淹過食材，煮約20－30分鐘後加鹽調味，取出打成漿，便是一道冬季溫潤的咖哩湯了。

世界廚房

錫蘭肉桂在東西方各有不同詮釋手法，除了甜點、麵包以外，部分用在複方烹煮咖哩，少部分歐洲國家會將之加入水果當中醃漬，做成可口前菜，北非摩洛哥人則偏愛調配成綜合辛香料粉，印度人不但在奶茶中加入關鍵的肉桂還有胡椒、丁香、薑片，讓人精神百倍，一天活力無窮。此外，他們還會把錫蘭肉桂加進甜點中，例如：哈爾瓦酥糖（halwa mithai）、玫瑰蜜炸奶球（gulab Jamun）、豆麵酥糖（soan papdi）等。北歐國家大部分將肉桂融合到甜點類、麵包類、派皮內餡、糖漬杏桃、西洋梨、酥餅、冰淇淋，有些人甚至以肉桂替代糖，加在早餐麥片粥中食用。

動手試試看

日常版

錫蘭肉桂 × 愛神降臨

肉桂是一種讓人感覺「溫暖」的辛香料，想要對伴侶表達愛意，不妨來杯催情飲料，拉近你們的關係。

材料

蘭姆酒 2盎司
白蘭地 1盎司
水蜜桃香甜酒 1盎司
檸檬汁 ¼盎司
通寧水 3盎司
新鮮薄荷葉

spice

錫蘭肉桂棒 1根

步驟

1. 將肉桂棒浸泡蘭姆酒15-20分鐘，直到讓肉桂香氣滲入酒中，酒需淹過肉桂棒以利釋放味道。
2. 取浸泡過肉桂棒的蘭姆酒，與白蘭地、水蜜桃香甜酒放入雪克杯裡，倒入冰塊均勻融合。
3. 最後擠上檸檬汁和通寧水一起調和。
4. 盛入高腳杯中，放上肉桂棒與新鮮薄荷裝飾，即可出杯。

前段水蜜桃香，接續肉桂香包覆酒體釋放，尾韻如糖果甜帶微苦甘，整體味道圓潤平衡。

動手試試看

進階版

錫蘭肉桂 × 吉拿棒

這份吉拿棒食譜非常不一樣，圓潤、清新、幽香的滋味緩慢迸發出微妙的濃郁，是下午茶好點心，能使第一次嘗試肉桂的朋友沒有障礙。

材料

無鹽奶油　120克
水　500毫升
鹽　½匙
中筋麵粉　240克
香草莢　1根
雞蛋　4顆
白糖　4大匙

油脂　足夠油炸即可

白糖

錫蘭肉桂　1½大匙
甜胡椒　¼匙
白糖　8大匙

巧克力醬

苦甜巧克力　200克
鮮奶油　⅓杯
鹽巴　⅛茶匙
白糖　1茶匙
(若不想吃甜則免)

步驟

白糖

1. 事先把粉狀辛香料(錫蘭肉桂、甜胡椒)乾鍋稍微炒香後，與白糖一起拌勻。

吉拿棒

2. 將奶油、水、鹽巴、砂糖放入鍋中，小火煮開，熄火。
3. 拌入過篩的麵粉，刮出香草莢內的香草籽拌均勻。
4. 換盆，逐步加入蛋液讓其靜置一會。
5. 準備擠花嘴，在烤紙上擠出想要的長度，放入165度油鍋炸至淡褐色。

巧克力醬

6. 另起小鍋，把苦甜巧克力融化於鮮奶油中，加入鹽巴與糖，就是沾醬。

完成

7. 吉拿棒炸好後，裹上肉桂糖，沾取巧克力醬食用。

吉拿棒風味圖

錫蘭肉桂搭配甜胡椒層次更豐富

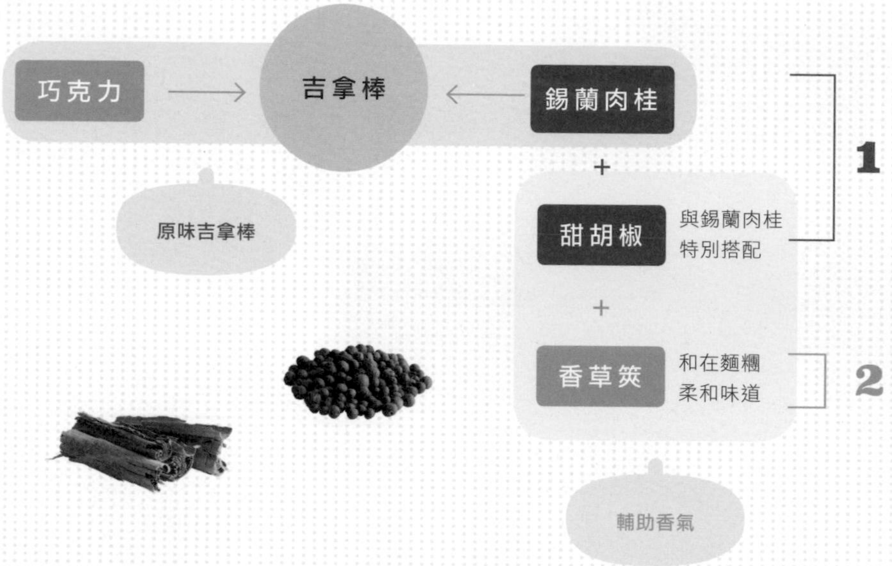

1 錫蘭肉桂搭配甜胡椒增香

這道吉拿棒點心不只運用單一的錫蘭肉桂，連甜胡椒也一起納入增香的範疇，甜胡椒集五種香氣（胡椒、丁香、肉桂、肉豆蔻及豆蔻皮）於一身，在這道甜點中發揮最極致的效果。

2 香草莢和在麵團使味道柔和

把香草莢和入麵團當中，吃起來特別柔和；再搭配苦甜巧克力醬，多樣化香氣瞬間契合得天衣無縫，小點心也能讓舌尖有大大享受。

甜胡椒原本就跟錫蘭肉桂特別搭，加入甜滋滋的糖，味覺層次感更豐富。

Cassia
辛香料
14

中國肉桂

先甜後辛，調製五香粉的主要香料

嗆辣韻味十足，
就像自信狐媚的女子

中國肉桂自樹皮擷取下後，原則上不經發酵，乾燥後捲曲成卷出售，雖然一開始先嘗出甜味，但是入口不久即有明顯的辛辣感。全世界華人離不開五香粉，五香中又以肉桂占比最多。此外，舉凡所有冷滷、熱滷、燜燒豬腳、熬製大骨湯品、炆內臟、浸泡全雞、鴨肉、鵝肉、火雞肉、紅燒豬肉、醃漬肉類、燻肉……用途之廣，肉桂都能照單全收，創造出幽邃馥郁、肉質蜜香的谧酵氣味，是華人族群滋味的代表。

適合搭配肉類，發揮軟化、解油膩之效

英名	Cassia
學名	*Cinnamon Cassia*
別名	桂枝、玉桂、桂皮、板桂
原鄉	廣西、福建、廣東、雲南

屬性

香料、調味料

辛香料基本味覺

辛 甘 酸 苦 鹹 澀

適合搭配的食材

肉類、家禽、根莖蔬菜、梅子、蛋類、豆類加工品

麻吉的香草或辛香料

八角、丁香、胡荽子、茴香類、薑黃、肉豆蔻、小豆蔻、豆蔻皮、花椒、南薑、檸檬葉、石栗、月桂葉、紅蔥頭、香茅、薑

建議的烹調用法

- 調製五香粉、百草粉、十三香
- 熬煮、燜燒、燒烤、燉煮、燻製、浸泡、椒鹽

食療

- 緩和經期不適
- 改善高血壓、高血脂、代謝疾病等慢性病

香氣與成分

- 肉桂內的揮發油肉桂醛：香氣沉著內斂，滲透食物持續力長
- 桂皮鞣質：能滲透並軟化肉類，解油膩，辛辣香甜味比較飽和

五香中以肉桂占比最高。

中國肉桂
Story

兒時記憶——肉桂紙片

來台定居後從朋友口中得知，他們小時候會含肉桂紙片，讓我半信半疑。直到有一次，另一位好友從家裡剪了一截肉桂，特別請阿嬤磨成細細粉末，撒在糯米紙上請我吃，這才真正大開眼界。據他說：「這可是連作夢都發笑的最奢侈享受啊！」

小時候看大人使用質地厚硬帶韌的中國肉桂，只知道滷肉會發出馝馞氣味，直到去了一趟斯里蘭卡才發現還有另一種叫錫蘭肉桂，專門滿足一群在咖啡裡嚐甜頭的人；去了北越還有清化桂；北緯五度還有一種爪哇肉桂（印尼），你以為這就結束了嗎？亞洲區域至少還有洋洋灑灑三十多種肉桂！

傳統與現代醫學一致肯定

中國肉桂與錫蘭肉桂都是樟科樟屬的成員，但兩者不同種，中國肉桂學名為 *Cinnamon Cassia*，錫蘭肉桂學名為 *Cinnamomum Zeylanicum*，樹皮發出的芬芳氣味，前者沉重，後者輕盈。

讓我們再把鏡頭拉回原產地一探究竟。早在西元前，中國廣東、廣西一帶已發現野生

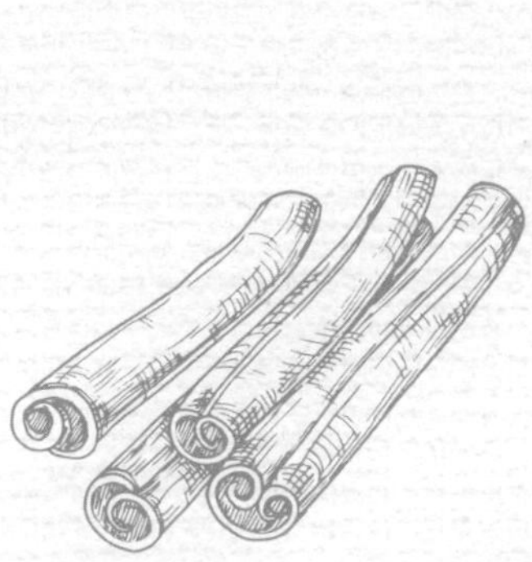

肉桂，遠古時期就使用肉桂醃肉。剛開始古人對品種眾多的桂也搞不清楚，《本草圖經》記載：「牡桂，皮薄色黃少脂肉，氣如木蘭，味亦相類，削去皮名桂心，今所謂官桂，疑是此也。」當中指出了一種名為「牡桂」的品種，具有如「木蘭」般的香氣，推測它與當時人們所使用的「官桂」屬同種肉桂。

儘管如此，古人把藥用與膳食運用完全區別開來，《新修本草》注曰：「大枝小枝皮俱箘，然大枝皮不能重卷，味極淡薄，不入藥用。」文中所提到「箘桂」即前述官桂，又分成大枝皮與小枝皮兩種，大枝者味道較淡做為料理入味，小枝者味道較厚重常用於入藥。又肉桂在藥理方面，對金黃色葡萄球菌、皮膚真菌、流感病毒有抑制作用，現代中醫學對肉桂寄予厚望，它可以緩和經期不適，對高血壓、高血脂、代謝疾病等慢性病有正面幫助，蜂蜜加肉桂則可改善血液循環、預防動脈硬化。

肉桂與醬油的忘年之戀

只要聞到肉桂味，就知道這家了今天吃tau eu bak（豆油肉，「滷肉」的福建方言），肉桂遇見醬油，外皮色澤會緩慢溶入滷水中，不單如此，桂皮醛特有的辛辣鮮甜開始滲透到肉裡，醬油跟肉桂就像茫茫人海中找到彼此依戀的另一半，從此再也難分難捨。

越南人習慣把肉桂放入河粉高湯裡，待它沸騰散發出幽邃香氣是共同的飲食記憶，除了增香，更多時候是為了除去湯裡不好的異味，使湯汁更渾厚甘甜。印尼索多湯麵（soto mee）有許多版本，其中雅加達（soto betawi）會加入一、兩根肉桂，讓桂皮多糖AX（cinnaman AX）幫助湯汁調味，一碗小小湯麵結合多樣辛香料（辣椒、紅蔥頭、胡荽子、印尼月桂、香茅、檸檬葉、石栗、肉桂），是華人接地氣的融合之作。

泰國南部著名瑪莎曼咖哩也結合馬來、華人混搭香料，成為餐桌上的經典，清香型泰國香草（胡荽子梗、香茅、肉桂、丁香、豆蔻、南薑）共譜一首毫無違和感的動人樂章，肉桂跨越國界與種族，是繼八角後另一個象徵世界華人的滋味。

中國肉桂的香氣特性

肉桂是常綠喬木，樟科樟族樟屬，樹皮、樹枝、葉子、果實都可以運用，油脂成分不盡相同：皮含油量約五・九九％、枝含油量約〇・三六％、果實含油量在二％左右、葉子含油量至少約〇・四％。除了中國南部外，馬來半島的印尼、中南半島的越南都出產品質不錯、價值合宜的中國肉桂。

中國肉桂自樹皮擷取下後，原則上不刮除表皮，乾燥後捲曲成卷曬乾出售，入口的辛辣感明顯，略有澀味，尾韻帶甘，較慢釋放色澤。但也有一些中國肉桂為因應市場需要，追求好看色澤及賣相，會先刮除表皮，之後曬乾出售。中國肉桂以肉眼即可分辨：表面粗糙、凹凸不平；進一步觸摸與嗅聞：皮厚實、味道濃郁，那就是中國肉桂。如果仍沒把握，也可以詢問老闆產地來源。

薑與中國肉桂是好朋友

中國肉桂表面粗糙，凹凸不平。

中國肉桂的質地較厚，生長期長，通常採擷約十年內的肉桂。時間形成樹皮產生出桂皮鞣質，遇上油脂較豐富的肉，如豬肥肉、牛五花、羊腩、鵝肉、鴨肉等，能夠鬆弛肉類纖維，並且去除油膩，若再配上薑唱雙簧，可使瘦肉變軟嫩。由於桂皮本身有上色的特質，只要放入沸水中，很快就會迅速釋放褐色，因此需斟酌用量，以免壞了一鍋湯色。

台灣有原生種土肉桂（*Cinnamomum osmophloeum* Kaneh.）、山桂皮（*Cinnamomum appelianum* Schewe）、蘭嶼肉桂（*Cinnamomum kotoense*），精油含量極高，殺菌力好，但對皮膚刺激性強，較適合開發生物科技或清潔用品。

肉桂的屬性及特性

全世界華人離不開五香粉，五香中又以肉桂占比最多。肉桂的品種、產地與加工方式多樣。帶皮的肉桂或級數高、昂貴的肉桂具有更多桂皮鞣質，遇蛋白質能滲透肉類、發揮軟化作用、解油膩；去皮的肉桂辛辣香甜味比較飽和，用於五香粉就是一個最好的例子，賦予食物香氣特別渾厚。

肉桂內的揮發油肉桂醛，香氣沉著內斂，滲透食物持續力長。不管是中國或海外華人，調製五香時大多會用不同級別的肉桂，如官桂、山桂、華南桂等，印度人卻愛混合中國肉桂與錫蘭肉桂並用，尤其在增香劑中用量最多。此外，舉凡所有冷滷、熱滷、燜燒豬腳、熬製大骨湯品、炆內臟、浸泡全雞、鴨肉、鵝肉、火雞肉、紅燒豬肉、醃漬肉類、燻肉……用途之廣，肉桂都能照單全收，創造出幽邃馥郁、肉質蜜香的醞酵氣味，是華人族群滋味的代表。

動手試試看

日常版

中國肉桂 × 桂香滷豆干

豆干常有不易入味問題，好好運用中國肉桂滲透特性，把味道香氣一併鎖進食物當中，當常備菜或便當菜，開胃又下飯！

材料

- 豆干　300克
- 冰糖　2大匙
- 蔥段　3-4根
- 醬油　1/8杯（視各品牌鹹度）
- 高湯　600毫升
- 油脂　3大匙

spice

- 新鮮辣椒　1-2根（朝天椒更佳）
- 南薑　2-3片
- 中國肉桂　3-5公分
- 白豆蔻　2顆
- 薑片　2片（3公分）
- 甘草片　2片
- 丁香　2顆
- 八角　1顆
- 白胡椒粒　½茶匙
- 花椒　½茶匙

步驟

1. 豆干切小方塊，備用。
2. 起油鍋，炒冰糖至融化，加入蔥段、薑片、南薑片、醬油及高湯。
3. 放入豆干及所有辛香料，開大火燒開，轉中火繼續燒10分鐘，讓豆干膨脹出現孔洞（視情況而定）。
4. 轉小火繼續滷約25-30分鐘，快要收汁即可熄火。

動手試試看
進階版

中國肉桂 × 藥膳茶葉蛋

傳統茶葉蛋的配方為醬油、鹽、冰糖，並添加少許辛香料增香。這道茶葉蛋將辛香料與藥膳香料一起運用，主要是希望分散單一調味模式，不單靠醬油的死鹹，而是讓辛香料有層次的香氣滲入蛋中，清爽撲鼻，而且越冰越好吃！

材料

阿薩姆茶葉　½杯
水　4½杯
醬油　1杯
冰糖　40克
生蛋　10顆

spice

辛香料

中國肉桂　6公分
茴香子　1/4茶匙
月桂葉　2片
花椒　½茶匙
丁香　4顆
八角　1中顆
辣椒　1小根

藥膳香料

桑寄生　11克
當歸　半根
熟地　1片（小）
甘草　4片
川芎　2片
白芷　2片

步驟

1. 起鍋，放入4½杯水，加入阿薩姆茶葉，開火煮沸。
2. 過濾茶葉，取茶湯，加入醬油、冰糖、辛香料、藥膳香料，放入生蛋，以中小火煮7分鐘。
3. 靜置待涼備用。
4. 將蛋敲出裂痕，泡入醬汁中，冷藏隔天吃。

藥膳茶葉蛋風味圖

運用辛香料滲透力，增添茶葉蛋內部實香

桑寄生、當歸、熟地、甘草、川芎、白芷 → **藥膳辛香料**

\+

中國肉桂、茴香子、月桂葉、花椒、丁香、八角、辣椒 → **辛香料**

→ 頂香（外層香氣）和實香（內部香氣）並存

1 辛香料＋藥膳辛香料，為傳統味道增添層次

除了茶葉蛋的基本材料，如醬油、茶葉、冰糖外，特別增加易釋放香氣元素的辛香料，如八角、丁香、肉桂，再納入當歸、川芎，一來注入食療元素，可滋補氣血，二來增加清新滋味。

2 辛香料香氣稀釋藥膳味，並滲透食材增香保水

- **增香**：辛香料具揮發性油脂增加滲透力，與藥膳辛香料搭配，創造出酷似百里香氣味，能散發持續性甘香及清香撲鼻味道。
- **保水**：大部分茶葉蛋煮久會導致蛋內水分消失，食用容易有蛋黃卡喉嚨的困擾。部分辛香料有保水功能，使蛋黃保持濕潤，食用更順口，又兼具食療效果。

3 川芎、白芷、桑寄生，堆疊苦、甜同存的香氣

- **川芎**：可改善偏頭痛問題，它香氣濃郁，味苦，嚐起來帶麻舌但微微回甜的優點。
- **白芷**：有甜美麝香滋味，雖有些許土味但苦中帶甜。
- **桑寄生**：在茶葉蛋中發揮食療功能，是廣東人補肝腎、強筋骨跟去風寒的日常糖水，根據李時珍《本草綱目》：「桑寄生助筋骨，利腰膝，下乳安胎，活血除痹，為強壯劑。」
- **熟地、甘草**：代替醬油進行調味與上色工作，再加上其他單方辛香料的加成，醬油、鹽巴、糖就可以酌量減少。

Fenugreek
辛香料
15

葫蘆巴

蔬食料理的香氣與蛋白質來源

原味苦澀，煮過變柔和，如百變女郎

葫蘆巴的種子小而堅硬，連研磨都顯得困難，通常要使用性能較高的調理機來研磨。單吃葫蘆巴味道是苦澀的，但只要用火輕輕烘烤過就會變得柔和，吃得出堅果味。

單方用於烘焙，尤其搭配楓糖、堅果類、乾果類的蛋糕(也可以是乳酪)、葫蘆巴葉製作的鹹派或加入布朗尼中，有意想不到的滋味，中東國家著名的葫蘆巴蛋糕可是家家戶戶媽媽展現的好手藝。

深藏在食物裡的堅果味、焦糖味能緩和厚重食物的不適感

英名	Fenugreek
學名	*Trigonella foenum gracum* L.
別名	香豆子、香苜蓿、芸香草、苦朵菜、苦豆、苦草
原鄉	印度、北非

屬性

葫蘆巴子：香料、調味料
葫蘆巴葉：調味料

辛香料基本味覺

葫蘆巴子

辛 甘 酸 苦 鹹 澀

葫蘆巴葉

辛 甘 酸 苦 鹹 澀

適合搭配的食材

- 葫蘆巴子：堅果、印度咖哩、楓糖、美乃滋、豆類（含加工品）、根莖類、甜點、麵包、米飯、番茄、調配鹽
- 葫蘆巴葉：魚類、蔬菜、馬鈴薯

麻吉的香草或辛香料

錫蘭肉桂、丁香、胡荽子、小茴香、茴香子、胡椒、薑黃、小豆蔻、芹菜、大蒜、芝麻葉

建議的烹調用法

煉製成油脂、長時間熬煮、高溫烹煮、爆炒、煎油、拔絲、煸、燒烤、燉煮、焗烤、掛霜、醃漬

食療

- 對青春期女性乳房發育及乳腺組織成長有益，許多中東國家婦女會在哺乳期間吃葫蘆巴，幫助發乳
- 含有槲皮素、木犀草素等黃酮的成分，非澱粉多醣類能加速排除身體堆積的毒素
- ! 會促進子宮收縮，孕婦不宜食用

香氣與成分

- 種子含膽鹼、異紅草素、葫蘆巴苷，散發出類似山毛櫸的香氣
- 膽鹼及葫蘆巴鹼，創造類似焦糖的氣味。

葫蘆巴 Story

能屈能伸蔬食大神

如果說世上有一種辛香料原本苦澀，煮過隨即變柔和，與唾液接觸後又產生朦朧的堅果味，會不會讓你嘖嘖稱奇？沒錯，葫蘆巴正是這位百變女郎！

葫蘆巴為豆科蝶形花亞科葫蘆巴屬，別名香豆子、香苜蓿、芸香草，也有苦朵菜、苦豆、苦草之名，古人形容其滋味有如天秤兩端，變換之快有如四川變臉，精采絕倫！它從新鮮葉子到乾燥枯草都可以使用，種子發的嫩芽做為一道可口沙拉，而烘烤過的種子可以研磨成粉；遠古時代的人們發現，三角形的葫蘆巴葉加入牧草中能改善痢疾問題，讓畜牲腸胃更健康，而牛、羊、馬也喜歡其清甜滋味。

葫蘆巴的種子小而堅硬，連研磨都顯得困難，通常要使用性能較高的調理機來研磨。

單吃葫蘆巴味道是苦澀的，但只要用火輕輕烘烤過就會變得柔和，吃得出堅果味。

單方用於烘焙，尤其搭配楓糖、堅果類、乾果類的蛋糕（也可以是乳酪）、葫蘆巴葉製作的鹹派或加入布朗尼中，有意想不到的滋味，中東國家著名的葫蘆巴蛋糕可是家家戶戶媽媽展現的好手藝。

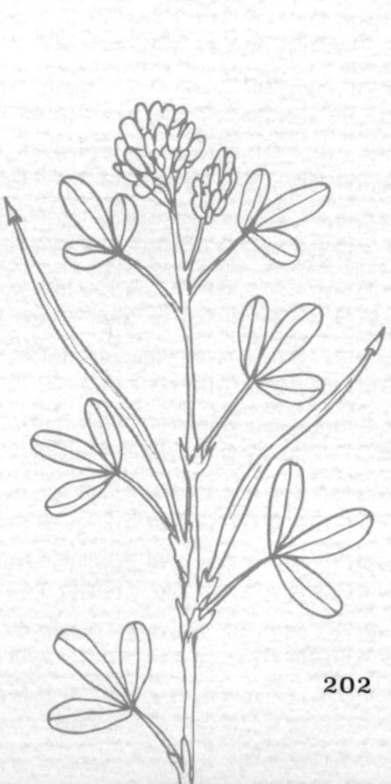

西亞人的豐胸祕訣

葫蘆巴是遠古辛香料之一，名字來自阿拉伯語Hulba的音譯，古羅馬人則將這種來自希臘的辛香料稱為「希臘乾草」（Greek Hay）。直到八一二年，由於查理曼大帝大力鼓吹種植，葫蘆巴逐漸普及化，甚至將它當作蔬菜食用。

古埃及醫學文獻曾提及將葫蘆巴用於防腐過程，後來考古學家果真在法老圖坦卡門的墓穴挖出葫蘆巴種子，證實了此一傳說；古羅馬人會將葫蘆巴子加入葡萄酒調味以增加芬芳；葫蘆巴還一度被用於作戰，著名的猶太歷史學家弗拉維奧．約瑟夫斯（Titus Flavius Josephus）在其著作《猶太戰記》（*The Jewish War*）中提及：「將滾燙的油和入葫蘆巴子，讓穿著拖鞋的羅馬人因此滑個四腳朝天。」此外，葫蘆巴別名「發奶草」，被認為對青春期女性乳房發育及乳腺組織成長有益，許多中東國家婦女會在哺乳期間食用。

據說中國漢代早已有葫蘆巴的蹤跡，極有可能是張騫出使西域後帶回。因其散發類似當歸的香氣，當時稱之為「香子」；宮廷中一度流行將葫蘆巴縫於衣袖間，發出陣陣幽香，別有一番韻味。到了宋代，《證類本草》記載葫蘆巴能治腎虛冷；蘇頌在《本草圖經》提到嶺南地區雖產此物，仍不及外來的好，並指出春生苗，夏結子，秋天採收。多半用於溫腎、祕寒。

苦澀味讓菜餚增添溫潤

葫蘆巴的種子、新鮮或乾燥的葉子都可當作辛香料。種子含膽鹼、異紅草

新鮮的葫蘆巴葉也可當辛香料使用。

素、葫蘆巴苷，散發出類似山毛櫸般的香氣；膽鹼及葫蘆巴鹼也可以創造類似焦糖的氣味。

南亞料理常在烹煮蔬菜醬汁、雞肉咖哩、扁豆或鷹嘴豆、菌菇料理時放入葫蘆巴，其獨特苦澀屬性能為菜餚增添溫潤滋味。另一方面它也是保健食品的寵兒：槲皮素、木犀草素等類黃酮的成分，可增強免疫力、抗發炎、抗過敏，還有類似人體雌激素的薯蕷皂素和異黃酮減緩更年期症狀。中亞地區會將葫蘆巴泡水脹發後做為代餐，利用它具有四〇%的可溶性纖維，會形成凝膠狀結構，增加飽足感特性，使它成為受歡迎的減脂食品。

至於苦澀味，只要將粉充分研磨並水調和後靜置一夜，或者將種子放入油鍋裡讓熱轉化即可降低，製成沾醬（yemenite hilbeh），用以沾食麵包或佐餐搭配主食，具高蛋白及其他碳水化合物、維生素A、維生素C，以及豐富的鐵質。

最愛喬「代誌」的辛香料

看到這裡，你是否會想：「難道葫蘆巴在南亞、中亞料理外就無用武之地了嗎？」當然不是！實際上，它用在蔬食或素食料理，正好能彌補缺少的天然增香功能，並且補充蛋白質跟礦物質來源。

葫蘆巴還是個發奶好物！新手媽媽如何增加乳量？簡單地將葫蘆巴沖泡熱水飲用，能夠疏通乳腺，滷花生豬腳除了放八角、丁香、肉桂、薑之外，別忘了葫蘆巴，那會非常美味！葫蘆巴的苦與澀，恰巧創造出中層段的阻隔效果，尤其對厚重食物，例如牛肉麵湯頭、高蛋白質湯頭、拉麵湯頭、火鍋類湯頭，能減緩舌腔密集接觸高普林或高鹽所帶來的不適感，這是因其原本味道與其他辛香料產生反差所致。值得注意的是，葫蘆巴熱轉化的堅果味或焦糖味，會隨著時間烹煮長短、火候高低而有所不同，可多方嘗試。

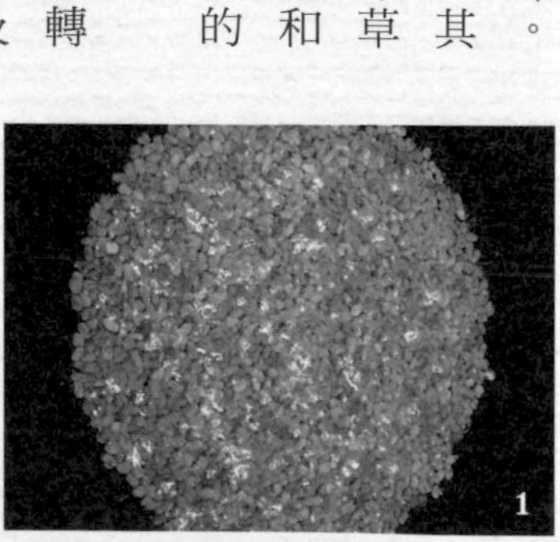

1. 葫蘆巴在油脂中會釋放堅果香氣，建議茹素者可以煉製葫蘆巴油脂，為蔬食增香。

2. 葫蘆巴從新鮮葉子到乾燥枯草都可以使用。

乾葫蘆巴葉
葫蘆巴子
葫蘆巴粉
2

動手試試看

日常版

葫蘆巴 × 焦糖布丁

葫蘆巴經過火轉化成明顯的焦糖味，搭配焦糖味道更上一層樓，加上滑嫩布丁，真叫人停不了口。

材料

焦糖備料

細砂糖　50克
冷水　15毫升
熱開水　30毫升
葫蘆巴粉　$\frac{1}{8}$茶匙

蛋液備料

牛奶　330毫升
鮮奶油　120克
細砂糖　35克
香草莢　1個
全蛋　3顆

步驟

1. 將細砂糖放入鍋裡，開小火，倒入冷水後不攪拌或搖晃鍋子，耐心等待。
2. 直到糖轉化成褐色，加入葫蘆巴粉，再放入熱水，使其溶為液狀的焦糖汁。
3. 另起一鍋，將牛奶、鮮奶油、細砂糖、香草莢加熱至糖融化（溫度不宜過高）。
4. 將全蛋打散，將【步驟3】沖入蛋液中，過濾三次。
5. 將【步驟4】倒入焦糖中，小心地戳破產生的泡沫。
6. 將混合好的布丁裝到布丁杯中，約6杯。
7. 事先預熱烤箱至160度，布丁杯裹上鋁箔紙，將冷水倒入鐵盤，放入蒸架，水需淹過布丁杯底層，入烤箱烤35-40分鐘。
8. 放涼並置入冰箱冷藏，2小時後即可食用。

動手試試看
進階版

葫蘆巴 × 蔬食滷味

味道滲透得極好，不必仰賴沾醬也非常夠味，鋪陳辛香料卻仍能吃出豆腐香氣，蒟蒻光澤亮麗，值得嘗試！

材料（3人份）
蒟蒻 2塊
鹽 ½茶匙
油脂 2大匙
冰糖 1大匙
醬油 70毫升
米酒 3-4大匙
百頁豆腐 1塊
蔥 2-3根
南薑 2片

spice
辣椒剪片 2片
丁香 2顆
錫蘭肉桂 1根（3公分）
葫蘆巴 ¼茶匙
八角 1顆
中國肉桂 1根（2公分）
白胡椒粒 1茶匙
胡荽子梗 2-3根
小豆蔻 2顆

步驟
1. 水淹過蒟蒻，放鹽，煮開3分鐘後撈起，備用。
2. 起油鍋，加入冰糖炒成焦糖後，加入醬油與米酒。
3. 放入所有辛香料，小火燒開。
4. 放入百頁豆腐、蒟蒻、蔥、薑，加水至食材9分滿，以中火燒開後轉小火，鍋子上蓋。
5. 滷30分鐘後熄火，靜置半天即可上桌。

葫蘆巴在蔬食中正好可以彌補缺少的天然增香功能，並且補充蛋白質跟礦物質來源。

蔬食滷味風味圖

多重香氣鋪陳蔬食厚度，葫蘆巴緩和沉重味道

傳統調味 ↓

- 醬油
- 米酒
- 蔥
- 薑

1

辣椒 → 八角、中國肉桂（鋪陳與駕馭香氣）

↓

2

胡椒 → 錫蘭肉桂、葫蘆巴（接續前一層堆疊）

↓ 達到滲透效果

3

丁香 → 胡荽子梗、南薑

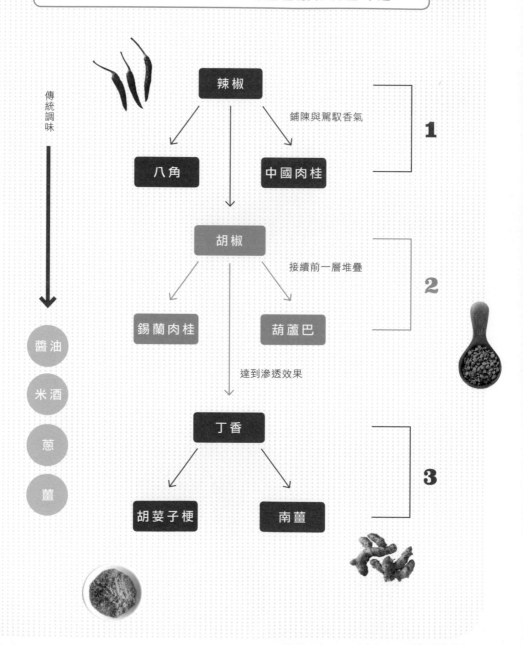

1 辣椒打頭陣，八角、中國肉桂釋放味道

- **辣椒**：豆腐、蒟蒻，這兩種食材都非常難滲透入味。在此以全方位辛香料辣椒來打頭陣，無論辣椒剪片（乾的）、新鮮辣椒、朝天椒都可列入選項。
- **八角、中國肉桂**：繼續在第一層釋放最熟悉的台味。八角的反式大茴香腦對輕柔食材（如豆腐類製品、蔬菜類、菌菇類）效果很好，但不宜加太多，接續讓中國肉桂發揮入味效果。

2 運用葫蘆巴的苦澀，與其他複方交織、融合

- **胡椒、錫蘭肉桂**：不同程度的辛往往能創造出驚人魅力，第二層讓胡椒接棒辣椒而持續，並使用較為輕柔的錫蘭肉桂來釋放特性，與第一層的中國肉桂形成香氣分層，一輕一重釋放醞香，不僅可減輕糖分占比，亦有防腐功能。
- **葫蘆巴**：這時葫蘆巴粉墨登場，發揮分隔作用，讓人不會越吃越膩。其苦澀滋味在久滷過程中與其他複方辛香料交織、融合，滷味中焦糖轉化與葫蘆巴剛好相呼應，美味、少糖、健康，可謂是一舉二得。

3 以丁香去異味，南薑、胡荽子創造清香

- **丁香、南薑、胡荽子**：乘勝追擊，繼續辛、香、調味戰鬥力，用丁香除去食材異味，分量不必多，南薑與胡荽子梗能為原本沉重的味道創造清香，是蔬食滷味的好選擇。

point 蔬食滷味最常碰到的問題，就是香度、醇度、厚度、滲透性不足，需要靠大量調味料補強。有時為解決滲透問題，醬油或鹹度過高、味道比例太重，導致食材風味盡失。結合辛香料與藥膳香料，能兼顧食療與美味，是不偏離傳統又創新的做法。

Tsaoko
辛香料
16

草果

矯味第一名的辛香料

我很醜可是很溫柔，
把湯鍋臊味除光光

草果除去異味的能力非常高，只需小小一顆就能發揮功力，日常熬製牛骨或豬骨高湯，放入一顆就能壓制臊味。我去越南、緬甸做田野調查期間，見識到當地華人運用草果，熬出上好、香噴噴的河粉湯頭；緬甸人愛吃伊洛瓦底江捕撈的鯰魚、鱧魚及吳郭魚，用來熬製魚湯麵，由於魚有很重的土味，緬甸人就以草果來矯味，神奇的是土味不見了，熬出一鍋清澈香甜的高湯。

辛料

香料

調味料

草果

肉骨臊腥、魚肉土味、高湯異味
加入1顆草果就能去味添香！

英名	Tsaoko
學名	*Amomum tsao-ko*
別名	草果子、老蔻、草果仁、大草蔻、川草蔻
原鄉	中國廣西、雲南、貴州

屬性

香料、調味料

辛香料基本味覺

辛 甘 酸 苦 鹹 澀

適合搭配的食材

豬肉、雞肉、羊肉、鵝肉、鴨肉、蔬菜（含根莖類）

麻吉的香草或辛香料

八角、丁香、中國肉桂、胡椒、花椒、薑、蒜、甘草、小茴香、茴香子、月桂

建議的烹調用法

燜燒、燉煮、煨煮、醃漬、鹽漬、燻燒

食療

- 成分桉樹腦、香葉醇和樟腦具有抗菌的特性，此外也具有抗痙攣、利心臟、祛脹氣、利尿的功效
- 對消化系統疾病，包括胃痛和胃腸脹氣都有很好的舒緩作用

香氣與成分

- 2-3%的揮發性精油、烯、醛、醇、桉葉油素、草果酮等成分，能去除羊肉腥羶味
- 帶有甲殼昆蟲氣味，有一點辛辣、微苦又幽馝的香氣

草果
Story

草果也屬於豆蔻家族

說到草果大家可能不陌生，若再加上草豆蔻、香豆蔻、山草果、白豆蔻、肉豆蔻、綠小豆蔻……可能就開始昏頭轉向，白眼翻到天邊，納悶道：「到底此蔻為何蔻啊？」

說來香豆蔻（又叫黑小豆蔻）、草豆蔻、白豆蔻、草果、小豆蔻皆為薑科植物果實，其餘係不同科的植物，除了白豆蔻、香豆蔻、肉豆蔻、小豆蔻多用於煮咖哩外，其餘都歸屬中式派別的膳食辛香料。

草果看起來的確其貌不揚，表面棕灰色至灰黑色，呈橢圓形，外皮具明顯縱線或棱線，皮堅韌略硬，剖開中間有隔膜，一顆共有三瓣，種子有八至二十顆。草果的味道乍聞並不討喜：帶有甲殼昆蟲氣味，有一種近乎薰馥芳香的味道，有一點辛辣、微苦又幽馝，但沉穩而內斂。正因為外形、味道如此特殊，食物矯味能力也最強！

蒙古人御用辛香料

蒙古人入主中原發現草果，稱之為「嘎古拉」，由於有去除羊肉羶味的能力，使蒙古人欣喜若狂，一度成為進貢香料。根據《飲膳正要》闡述：「味辛，溫，無毒。治心腹痛，止嘔，補胃，下氣，消酒毒。」不但如此，它還能治癒咳嗽、痰多、口臭等。蒙古人身居內陸高原地區，冬天酷寒難

草果外殼堅硬，需要敲開才能讓氣味發揮功效，使用的量亦不多，必須小心斟酌，以免食物賦香太重，弄巧成拙。

耐，能在中原地區覓得草果，真是天助蒙人！從此草果被納入調香版圖，從草藥躋身辛香料範疇。而在韓國及日本，至今仍將草果用於傳統醫療，治療喉嚨感染和胃部不適。

草果在南北朝時期《名醫別錄》已有記載，當時稱為「草蔻」，宋代的《開寶本草》稱為「草豆蔻」，早年與另一種常見辛香料「草豆蔻」經常鬧雙包。其實兩者氣味大不同，皆為薑科植物，山薑屬的果實「草荳蔻」味酸帶甘，豆蔻屬的果實「草果」味辛帶苦，且除腥力技高一籌。

辛香料語錄：我很醜可是很溫柔，把湯鍋臊味除光光

南方人飲食清淡，重原食原味，過去歷史對草果的運用並不熟稔，後來被調製成百草粉、十三香，開啟了南方人對香氣的熱烈追求，才發現產於南方的草果原來是好物。

在中醫草果性溫、味辛、燥濕除寒、祛痰截瘧、消食止吐。根據《本經逢原》所述：「除寒燥濕，開鬱化食，利膈上痰，解麵食、魚、肉諸毒。」它二至三％的揮發性精油、烯、醛、醇、桉葉油素、草果酮等成分，對去除羊肉腥羶味具有奇特功效，無怪乎北方人視若珍寶。

草果除去異味的能力非常高，只需小小一顆就能發揮功力，日常熬製牛骨或豬骨高湯，放入一顆就能壓制臊味。我去越南、緬甸做田野調查期間，見識到當地華人運用草果，熬出上好、香噴噴的河粉湯頭；緬甸人愛吃伊洛瓦底江捕撈的鯰魚、鱧魚及吳郭魚，用來熬製魚湯麵（mohinga），由於魚有很重的土味，緬甸人就以草果來矯味，神奇的是土味不見了，熬出一鍋清澈香甜高湯。

另外，若老滷水經過多次使用而產生複雜異味，先不用急著處置，只要放入幾顆草果，小火滾開約數分鐘，味道就會消失。草果真是一根魔法棒，瞬間把南瓜變成馬車！外國人將草果歸類為亞洲獨有的、盛產於中國的「中式黑豆蔻」。

左為草果，右為草豆蔻。

動手試試看
日常版

草果 × 越式牛肉湯

草果不但是矯味專家，同時也是除腥羶味之能手，日常熬排骨湯可放入一顆，就會除去排骨的騷味，並帶來清香。你也可以試試熬雞湯或牛腱肉時加入，還能吃出清甜味，很神奇吧！

材料

牛腱肉　600克
洋蔥　半顆
胡蘿蔔 ¼條
甘蔗 1節
水　3500毫升
鹽　適量

調味料

魚露、海鹽、糖

配料

九層塔、檸檬角

spice

八角　1-2顆
草果　1大顆（拍裂）
中國肉桂　1根（5公分）
黑胡椒粒　1茶匙
胡荽子　½茶匙
老薑　2片

步驟

1. 洋蔥切大塊並烤香，胡蘿蔔切大塊，備用。
2. 所有辛香料放入滷包袋，備用。
3. 牛腱肉洗淨，切大塊，放入鍋中。注水，小火煮約10分鐘逼出血水。
4. 倒掉水，放入水3500 毫升，加入所有食材與辛香料包，以中火煮開之後蓋鍋轉小火。
5. 熬85分鐘，以魚露、鹽、糖調味，食用時再加入檸檬汁與九層塔。

日常熬排骨湯可加入一顆草果，
除腥羶味效果絕佳。

動手試試看
進階版

草果 × 祕香滷豬腳

自己滷一鍋豬腳並不難，家裡常備一些辛香料，信手拈來，自己吃或宴客一樣大方，用電鍋滷味道一樣好吃可口，不過度調味，軟嫩彈牙，是年節餐桌好菜，值得一學。

材料

豬前腿　1隻
冰糖　2大匙
油脂　適量
米酒　適量
醬油　¼杯
蔥白　2根
帶皮蒜頭　1顆

spice

花椒　1茶匙
八角　1顆
草果　1顆
中國肉桂　5公分
小茴香　½茶匙
丁香　5顆
月桂葉　2片
乾辣椒或新鮮辣椒　1根
老薑　2片

步驟

1. 豬腳洗淨，汆燙，備用。
2. 起油鍋，放入冰糖，小火炒出糖色後，加入豬腳一同翻炒。
3. 加入米酒、醬油、蔥白、帶皮蒜頭及所有辛香料混合，加水淹過豬腳，燒開後轉小火。
4. 煮約60分鐘，至軟嫩為止。
5. 將所有辛香料撈除，即可上桌。

滷豬腳風味圖

三層香氣堆疊，首重除異味

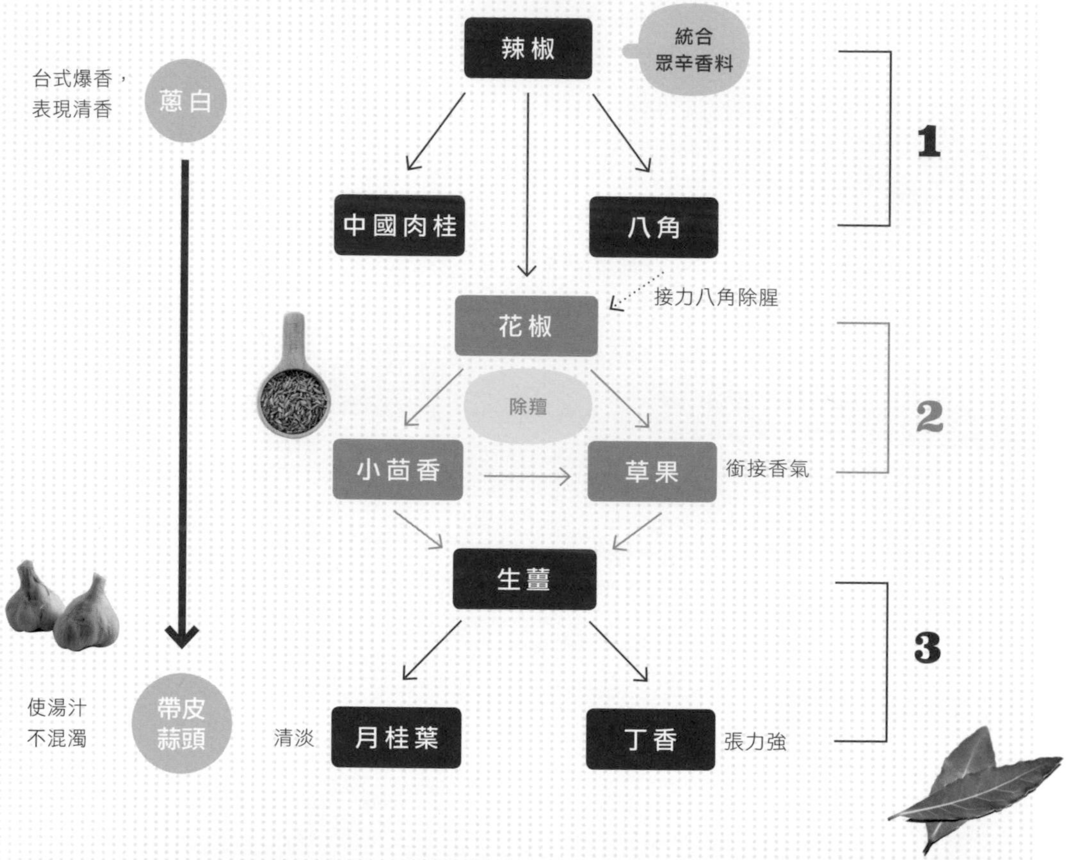

1 辣椒統籌眾香料，八角、中國肉桂除腥

- **辣椒**：納入適度辣椒（不管新鮮或乾辣椒皆宜）擔綱主位，駕馭眾辛香料釋放香度，並發揮穩定作用，整合、引領大家各自發揮所長。辣椒在此角色不會表現出「辛」，但會有微妙「甜」味。放或不放辣椒會直接影響滷汁香度、醇度跟厚度的表現。
- **中國肉桂、八角**：是台式日常熟稔的辛香料，一來軟化肉質，二來鋪陳頭香，三則首度去豬腳表面腥羶味，克數宜少不宜多，其他部分交給第二層接續演出。
- **蔥白**：沿用傳統阿嬤台式爆香法，蔥白在爆香過程中加入既保留古早味，也融入辛香料除腥、調各種不同層次「香氣」、善於「調味」等功能，創造新價值。

2 花椒、草果、小茴香，接續除羶味

- **花椒：**銜接辣椒與之聯手，調香跟除腥仍是持續必要的步驟，這些強烈的味道一次都不可放入太多，但可以分散克數堆疊，使用不同形態但具同等功能的單方。花椒在此有能力除去異味，還可增加麻香氣味。
- **草果、小茴香：**草果是中國肉桂的最佳拍檔，兩者聯手，馝香與甜美香氣呈現強烈對比，兩者都是醛含量高的單方辛香料，能讓食物（尤其是腥羶味特別重的食材）香氣更上一層樓；再加上小茴香快馬加鞭形成鐵三角。這三種單方是所有除腥羶味食材的不敗組合。

3 月桂葉清柔，丁香賦予食物幽香

- **生薑、月桂、丁香：**加入全方位的生薑做第三層接力，清柔月桂葉的味道跟張力極強的丁香形成對比，整個食譜組成都以除去異味為重要考量，在不掩蓋食材（豬腳）肉香與膠質香的前提下，增一分則太濃、減一分則太少，辛香料所有奧妙盡在不言中。

經典菜

象徵福壽與好運的豬腳料理

豬腳在台灣傳統習俗中有去晦氣、為長輩祈福、祝福長壽之意。根據民間傳說，嫁出去的女兒在閏年買豬腳給母親吃，能消災解厄、添福壽；除此之外，文定習俗行聘納采必備豬腳；過去中國廣東、福建一帶落番歸來光宗耀祖，晚輩登門接風，豬腳也是重要的伴手禮，俗稱「脫草鞋」，代表苦日子已過去，將來好運連連。

婦女生產後身體虛弱或缺乏乳汁，會以豬腳花生催乳，不但滋補，使乳源豐沛，孩子也健壯。尤其廣東人重視豬腳的程度更勝一般，他們相信坐月子期間若多食豬腳醋，不僅能讓產婦恢復元氣，還可以驅風寒、去惡露。豬腳也是年節時餐桌上的經典菜之一，有橫財就手的寓意。

Lemongrass

香草

17

香茅

除腥高手，海鮮好朋友

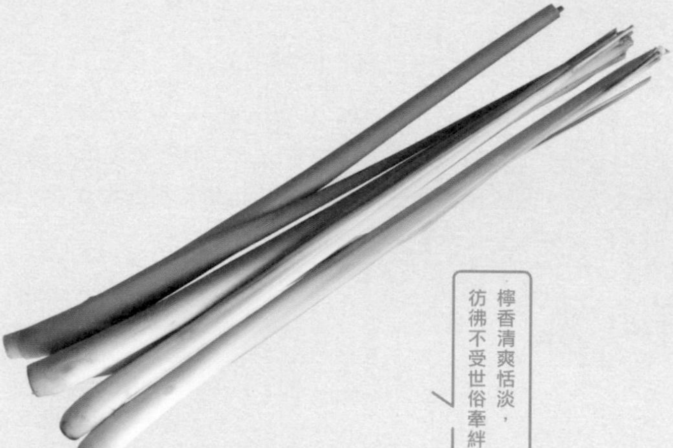

檸香清爽恬淡，
彷彿不受世俗牽絆

在泰國、越南、寮國、柬埔寨，甚至是新加坡、馬來西亞、印尼，只要出現海鮮料理，香茅一定如影相隨。很難想像生在一堆雜草裡，性格堅韌不屈就命運，保持一貫的清淨恬淡。樸實清爽的味道剛好跟海味沒由來地搭！不但除腥厲害，清新柔和的芬芳氣息，讓人身心舒服。用於烹煮湯品、燒烤或清蒸，使人在炎炎夏日脾胃大開。

檸檬、薄荷香氣，適合搭配海鮮、家禽類

英名	Lemongrass
學名	*Cymbopogon citratus*
別名	香巴茅、風茅、香茅草、檸檬草、香麻、西印度檸檬草、檸檬香茅
原鄉	非洲、印度

屬性

香料、調味料

辛香料基本味覺

辛　甘　酸　苦　鹹　澀

適合搭配的食材

海鮮類、雞肉、豬肉、泰國複合式咖哩、印尼複合式咖哩、馬來西亞複合式咖哩、新加坡複合式咖哩、越南湯品

麻吉的香草或辛香料

紅蔥頭、薑黃、越南香菜、羅望子、小茴香、茴香子、葫蘆巴、南薑、薑、芥末子、新鮮香菜、胡荽子、丁香、辣椒、黑種草、檸檬葉、亞洲羅勒

建議的烹調用法

醃漬、浸泡、熬煮、爆炒、燜燒

食療

- 咀嚼香茅能保持口腔健康，因為它能抑制細菌滋生
- 常喝香茅水有助提升血色素，讓身體器官得到充足含氧量，對痙攣和嘔吐也能達到緩和鎮定作用
- 華人相信香茅是驅風的香草

香氣與成分

香氣來自香茅醛，味道似檸檬、柑橘、薄荷

泰國南部庇能咖哩。香茅的氣味彷彿檸檬、柑橘、薄荷的綜合體，泰國人喜歡這種清新香氣，加上容易取得，便將之融合為咖哩的一部分。

香茅
Story

夏日的什錦香草飯

嘴裡叫的「阿姑」，其實是阿嬤結拜姊妹的女兒阿蓉，她嫁給鎮上一位土生華人家庭，在那個時代也算是門當戶對。阿蓉不但擅長一針一線做八仙門彩、枕頭套、繡珠鞋，下廚洗手作羹湯樣樣通；雖然家裡有丫環，阿蓉還是事必躬親。身著輕紗繡花鏤空上衣，搭上印染沙龍裙，走起路來婀娜多姿，一天準備三餐外加二次點心、一次宵夜，遵守三從四德且相夫教子，令娘惹婆婆滿意得合不攏嘴。

阿蓉原生家庭是福建人，糕點是她的專長，後來加上夫家的娘惹菜，廚藝簡直突飛猛進，成了所有人的崇拜對象，拿手好菜多到數不清：娘惹咖哩雞（nyonya kari kay）、阿雜魚（ikan acar）……那天是做什錦香草飯（nasi ulam）：把煮熟的白米飯和入假蒟葉、薑黃葉、香茅、檸檬葉、越南香菜、綠薄荷、火炬薑等，把新鮮椰子絲乾鍋炒至微褐色，一旁事先備妥的熟魚肉與香草和白飯拌在一起，調入鹽巴、胡椒、白糖；為了增加脆口度，刻意把切片的紅蔥頭撒在上面。什錦香草飯是北娘惹飲食代表，為夏日豔陽天帶來一場視覺與味覺的饗宴，吃過令人難忘。

香茅前世今生

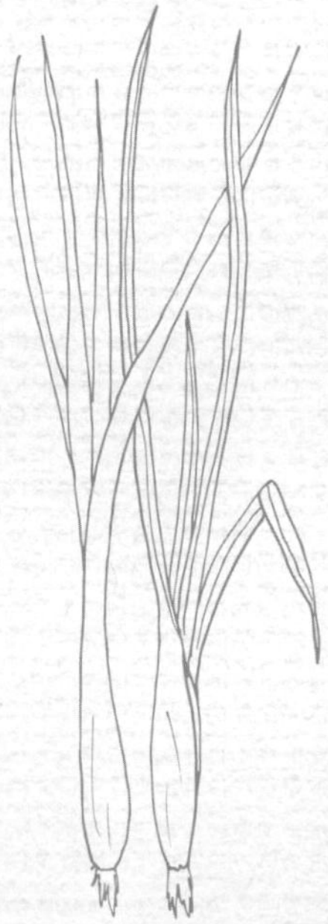

香茅品種約有五十五種之多，這裡指的是烹食用的檸檬香茅。香茅有七○至八○%的檸檬醛，是天然的抗菌防腐劑，對在終年豔陽高照的赤道國家人民有開脾、排毒、抑菌之效。古埃及、古希臘、古羅馬善用它的化學元素左鏇龍腦及牻牛兒醇來製作香水及化妝品，滋潤皮膚之餘順便抑菌。六千年前的古印度醫學阿育吠陀使用香茅治癒哮喘、環蟲、支氣管炎、皮膚病、腹部疾病、食慾不振及悶熱等。

由於香茅外表與一般茅草太過相似，蘇敬等人在《新修本草》略提後，《本草綱目》記載：「復出香麻一條，云出福州，煎湯浴風甚良，此即香茅也，閩人呼茅如麻，故爾。今併為一。」到了二十世紀，《嶺南採藥錄》明確指出其「散跌打傷瘀血，通經絡。頭風痛，以之煎水洗。將香茅與米同炒，加水煎飲，止水瀉。煎水洗身，可祛風消腫，解腥臭。」香茅終於揚眉吐氣，晉身亞系香草之列，是廉價又環保的除臭劑。

禁忌與多樣性

香茅有多樣品種，分布於熱帶及亞熱帶，產地從東南亞輻射至印度與中國的雲南、西藏、廣東，以及中亞的阿富汗、伊朗，全株草皆含揮發性精油。

東南亞人坐月子會使用熱的香茅水洗澡，避免「入風」；半夜肚子痛抹香茅油最有效；急性胃痙攣或突然腹瀉，加三、四滴於手掌，來回搓熱輕敷腹部，不一會就緩和下來……香茅可說是東南亞人的驅風大師！另一方面，香茅常被用來除去晦氣：小孩夜裡哭鬧不止，剪幾片香茅葉浸泡溫水塗抹身體，象徵淨化。

由於香茅葉緣呈鋸齒狀，非常鋒利而容易割傷人，不適於口，加上清洗困難，所以通常不吃葉子只吃葉鞘。將摘取下來的香茅切去根部，以刀背拍打數下，放入開水熬三十分鐘就成了香茅茶，既消暑又解渴。

在東印度和斯里蘭卡偏遠地區，香茅被當成「發燒茶」，且不僅用於治療發燒，還能改善腹瀉、月經不順、胃痛和皮膚感染，古巴和加勒比地區還用它來降血壓及助消化。

在台灣有沒有香茅呢？一九五〇至一九六〇年代，台灣曾大面積栽種並提煉香茅油出口，占國際市場約七〇%的供給量。隨著合成技術開發，香茅逐漸沒落於山野中，近幾年東南亞新住民移入，香茅又漸漸成為大家熟知的亞系香草。

辛香料語錄：清爽恬淡，不被世俗牽絆

香茅的香氣來自於香茅醛，氣味彷彿檸檬、柑橘、薄荷的綜合體，泰國人喜歡這種清新香氣，加上容易取得，便將之融合為咖哩的一部分，諸如庇能咖哩（phanaeng curry）、瑪莎曼咖哩、紅咖哩醬、綠咖哩醬、黃咖哩醬，香茅幾乎囊括所有著名泰式咖哩，獨樹一格，遑論其他日常使用。

在泰國、越南、寮國、柬埔寨，甚至是新加坡、馬來西亞、印尼，只要出現海鮮料理，香茅一定如影相隨。很難想像生在一堆雜草裡，性格堅韌不屈就命運，保持一貫的清淨恬淡。樸實清爽的味道剛好跟海味沒由來地搭！不但除腥厲害，清新柔和的芬芳氣息，讓人身心舒服。用於烹煮湯品、燒烤或清蒸，使人在炎炎夏日脾胃大開。

香茅與家禽、家畜類也惺惺相惜，高比例檸檬醛能為雞、鴨、牛、豬注入輕柔美妙旋律，讓口腔裡緩和沉重的蛋白質，越嚼越順口！寮國、柬埔寨、越南等地喜歡將絞肉鑲進香茅裡，搭配啤酒令人大呼過癮！

通常香茅不吃葉子只吃葉鞘，處理上會切去根部，以刀背拍打數下。

動手試試看
日常版

檸檬香茅冰沙

炎炎夏日沒有食慾，來一杯檸檬香茅冰沙最開胃，搭配燒烤或小炒最對味，還可以順便解膩。

材料

- 新鮮檸檬　6-8顆
- 水　1000毫升
- 糖　170克
- 冰塊　300克

spice

- 香茅　4-6根
- 香茅　1根（裝飾用）

步驟

1. 檸檬擠出汁，備用。
2. 香茅去除葉子，葉鞘清洗之後用刀背拍一拍。
3. 準備水，入鍋燒開，放入已拍的香茅梗，與糖一起煮約10分鐘。
4. 再燜10分鐘，然後過濾放涼。
5. 將檸檬汁與冰塊及香茅水一起打成冰沙。
6. 加上一根新鮮香茅裝飾。

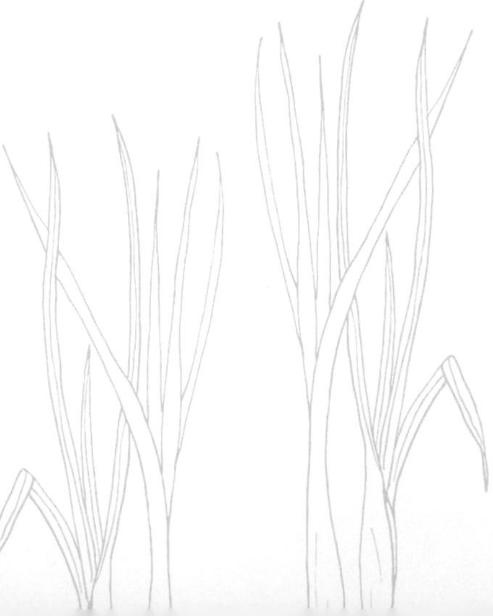

動手試試看

進階版

香茅 × 海南雞

雞肉滑嫩，沾醬開胃，非常適合夏日食用，結合所有香氣與濃濃的南洋風味，是一道在家就能做的拿手好菜。

材料

全雞　1隻
鹽（抹雞身用）　2茶匙
鹽（加入湯中）　4大匙
雞油　200毫升
青蔥　5根
香菜梗　數根

米飯

雞油　2大匙
紅蔥頭末　1大匙
蒜末　1茶匙
長米　1杯
雞高湯　1杯
海鹽　½匙

spice

白胡椒粒　1茶匙
南薑　3片
花椒　½茶匙
八角　1大顆
沙薑　2塊
斑蘭葉　2-3片
香茅　3根

沾醬

綠醬汁

蔥花　少許
高湯　少許
蒜泥　少許
糖　少許
鹽　少許

白醬汁

薑泥　2茶匙
高湯　少許
鹽　少許
白芝麻油　少許

紅醬汁

辣椒泥　1大匙
蒜泥　1茶匙
鹽　少許
糖　少許
金桔　1-2顆

步驟

前置作業

1. 全雞洗淨，抹上鹽，放置冰箱冷藏1小時。
2. 準備深鍋，加水泡過雞身，並加入鹽巴。

米飯烹煮

3. 另起鍋，放入雞油，爆香紅蔥頭末、蒜末。
4. 放入長米繼續炒，加入雞高湯、海鹽。炒完後，放入電鍋煮成飯。

雞肉燜煮

5. 青蔥洗淨切長段；斑蘭葉洗淨打結；香茅去葉，清洗葉鞘後用刀背拍一拍，備用。
6. 鍋中加入青蔥段、香菜梗、所有辛香料。
7. 把雞放入鍋，將雞油覆蓋雞身，小火（菊花心）煮約25分鐘後，熄火蓋鍋燜20分鐘即可將雞取出，剁件上桌。

沾醬製作

8. 綠醬汁：把蔥末與高湯兌水1:2燒開，蒜泥、糖、鹽融化即可。
9. 白醬汁：薑泥與高湯兌水1:2燒開，鹽、白芝麻油融化即可。
10. 紅醬汁：辣椒泥、蒜泥、糖、鹽拌合，以小火煮滾，冷卻後擠入金桔汁即可。

海南雞風味圖

複合香氣除腥、增香，賦予清爽南洋味

斑蘭葉、蔥段、香菜梗 →

白胡椒
↓
南薑

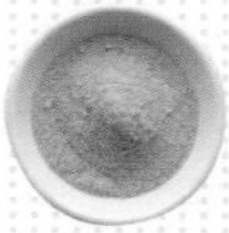

1

↓

花椒
↓
八角

2

↓

沙薑
↓
香茅

三種沾醬輔助香氣 →

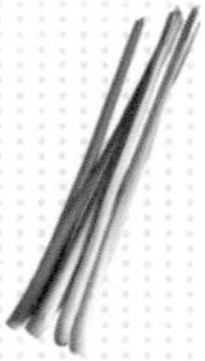

3

1 胡椒擔綱主位帶出辣度，南薑清香

準備爆香青蔥及香菜梗，鋪陳第一道堆疊，充滿駕馭的胡椒；辛辣飽和的味道和清香南薑扣緊第一層，輕柔卻底蘊厚實。

2 花椒、八角接續增香

讓花椒接續第二棒除腥，八角微微彰顯深度茴香醚，從高湯中竄出，有別於一般滷水的馥香，賦予雞肉幽幽的循序漸進模式，在高湯中緩慢舞動。

3 沙薑、香茅堆疊清爽風味

由沙薑和香茅聯手，堆積兩種不同層次的香氣，控制火候直到雞肉滑嫩爽口，最後若想吊出雞肉鮮甜味，靠薑末、蒜末沾醬增加尾韻風味即可。這種滋味讓人一吃難忘。

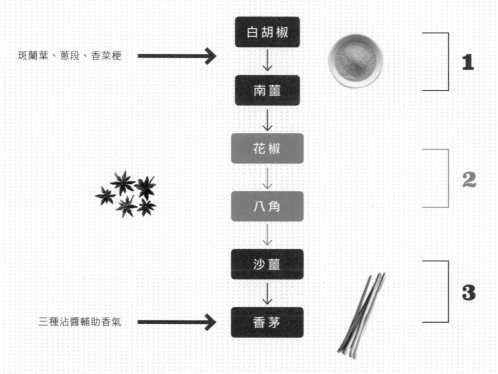

經典菜

講究沾醬開胃，華人餐桌上的海南雞

海南雞從何來？這得自清代《嶺南雜事詩鈔》說起：「文昌縣屬有一種雞，而若牧肉，味最美。蓋割取雄雞之腎，納於雌雞之腹，遂不生卵，亦不司晨，毛羽漸疏，異常肥嫩。以其法於他處試之則不可，故口文昌雞。」而海南盛產椰子，以之為雞飼料，養成「三小兩短」：頭小、頸小、腳小、頸短、腳短，但異常美味，當地人將之白煮後沾醬食用。

十九世紀華人移民東南半島，偶爾想念起家鄉滋味，當時並沒有現代化冷藏設備，華人靈機一動，便將煮好的白飯捏成球狀來保溫，挑著擔子沿街叫賣，沒錢的人便草草以幾顆雞粒飯果腹；有錢人則會切幾片雞肉，拌飯一起食用。後來華人與其他種族混居，習得以辣椒拌雞飯一起吃比較開胃。

飛黃騰達後的華人對吃更講究，為了滿足廣府人、閩南人、海南人各種不同吃法，乾脆把所有沾醬全搬上桌：海南人喜歡黑抽拌飯吃；廣東人強調滑嫩沾薑茸，愛沾蔥茸醬；閩南人受到其他種族的影響，也漸漸習慣吃起辣椒。從此，餐桌上的海南雞飯就這樣熱鬧起來。

Galangal

辛香料

18

南薑

如同海綿般，吸收所有辛香料精華

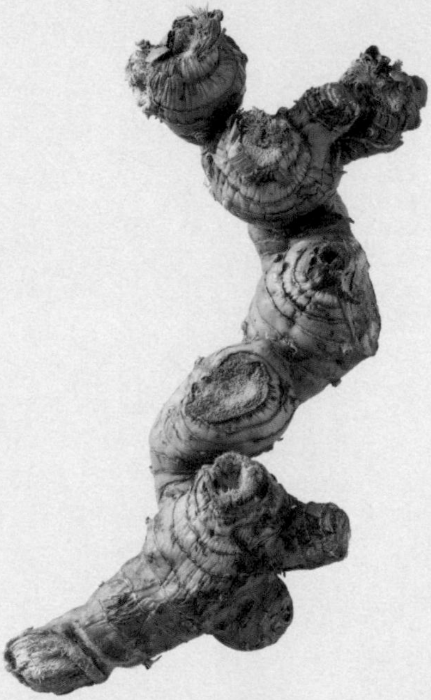

適用性高、包容力強，如溫婉含蓄的古典美女

廣東人認為生薑中的「生薑蛋白酶」會軟化肌肉纖維，讓鮮嫩的魚肉失去彈性，通常選用南薑來蒸魚，其中還有個關鍵的原因：南薑能意外引出魚的鮮香甜味，令人感到驚喜。

南薑是潮汕滷水的靈魂香料，思鄉時總是想起母親的私房滷鴨：先炒焦糖再下南薑、蔥段、紅蔥頭，接著放入整隻鴨子，將黑抽、醬油淋入鍋，拌炒上色，水淹過鴨身約七分滿，小火蓋鍋慢燜就是希望藉南薑把所有香氣鎖在滷水中。

具有增香、除腥羶功能，與雞肉、海鮮最對味，加入湯頭散發悠香

大南薑		小南薑	
英名	Greater Galangal	英名	Lesser Galangal
學名	*Alipinia Galanga*	學名	*Alipinia Officinarum*
別名	爪哇高良薑、暹羅薑、藍薑	別名	高良薑、蘆葦薑、風薑
原鄉	印尼	原鄉	東南亞、中國

屬性

香料、調味料

辛香料基本味覺

辛　甘　酸　苦　鹹　澀

適合搭配的食材

雞肉、鴨肉、內臟、魚類、貝類、蔬菜、東南亞部分咖哩

麻吉的香草或辛香料

辣椒、小豆蔻、紅椒粉、小茴香、薑黃粉、丁香、中國肉桂、錫蘭肉桂、胡荽子及梗、薑、火炬薑、越南香菜、茴香子、亞洲羅勒、大蒜、紅蔥頭

建議的烹調用法

醃漬、快炒、滷製、燜燒、製作南薑鹽撒於燒烤上

食療

- 南薑塊莖能用於驅風、治癒百日咳或支氣管炎、有助於對抗哮喘。
- 南薑塊莖內的丙酮提取物可抑制潰瘍並殺菌；對於糖尿病患，有降低血糖作用

香氣與成分

- 桉葉油酚：飄柔香氣，如尤加利般的清香
- 乙酸高良薑酯：具有鮮甜味道，搭配魚肉最適宜

南薑 Story

潮汕人的美味祕訣——南薑

母親是道道地地的潮汕人，小時候我最期待的一件事，就是看她在廚房裡忙著燒滷鴨。我不愛吃白飯，每次趁母親不注意就往父親盤子撥，不過如果餐桌上出現滷鴨就另當別論，廚房裡盡是濃濃醬汁香氣，和著似薑又若小豆蔻的混合氣味，這時胃口頓時大開，不自覺就扒完一碗飯。天氣晴朗時，母親會開始醃漬鹹菜，買來大芥菜，把所有葉子去除並剝洗乾淨後晾乾，十斤菜加二．五兩鹽巴，壓上石頭隔夜，逼出澀水，第二天過開水漂洗後自然晾乾。再以一比一的鹽巴及白糖醃漬，密封入罈，十天後就可以煮白粥搭「雜鹹」吃了，想著想著胃就暖了起來。

小南薑的使用歷史

中國南北朝醫學家陶弘景在《本草經集注》裡提及小南薑：「出高良郡。人腹痛不止，但嚼食亦效。形氣與杜若相似，而葉如山薑。」故別名高良薑。到了唐代被稱為蠻薑，據說因為文成公主愛喝茶，茶葉隨之入藏，這種產自雲南中部的大葉種茶味道苦澀，喝的時候會和著蠻薑、味道辛辣之辛香料一起飲用，所指的蠻薑就是南薑。南宋期間，詞人吳文英在〈杏花天．咏湯〉一詞寫道：「蠻薑豆蔻相思味，算卻在，春風舌底。」直到李時珍《本

南薑可做為烹調與藥用。

草綱目》記載：「陶隱居言此薑始出高良郡，故得此名。」才正式理解它的由來。十九世紀末，大批潮汕人落番下南洋，也把小南薑一起帶入東南亞飲食。

南薑的食療價值

南薑的拉丁屬名**Alpinia**，是記念義大利植物學家阿爾皮尼（**Prospero Alpini**）對南薑詳細描述、記載。雖然南薑十六世紀才被歐洲人認識，但它在東南亞及印度民間傳統療法運用紀錄已非常久遠，直到如今仍代代傳承，主因是這些國家腹地遼闊、醫療不發達、民眾貧富不均所致。近二十幾年尚有一批擁護傳統醫療的學者，力推無副作用、藥食同源概念的南薑入藥：塊莖用於驅風、治癒百日咳或支氣管炎，同時有助於對抗哮喘。他們進一步發現，南薑塊莖內的丙酮提取物可抑制潰瘍並殺菌；對於糖尿病患，南薑能發揮其藥性成分來降低血糖；研究顯示南薑的葉子和花朵具有最多的抗氧化活性，國外許多具有鎮痛活性的外敷用藥也來自於南薑提取物。

大小南薑差在哪

新馬泰等國潮汕人口中的武林秘笈「藍薑」來自當地野生植物，大家可能產生疑惑，若說是南薑，想必就恍然大悟了吧。話說南薑有分大南薑與小南薑，大南薑廣泛種植於泰國、寮國、緬甸、柬埔寨、爪哇一帶，當地人常用來烹調咖哩，潮汕人會以大南薑醃漬蔬菜，其外皮黃中帶白，味道略顯輕盈。小南薑來自廣東高良一帶，別名高良薑，外皮較硬，帶棕紅色澤。事實上，大小南薑的塊莖皆可做為辛香料使用，差別在於生長期的長短，會影響味道的醇厚度跟釋放精油的多寡。

東南亞許多國家習慣使用在地南薑烹煮食物，例如印尼日惹著名的古登（gudeg）、歐柏雞（opor ayam，又名椰汁雞）；泰國椰奶雞肉（tom kha gai）、開胃菜蜜延堪（miang Kham）；北馬著名亞參叻沙（asam laksa）、南馬娘惹烏達（nyonya otak）；越南醃漬肉捲（tre）、部分河粉湯頭，都有加入南薑增香。

東方料理運用

到底廣東人多擅長使用南薑？舉凡叫得出名號的滷水類；不管是白滷、精滷、客家鹽滷……統統榜上有名，不但巧妙掩蓋內臟腥味，還具有定香作用，能捕捉其他香料的香氣，著名潮汕美食如：滷水鵝、滷鴨、滷雞，肉質滑嫩令人齒頰留香。

廣東老饕們吃盡所有天上飛的、地上爬的，當然沒對南薑就此罷休。他們對生猛海鮮更講究「鮮、嫩、爽、滑」，評斷一家粵菜餐廳好壞與否的關鍵之一，就是以清蒸鮮魚論生死，蒸魚蒸得好，其他菜餚也一定在水準之上，反之則可掉頭走人。除了精準拿捏時間

1. 泰國開胃菜蜜延堪。

2. 印尼日惹著名料理古登飯。

3. 潮汕人醃漬甜、鹹菜，會在醬汁中切入南薑片，讓南薑清柔香氣釋放出來。

外，最重要的不傳祕訣就是，絕不以生薑拌魚一起蒸，而是改用南薑。廣東人認為生薑中的「生薑蛋白酶」會軟化肌肉纖維，讓鮮嫩的魚肉失去彈性，通常選用南薑來蒸魚，其中還有個關鍵的原因：南薑能意外引出魚的鮮香甜味，令人感到驚喜。

南薑是潮汕滷水的靈魂香料，思鄉時總是想起母親的私房滷鴨：先炒焦糖再下南薑、蔥段、紅蔥頭，接著放入整隻鴨子，將黑抽、醬油淋入鍋，拌炒上色，水淹過鴨身約七分滿，小火蓋鍋慢燜就是希望藉南薑把所有香氣鎖在滷水中。

潮汕人醃漬甜、鹹菜，會在醬汁中加入南薑片，主要就是讓南薑清柔香氣釋放出來，透過時間移轉，讓脆口的鹹菜帶著時而像薑、時而飄散檸檬或胡椒的氣息。潮汕人喜歡吃清粥配鹹菜，若是蒸魚會加入番茄、潮汕鹹梅子、南薑等一起清蒸，稱為「潮汕蒸」，滋味酸甜鮮美、魚肉彈牙，炎炎夏日讓人胃口大開！

動手試試看
日常版

南薑×潮式醃雜鹹(鹹菜粒)

雜鹹是潮汕人醃漬物的統稱,從野菜、小蝦、蟹到貝類,以鹹鮮為主,搭配潮州「糜」食用,其中又以鹹菜粒最具代表。

材料
鹹菜梗 200克
糖 3茶匙
麻油 1茶匙
水 1杯
鹽巴 ½茶匙

spice
紅辣椒 1根
南薑末 2茶匙

步驟
1. 將鹹菜梗切粒狀,用冷開水浸泡半小時(視鹹菜的鹹度而定)後將水倒掉。
2. 用1杯清水加糖燒開,溶解後待涼,把鹹菜粒加入浸泡1小時後,即可放入冰箱保存。
3. 要食用前,取出適量醃鹹菜,把紅辣椒切細末拌入鹹菜中,再拌入南薑末、麻油、鹽巴即可。

動手試試看

進階版

南薑 × 滷大腸

用辛香料滷製的大腸非常好吃，味道深邃不帶任何腥羶味，集結所有香氣與食材的味道，完全不喧賓奪主，可以當常備菜或下酒菜。

材料

- 大腸　600克
- 鹽巴　1大匙
- 油脂　3大匙
- 冰糖　50克
- 醬油　½杯
- 水　400毫升

spice

- 八角　1顆（中型）
- 丁香　4顆
- 南薑　2片
- 中國肉桂　5-6公分
- 辣椒　1根
- 甘草　2-3片
- 花椒　½茶匙
- 小茴香　¼茶匙

步驟

1. 用鹽巴搓洗大腸，燙過取出，備用。
2. 開中火，將油脂放入鍋中，緩緩加入冰糖，融化為焦糖。
3. 放入大腸翻炒，再加入醬油及水。
4. 把所有辛香料放入濾包，加進鍋中一起滷。
5. 轉小火，蓋鍋滷約1小時後熄火。
6. 冷卻後把辛香料撈除即可。

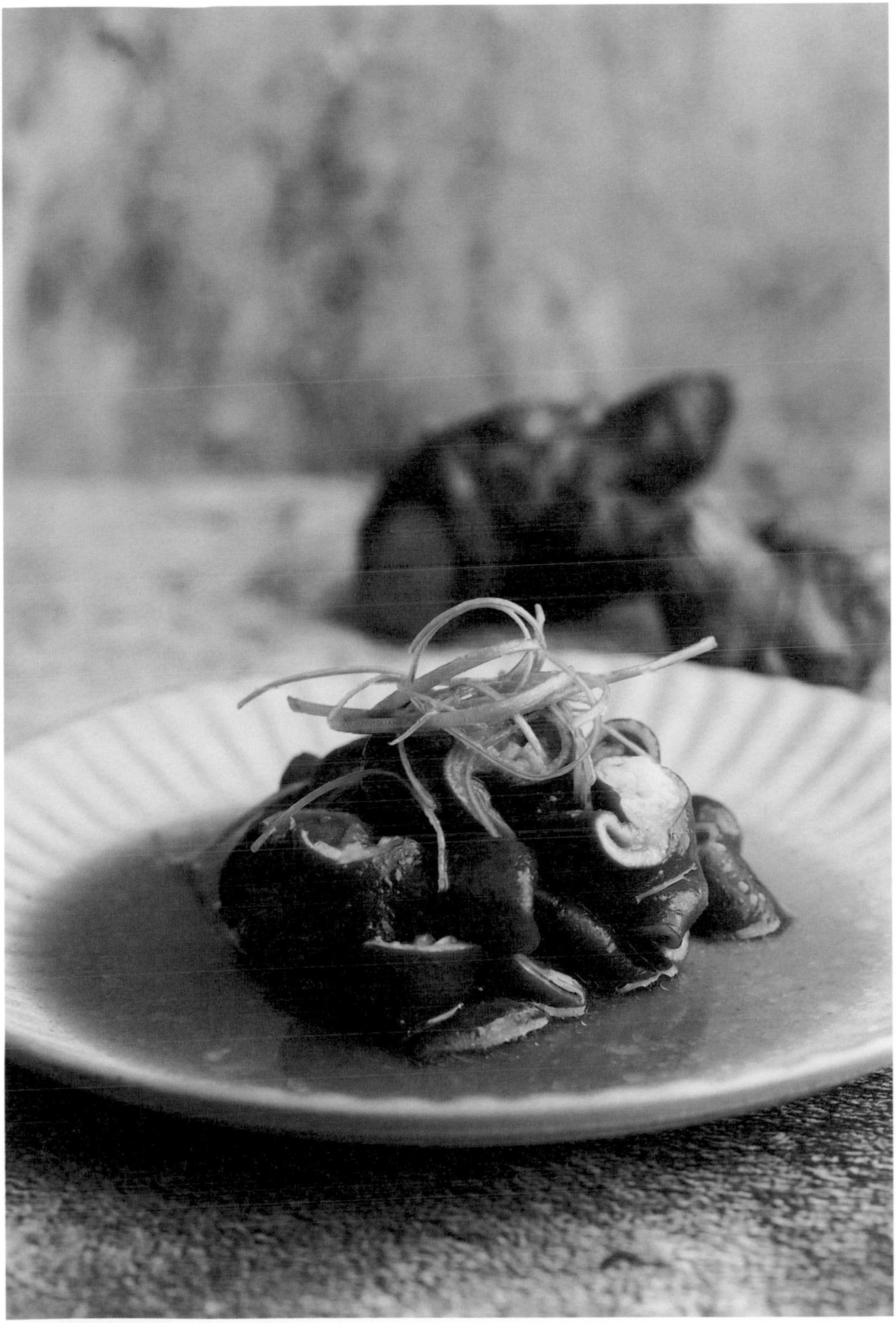

滷大腸風味圖

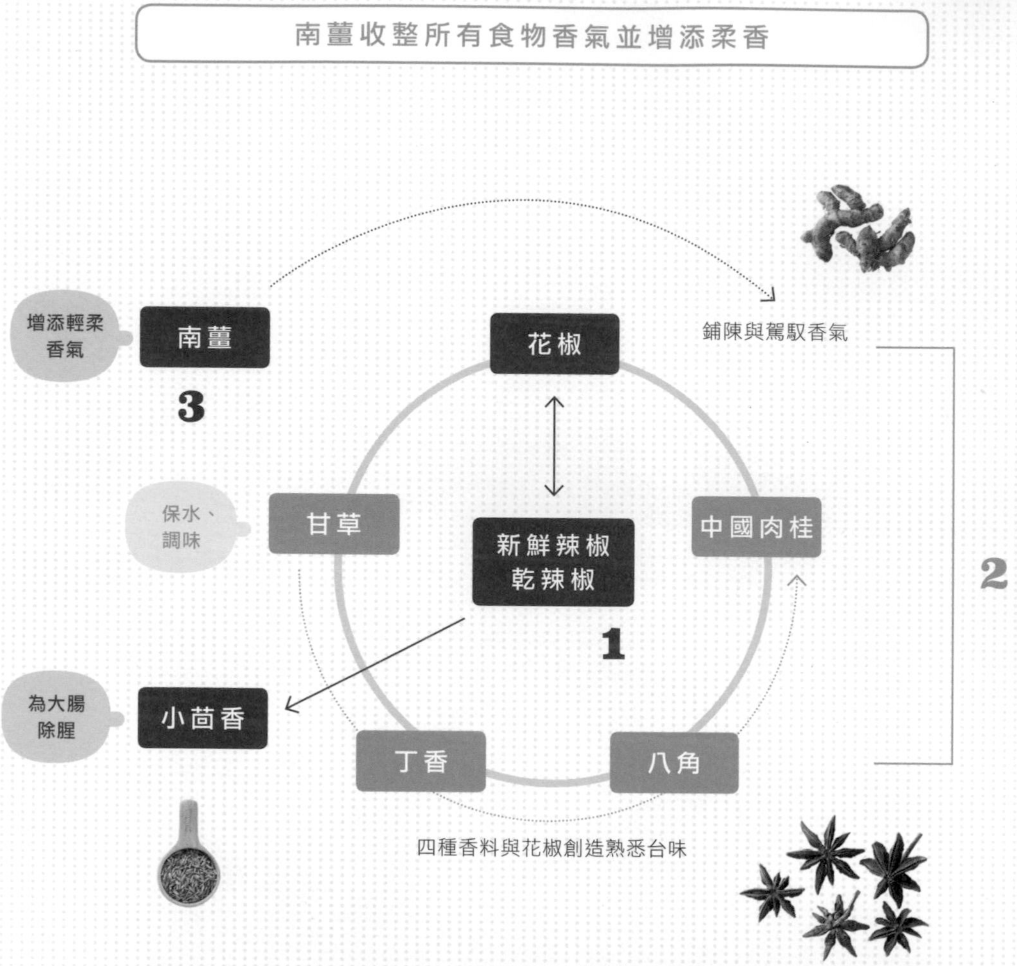

1 辣椒、花椒具辛辣元素，鋪陳厚實度

- **辣椒：**提香、駕馭眾辛香料，讓整體味道有加成效果。
- **花椒：**檸檬烯、枯醇成分釋放香氣，加上遇蛋白質有解膩、改味作用，是所有滷製類的必備辛香料。與辣椒同為全方位屬性，能加倍撐起食物的飽和度，但不是主味，志在表現去腥，只能少量添加。

2 四種香料賦予類五香效果

- **八角：**對內臟能有效掩蓋羶味並增香。
- **丁香：**有強烈的丁香油酚，易搶味，少量使用數顆即可，八角跟丁香常常在中式料理中扮演偕同角色。
- **中國肉桂：**帶皮中國肉桂有較多桂皮鞣質，能滲透及軟化肉質。
- **甘草：**甘草可彌補蔗糖之不足，也減少糖的匙數，且甘草保水，能讓食物有濕潤感。

3 南薑定味，增添輕柔香氣

揮發性精油擅長製造馨香，接續第二層除羶的續航力，整合並保留香氣，彷彿定味劑，吸收所有食物中的香氣並傾瀉而出，達到圓融。

檸檬葉

清新柑橘香氣沁人心脾

花香纖細輕柔，不慍不火，平易近人

檸檬葉具有天然抗微生物及各種揮發性精油，如香茅醛、月桂烯、檸檬酸等，可增加強烈的柑橘香，適合與海鮮一起烹調以激發鮮味，並帶出溫潤清新，引人心脾大開。它也適合與雞肉同煮，適合醃漬，其揮發油脂能很快滲入食物，適合與蔬菜和根莖類一起熬煮或快炒，經過油脂催化後，會附著於食物上增加香氣。

泰式料理的重要辛香料
善於激發海產鮮味、和雞肉超搭

英名	Kaffir Lime
學名	*Citrus hystrix*
別名	馬蜂橙、泰國青檸、卡菲爾萊姆
原鄉	東南亞

屬性

香料、調味料

辛香料基本味覺

辛 甘 酸 苦 鹹 澀

適合搭配的食材

海鮮、貝類、牛肉、雞肉、豬肉、蔬菜類

麻吉的香草或辛香料

亞洲羅勒、辣椒、薑、蒜、咖哩葉、八角、羅望子、越南香菜、小茴香、新鮮香菜、胡荽子、香茅、南薑

建議的烹調用法

生食、爆炒、燜煮、燉煮、煲湯、燒烤

食療

- 檸檬葉及果皮香氣能減低壓力，愉悦的芳香精油是天然抗菌元素
- 含萜烯、香茅醛和檸檬烯，能抗老化，幫助皮膚恢復彈性

香氣與成分

- 葉子的酚酸、黃酮類化合物、檸檬苦素、香豆素香氣可溶於水，味道溫婉輕柔
- 具天然抗微生物及各種揮發性精油，如香茅醛、月桂烯、檸檬酸等，可增加強烈的柑橘香

卡菲爾萊姆果皮也可以入菜。

檸檬葉
Story

泰國料理中的「四大天王」

檸檬葉又稱「亞洲萊姆葉」或「卡菲爾萊姆葉」。學生曾問我：「市售乾燥檸檬葉是否可以代替新鮮檸檬葉使用？」其實使用檸檬葉主要取其清香，乾燥的葉子香氣流失較多，風味差異較大，新鮮用最好，冷凍保存也是一個折衷的方式。

許多島嶼東南亞國家，如馬來西亞、印尼、新加坡，會取其葉或果皮來賦予食物清香撲鼻的味道；尤其泰國更是無檸檬葉不歡，它被稱為泰國料理中的「四大天王」，與南薑、香茅、胡荽子梗並駕齊驅。

暹羅咖哩與檸檬葉對話

等我稍稍長大，最盼望的一件事就是「到乾爸媽家過暑假」，那裡離檳城島約有一個多小時路程，是一個老社區。乾爸經營雜貨行，大至釣魚用品，小到日常牙膏、螺絲釘都有販售，每天門庭若市，來來往往的客人非常多元：馬來人、印度人、錫克人，以及戰後從泰國南部移民來的暹羅人。幫忙顧店也考驗我的語言轉換能力；不只如此，有時一句話要中文、英文、福建話交叉並說。

乾媽則是在後院開起理髮院，一樣熱鬧哄哄，客人跟她收留寄宿的女生成正比。轟轟作響的老式直立烘髮機、頂著大波浪捲走來走去的老客人、偶爾還下廚幫忙挑菜和舂搗香料的左鄰右

舍、探頭進來問路的路人甲……記憶中家裡後門一直絡繹不絕，每天不停交替上演，不知情者還以為是社區服務中心。

乾媽的手藝極好，尤其是混合暹羅咖哩的煮法，大清早買來甘榜雞（放養雞），一邊跟老客人討論流行髮型，一邊舂著紅蔥頭、乾辣椒、蒜頭、香茅等香料，中間起身去幫個客人加了一次燙髮劑，轉身吩咐寄宿的阿紅繼續幫忙刮南薑皮。老南薑又硬又難切，不會燒飯的阿紅切得大呼小叫，此時路過要去買醬油的阿若見狀，接手繼續把薑黃、生薑皮一次解決。

乾媽快手快腳起鍋爆香所有新鮮香料，轉身抓了一把胡荽子粉，豪邁撒入鍋子裡並大火炒起雞肉，順手將檸檬葉拌合加入現榨椰奶，這時上了大波浪捲的老客人禁不住香味誘惑，大搖大擺走進來拿湯匙試了一下味道：「哦，好料嘍！」下過調味料，大火把鮮嫩、辛辣有勁、清新開脾，口味不太濃郁卻恰到好處的味道一併鎖進心裡。

東南亞人的月桂葉

最早的野生卡菲爾萊姆產於東南亞，葉子的酚酸、黃酮類化合物、檸檬苦素、香豆素香氣可溶於水，味道溫婉輕柔。果實形狀為梨形，表面凹凸不平，果皮剛開始是綠色，最後會轉黃色，含有豐富的維生素C、類黃酮、香柑內酯和揮發油，用於烹調加成柑橘氣味、知名美妝品牌不斷強調其美白作用，而且可減少細紋、治療青春痘。

雖然卡菲爾萊姆果實榨汁似檸檬氣味，但不建議飲用，因為pH質較低，對胃刺激力大；不過殺菌力強，適合用於清潔環境、木製砧板，滴少許在海綿上或清潔完的垃圾桶，能幫助殺菌並恢復清香。事實上，檸檬葉在原鄉的保健用途多過入菜調味。早期物質不豐饒，人們咀嚼檸檬葉來清潔口腔，提取油脂來防蚊、抗水腫及治關節炎等。

1

歐美國家形容檸檬葉是東南亞人的月桂葉，除了烹食與保健的功能外，還可以生食。住在泰國南部、馬來西亞北部的人們，會把檸檬葉切碎並拌入沙拉或米食中，既能清除人體內的自由基，延緩老化和提升免疫力，也可以幫助消化。著名的什錦香草飯和泰國拉帕（laab）碎肉沙拉就是其中的代表菜。

辛香料語錄：不慍不火、舉止儒雅

在泰國，檸檬葉及其果實、果皮特別受青睞，煮酸辣湯基底醬（tom yam paste）、涼拌、各種咖哩醬體都不能缺少這熟悉滋味；檸檬葉的味道就像泰國人不慍不火的個性，平易近人；這種花香柑橘味在厚重醬體中，總能迸發出纖細又高雅的清香。寮國、柬埔寨菜用於咖哩綜合基底中，印尼則以峇里島人運用最廣泛，他們取果皮與果實的汁液製作草藥，外皮的揮發油具有抗枯草芽孢桿菌的活性，有很強的殺菌作用，可藉由酒精提取製皂，或是取蒸餾精油來放鬆身體，在東南亞國家許多按摩SPA館隨處可見，腦筋動得快的商人開發成各式各樣的洗髮用品，有抑制頭皮屑滋長的功效。

馬來西亞北部的娘惹族群受到泰國飲食影響，強調酸、鮮、辛、辣，入菜比例高。檸檬葉具有天然抗微生物及各種揮發性精油，如香茅醛、月桂烯、檸檬酸等，可增加強烈的柑橘香，適合與海鮮一起烹調以激發鮮味，並帶出溫潤清新，引人心脾大開。它也適合與雞肉同煮，適合醃漬，其揮發油脂能很快滲入的食物，適合與蔬菜和根莖類一起熬煮或快炒，經過油脂催化後，會附著於食物上增加香氣。

近幾年泰、馬、新許多素食業者搶先開發許多可口菜餚，得到相當熱烈的迴響，大家不妨也可以試試看。

2

1

1. 許多島嶼東南亞國家，如馬來西亞、印尼、新加坡，會取其葉或果皮來賦予食物清香撲鼻的味道。
2. 馬來西亞的娘惹族群將檸檬葉入菜，製作娘惹冷飯。

動手試試看
日常版

檸檬葉 × 蔬食肉燥

善用檸檬葉的清香發揮在蔬食料理中，豐富杏鮑菇口感，帶來陣陣清香，令人胃口大開，如不想剁碎，也可以撕大片狀加入一起熬煮，熟成後再撈除即可。

材料
杏鮑菇　1根
香菇　2朵
豆干　2塊
油脂　適量
蒜末　2茶匙
醬油　2茶匙
素蠔油　2大匙
香菜梗末　2大匙
白胡椒粉　適量
糖　1大匙

spice
朝天椒　1根
一般辣椒　2根
檸檬葉　2-3片
紅蔥頭末　3大匙

步驟
1. 杏鮑菇、香菇、豆干切細丁，備用。
2. 兩種辣椒切細末，檸檬葉去中間硬梗並切末，備用。
3. 起油鍋爆炒紅蔥頭，直到香氣四溢，加入蒜末、辣椒炒香，下杏鮑菇、香菇及豆干。
4. 小火煸出香氣，加入醬油及素蠔油。
5. 加入香菜梗末及檸檬葉，繼續翻炒，起鍋前撒入白胡椒粉和少許糖，調味均勻即可。

檸檬葉適合與蔬菜和根莖類一起熬煮或快炒，揮發油脂會附著於食物上增加清香。

動手試試看
進階版

檸檬葉 × 泰式綠咖哩

著名泰式三大咖哩之一，辛辣香濃，造訪泰國必吃的口袋名菜，實際上泰式綠咖哩醬並不難做，挽起袖子試試看！自己做的更有成就感！

spice

新鮮辛香料
紅蔥頭　50克
香茅　2-3根
南薑　50克
卡菲爾萊姆皮
10克（刮除白膜）
香菜梗　4-5根
泰國羅勒　8-9片
綠色辣椒　135克
蒜末　2大匙
※油脂　1杯
（炒用）

粉狀辛香料
南薑粉　½茶匙
香茅粉　½茶匙
胡荽子粉　2大匙
小茴香粉　2茶匙
白胡椒粉　2茶匙
蝦粉　1茶匙
※海鹽　1大匙
（調味用）
※糖　1大匙
（調味用）

醃漬醬料
鹽　¼茶匙
糖　¼茶匙
太白粉　½茶匙
白胡椒粉　¼茶匙
魚露　¼茶匙

食材（3人份）

豬小里肌片　200克
洋蔥　半顆（切片）
椰奶　200毫升
泰國茄子　1根
玉米筍　3-4根
彩椒　¼顆

檸檬葉　3片
（略撕開）

調味
海鹽　適量
棕櫚糖　適量

魚露　適量

裝飾
香菜葉　適量

步驟

綠咖哩基底醬

1. 將【**新鮮辛香料**】放入調理機或石舂打成細泥狀。
2. 起油鍋，把【**步驟1**】所有材料入鍋，炒到水分蒸發，香氣四溢。
3. 轉小火，加入【**粉狀辛香料**】所有材料，拌均勻。
4. 以海鹽、糖調味，即成綠咖哩基底醬。

蔬菜豬肉熬煮

5. 豬肉片事前以【**醃漬醬料**】醃漬15分鐘；泰國茄子、玉米筍、彩椒切塊，備用。
6. 洋蔥切片，椰奶預先分出3大匙濃椰奶，以及剩餘的淡椰奶，備用。
7. 另起油鍋，將洋蔥片炒至軟化，加入一瓢綠咖哩醬，與檸檬葉、淡椰奶一起煮開。
8. 加入醃好的豬肉片、泰國茄子、玉米筍、彩椒繼續烹煮。
9. 熄火試味道，若不夠可以加入海鹽、棕櫚糖、魚露調味。
10. 裝飾香菜葉，趁熱上桌。

point 製作完成的綠咖哩基底醬可以冷藏存放3個月。

泰式綠咖哩風味圖

清香型香料輪番上陣堆疊泰味

1

綠辣椒 → 南薑 ↔ 南薑粉
綠辣椒 → 紅蔥頭 → 蒜末
綠辣椒 → 香茅 ↔ 香茅粉

蒜末 → 檸檬皮

2

檸檬皮 → 香菜梗
檸檬皮 ↔ 檸檬葉
檸檬皮 → 泰國羅勒

檸檬葉 → 白胡椒

3

白胡椒 → 小茴香
白胡椒 → 蝦粉
白胡椒 → 胡荽子

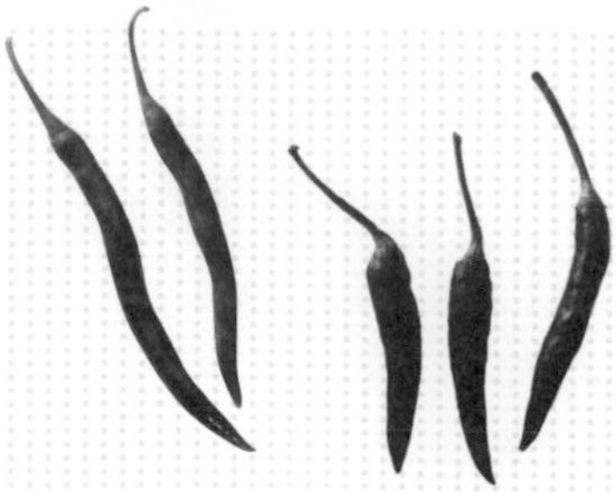

1 辣椒鋪陳厚度，清香型泰式香草打頭陣

- **綠辣椒：**這道菜的靈魂角色，不管吃辣與否，都不能一開始就減去辣度，否則會影響整體醬料的醇度與厚度。
- **紅蔥頭：**這道菜的第二關鍵，必須炒熟，讓水分「蒸發」而達到「透」，否則吃起來會有苦味。紅蔥頭的分量可以自由拿捏，以80克為標準來看，往上增加至120克或150克，都是可以接受的範圍。
- **南薑、香茅：**泰式風味咖哩主要的四大天王，清香占比極高，在這裡巧妙運用一些粉狀辛香料進行搭配，如新鮮南薑跟南薑粉、新鮮香茅與香茅粉，提升底蘊豐富度。

2 清香型的亞系香草上場

使用檸檬葉、檸檬皮、泰國羅勒、香菜梗，若一時無法取得檸檬葉果皮則可不放，但建議可用一般檸檬皮替代，記得把內膜刮乾淨，以免發苦。

3 胡荽子調味，小茴香增香、胡椒調辛、蝦粉增鮮

第一層及第二層水氣完全揮發後，逐步加入其他粉狀辛香料：胡荽子是主要調味來源，可以增加50%的幅度，小茴香增香、胡椒調辛、蝦粉增加鮮度，這時膏狀漸漸成形，就可以準備調味起鍋了。

經典菜

亞系香草、印度香料交織成東南亞各種香氣與口感的咖哩

東南亞受印度及中國兩大古國影響，也融合不同族裔獨特的烹調精華。華人重湯湯水水、喜愛麵食米食、糖漬或鹽漬各種蔬菜水果。馬來人將許多亞系香草及辛香料搭配在一起，喜嚐甜食、燒烤、油炸。印度人擅長在廚房瓶瓶罐罐中變化魔法：調製咖哩搭配烤餅，另一方面也融合原住民的飲食習慣，喜愛根莖類，將各種天然資源信手拈來當調味料或主食，例如西米、亞答子；提煉棕櫚及椰子糖做為甜味來源；利用花蜜汁釀酒。

擅長經商的印度商賈帶來琳瑯滿目的辛香料，開啟了東南亞飲食調味版圖，經過幾代相互學習，創造出獨一無二的咖哩，東南亞人獨愛紅蔥頭打頭陣，再放入各種亞系香草：香茅、咖哩葉、檸檬葉、沙薑葉、越南香菜、亞洲羅勒。若想增加厚度、豐富陣容，再加入印度辛香料：小茴香、大茴香、胡荽子、羅望子、薑黃、葫蘆巴等，有時「新鮮」與「粒狀」會雙管齊下，例如新鮮南薑加南薑粉、新鮮薑黃加薑黃粉、新鮮辣椒加辣椒粉。為什麼會有這種搭配方式？原因在於新鮮的善於創造「口感」，粉狀的則散發「香氣」，吃起來才過癮。

泰國著名三大咖哩分別為紅咖哩、黃咖哩及綠咖哩，此外還有回教與印度裔混搭下產生的瑪莎曼咖哩、歷史因緣造就的庇能咖哩、北部王朝獨特的清邁咖哩，其中又以綠咖哩辛辣度最高，他們用泰國朝天椒為原料，加上其他亞系香草及粒狀辛香料，復刻出香氣馥郁，在椰奶中盡情奔放的經典之作。

東南亞各國咖哩眾多，物產、族裔、宗教、天氣因素，成為結構辛香料的變數。要如何保有核心不偏離，又創造出屬於自己的獨特風味？多看風味圖就能窺探一二。

Fennel

辛香料

20

茴香子

清香、無色，亞洲滷水中常見的調和隱味

茴香子是一種令人非常平和、柔軟的辛香料。它不愛彰顯自己，會輕撫你的臉頰，默默陪伴你身邊，是清澈、乾淨、充滿活力的辛香料。味道清新、有微微甜味夾帶淡淡樟腦味，有時感覺微澀，但很快隨著火候轉化，令人放心。

在亞洲，茴香子大多會搭配八角一起出擊，不管是傳統滷水或常見滷味、牛肉料理，甚至是羊肉料理都能看見它的蹤影。八角強烈的茴香醚能讓茴香子的除腥羶功能更上一層樓。

香氣溫和的稱職配角，若想側重清香，獨挑大梁也沒有問題！

英名	Fennel
學名	*Foeniculum vulgare*
別名	茴香、懷香、香絲菜、甜茴香
原鄉	歐洲地中海沿岸

屬性

香料、調味料

辛香料基本味覺

辛 甘 酸 苦 鹹 澀

適合搭配的食材

豆類、根莖類、瓜類、番茄、海鮮貝類、澱粉類(如馬鈴薯與米飯)、雞肉、鴨肉、豬肉、牛肉、羊肉

麻吉的香草或辛香料

八角、丁香、蒔蘿、葛縷子、韭菜、胡荽子、薑黃、花椒

建議的烹調用法

調製茴香鹽、泡茴香茶、製作泡菜、滷、爆炒、煉油

食療

治療腹痛、嘔吐、關節炎、癌症、大腸桿菌、結膜炎、便祕、發熱、胃痛、腎臟炎、口腔潰瘍

香氣與成分

味道清新，有微微甜味夾帶淡淡樟腦味。香氣來源為茴香酮(3.7%)、檸檬烯(11%)及茴香腦(68%)，特點為無色，加入各種滷水能增加香氣又不會破壞色澤

印度餐廳準備茴香子讓客人清潔口腔。

茴香子
Story

品嚐茴香子的初體驗

小時候我住在華人社區，附近大部分是做生意的華人，不過對面那棟巴洛克風格、三層樓高的大宅院，更像是多元社會的最佳代表，房東將其分租給印度人、錫克人、馬來人及說各種方言的華人，他們都是生活在社會最底層的人家，每天為三餐奔波。每層樓約有二十戶人家，共用二間浴室、一間偌大的廚房，以及開放式的天臺供曬衣用，每戶人家約有四坪大小，一家人同時擠在一個空間裡，每天還要面對充斥著各種語言的吵鬧與嘻笑，不同種族間的生活及飲食調味也各異，常有流言蜚語傳個沒完沒了，彼此若對頻會互相幫忙看顧，若不幸結下梁子就是三天一大吵，甚至大打出手，一旁有人緩頰，有人勸架，有人隔岸觀火。不過這種情況也不是全然負面，遇到節日可就熱鬧了，大家圍在廚房做糕點、做菜，一起吃吃喝喝。小時候我沒有什麼朋友，活動範圍僅到門前五腳基[1]（five foot way）的地方，母親總說外面危險。直到長大以後我才知道，這棟大宅院被附近的人視為龍蛇混雜的「病理區」，沒事最好少接近。

剛開始我與印度朋友莉雅的緣分隔著一條馬路，她不會說中文，我不會說泰米爾語，從相互交換眼神到比手畫腳交談，我常常在樓上房間，她則在樓下騎樓角落，我從窗口慢慢放下麻繩，把藤竹簍裡的玩具送給她，莉雅家境貧窮吃不起好東西，不過有一次她興沖沖跟我分享一份用香蕉葉包裹的食物：用椰子油炒過印度香米（basmati rice），加入小豆

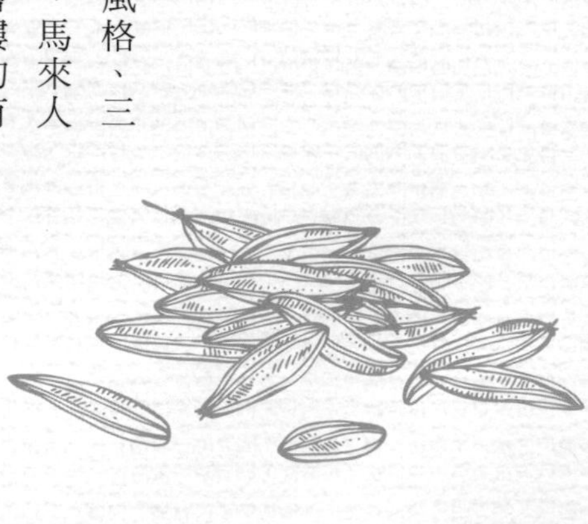

1 住宅、商店騎樓的走廊，廊寬受法規規定為五英尺，故名

蔻、丁香、肉桂、褐芥末及茴香子的混合香氣，讓我吃得津津有味，儘管多年後雖與莉雅未能再見，這份友誼卻讓我格外感念。

到底是茴香子還是小茴香？

到中藥行買茴香子，老闆卻說小茴香，大家不要覺得訝異，辛香料俗名多樣，不同國界不同名稱，加上古人在不同時期有不同體悟，經過修正再修正，還有後人詮釋錯誤……各種可能性都會發生。我的建議是：仔細端詳辛香料原形，聞其香，辨其味，理解產地應用方式，熟記英文名稱，順便看看學名，中文名稱輔助配合，就不會落入滿滿困惑。

話又說回來，到底要怎麼分辨小茴香與茴香子？其實古人也曾「頭殼抱著燒」，西元前三世紀，人們開始在自家宅院種植各種芬芳植物，當時稱茴香為「蘹香」，這名字有「留存」香氣之意。南北朝陶弘景將「蘹」改成「茴」。宋代蘇頌曾提及：「蘹香，北人呼為茴香，聲相近也。」一直到明代李時珍終於理出頭緒，《本草綱目》記載：「宗奭曰：云似老胡荽者誤矣，胡荽葉如蛇床。蘹香雖有葉之名，但散如絲發，特異諸草也。時珍曰：茴香宿根，深冬生苗作叢，肥莖絲葉。五、六月開花，如蛇床花而色黃。結子大如麥粒，輕而有細棱，俗呼為大茴香，今惟以寧夏出者第一。其他處小者，謂之小茴香。」古人分辨茴香所生的外觀略有不同，所結的果有大有小，大者稱之為大茴香，小的則是小茴香。

兩種都是外來辛香料，當時小茴香已廣泛為新疆維吾爾族所使用，稱為Zora，便直譯為「孜然」。中國人很早就懂得利用辛香料除腥，第一順位當然就是小茴香（孜然），遠把茴香子拋諸腦後，這也在情理之中。為了便於區分，我就沿用阿拉伯人的稱呼，稱茴香子為Fennel，稱小茴香為Cumin。

自古兼具蔬菜、調味聖品與藥用

其實茴香子原產地位於埃及與地中海地區，我們還是把鏡頭拉回原鄉一探究竟。它是繖形科西風芹亞族茴香屬，西元前二〇〇〇年印度人早已將其馴化並廣泛種植。其蔬菜可食，葉子用於染色，種子可增香調味與提取精油。古印度人當驅風劑使用，能緩解脹氣、增強消化能力，可惜當時基於種姓制度與要價不菲，不是人人都吃得起，古印度醫學阿育吠陀、悉達醫學（Siddha）、阿拉伯尤那尼醫學把莖、果實、葉子、種子，甚至是整株植物用於治療各種疾病。現代醫學對它治療腹痛、嘔吐、關節炎、癌症、大腸桿菌、結膜炎、便祕、發熱、胃痛、腎臟炎、口腔潰瘍等效果，都有深入的文獻記載。

茴香的希臘語是馬拉松（marathon），當時的運動員吃茴香子來控制體重，位於東阿提卡的茴香田一片欣欣向榮，確保供給量充足，著名希臘神話酒神戴歐尼修斯（Dionysus）拿的手杖正是茴香枝，象徵繁榮，生育和快樂。而古羅馬人一直把茴香當作蔬菜及調味聖品，同時也具成功的意象。早時大多數北美洲產婦會食用茴香子幫助乳汁分泌；諸多期待與想像使中世紀的英國籠罩在一片吃茴香子的風潮中，並成為皇家御用辛香料，還被列入〈奧汀的九種藥草之咒〉（*Woden's Nine Herbs Charm*）九種魅力香料之一。

茴香花粉讓你一吃難忘

印度人非常喜愛茴香花粉，在梵語中被稱為Madhurika，屬性苦，辛辣帶些許隱味的甜，能平衡三種「督夏」；而歐洲人早就知道茴香花粉的神祕，在義大利，茴香花粉被當作茶飲，雖然價格不便宜，仍令人趨之若鶩在義大利，有些廚師將花粉拌入麵醬，與穀物

茴香蔬菜可食，葉子用於染色，種子可增香調味與提取精油。

茴香葉
茴香粉
茴香子
茴香頭

或奶油類非常搭，只要一些就能讓菜餚如虎添翼；托斯卡尼地區居民大方地用它來製作麵包、蛋糕、蒜味醬的調香，或是灑一些在沙拉、烤肉、烤魚來增加風味。曾有美食家誇張地說：「茴香花粉就像是天使翅膀抖落的氣味，金黃色澤美麗無比，吃著吃著就感覺飄飄然飛了起來……。」另外茴香球莖含有大量的維生素C，可促進免疫系統的正常運作，有助於降低膽固醇。

亞洲滷水中常見的調和隱味

你可能不知道，茴香子是一種令人非常平和、柔軟的辛香料。它不愛彰顯自己，會輕撫你的臉頰，默默陪伴你身邊，是清澈、乾淨、充滿活力的辛香料。味道清新、有微微甜味夾帶淡淡樟腦味，有時感覺微澀，但很快隨著火候轉化，令人放心。香氣來源是茴香酮（三・七％）、檸檬烯（一一％）及茴香腦（六八％），特點為無色，因此粵菜師傅常喜歡將其加入各種滷水，能增加香氣又不會破壞色澤。

在亞洲，茴香大多會搭配八角一起出擊，不管是傳統滷水或常見滷味、牛肉料理，甚至是羊肉料理都能看見它的蹤影。八角強烈的茴香醚能讓茴香子的除腥羶功能更上一層樓。不過仍得看地方使用，若不想食物成品飄散濃濃的八角味，採一比一方式也是很好的

茴香花。印度人非常喜愛茴香花粉，辛辣帶些許隱味的甜。

折衷辦法；若想食物側重清香感，用茴香子獨挑大梁也沒有問題！

日常生活中可在烹煮肉類時加入，例如在湯品中加入一小撮茴香子，不管是清湯（如菱角排骨湯、羅宋湯）還是濃湯（如番茄牛肉濃湯），你也可以是高明的調味師。

原鄉的料理運用

茴香子具有反式茴香腦（五〇至七〇％），一次不能下太重或匙數太多，以免干擾味覺。它有一種類甘草的味道，地中海國家大多跟魚類搭配，把茴香與各種形態的鹽以乾鍋拌炒，讓味道慢慢滲入鹽裡，調和出岩鹽茴香、玫瑰鹽茴香、黑鹽茴香，再撒在剛出爐的魚身上，既能去腥又能提鮮，實在兩全其美。

至今許多歐洲國家依然保留古埃及人的智慧，把研磨茴香和入麵包體一起高溫烘烤，強調食療功能，可解決現代人吃麵包容易胃脹氣的困擾。另外，茴香的一些揮發性自然物質（如茴香酮或茴香腦）對肉類調味、肉品加工有調味作用，例如製作香腸、培根、火腿、醃漬肉類、為肉丸子調味……都非常適合。

在印度，茴香是加入標準綜合辛香料的重要元素；無獨有偶，華人也看上它平常溫柔，發威時讓人招架不住的功力，納為「五香粉」素材。它集結了甘草、八角與花椒香氣成分，不僅能以一抵三，還具有除臭功能，因此成為印度人飯後消除口中異味的最佳選擇。

動手試試看

日常版

茴香子 × 晚安茶

茴香可幫助消化，加上具有安神作用的洋甘菊與蘋果，使人情緒恢復平穩，炎炎夏日的傍晚，最適合來一壺，茶話一天家常。

材料

蘋果　¼顆
水　400毫升
洋甘菊　1小撮

spice

小茴香粒　¼茶匙
茴香子粒　½茶匙
胡荽子粒　¼茶匙

步驟

1. 將小茴香粒、茴香子粒、胡荽子粒乾鍋炒香後，裝入香料袋，備用。
2. 將蘋果去皮切丁，放入鍋子與水一起熬煮約5分鐘。
3. 加入【步驟1】、洋甘菊，熄火燜15分鐘。

小茴香　胡荽子

動手試試看

進階版

茴香子 × 廣式油雞

這是一個家用型版本，也是一道不敗的油雞製作方式，雞肉在浸漬過程中慢慢滲透入味，肉質軟嫩、香氣飽和、色澤亮麗，是一道易操作的家常菜，也常用於祭祀。不要擔心剩下的滷水汁，可以打包冰在冷凍庫，繼續用來滷豆干、花生乃至於內臟，都是很棒的常備菜！

材料

土雞　1隻（1250-1500克）
淡色醬油　2500毫升
水5000　毫升
冰糖　60克
蠔油　100毫升
羅漢果　¼顆
花雕酒　30毫升

spice

茴香子　½茶匙
八角粒　1顆
中國肉桂棒　3公分
月桂葉　1片
甘草片　4片
沙薑粒　2顆
丁香粒　4顆
香茅　1根
陳皮　1片
草果　1小顆
南薑　1片

步驟

1. 將土雞裡外清洗乾淨，直立全雞讓其滴乾血水，備用。
2. 把醬油、水、冰糖、蠔油、羅漢果、花雕酒燒開後，放入所有辛香料。
3. 抓著雞身反覆進出滷汁三次，讓雞身收縮並受熱均勻。
4. 把雞身浸入滷水中，小火煮5分鐘後熄火，再浸漬40分鐘便可撈起。
5. 剁件後即可享用。

廣式油雞風味圖

茴香子於久滷過程融合眾辛香料

1

生薑 → 八角、中國肉桂、丁香

2

丁香 → 草果、香茅、沙薑

羅漢果 → 上色

甘草、陳皮 → 調味

3

香茅 → 茴香子、月桂葉

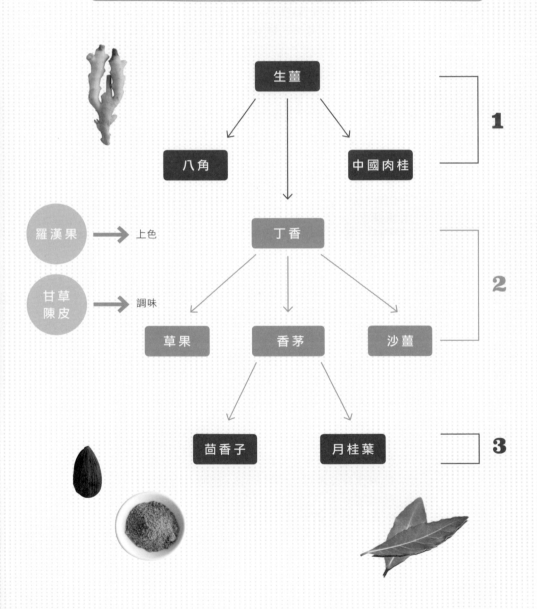

辛料
香料
調味料
茴香子

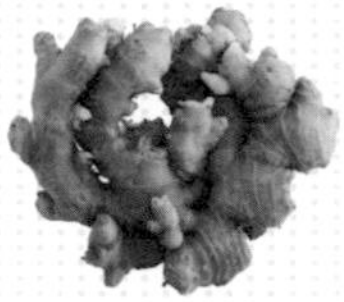

1 生薑、八角、中國肉桂架構滷水雛形

- **生薑**：擔綱主位，但不宜放入太多，否則生薑蛋白酶會導致雞肉不夠滑嫩。
- **八角、中國肉桂**：開始鋪陳香氣，兩者依1：1方式添加，賦予滷水豐沛茴香腦、茴香醛，不僅能去腥羶味，還與中國肉桂聯手增香。

point 若使用保有一層外皮的中國肉桂，則具有較多桂皮鞣質，可與肉中蛋白質結合，發揮保水軟化、解油膩功能。

2 丁香、香茅、沙薑、草果接續調香

- **丁香**：全方位辛香料但不宜擔綱主位，適合擺在第二順位與第一層接續演出，除去異味。
- **香茅、沙薑**：香茅為廣東人武林秘笈，沙薑為客家人祕密武器，前者清香，後者馨香，合作天衣無縫。
- 草果矯味、羅漢果調色、陳皮與甘草調味。

3 茴香子清香讓雞肉產生完美餘韻

- **茴香子**：近似樟腦的清鮮，分量無須多，能在久滷過程中慢慢釋放自然化學元素，幫助所有食材與辛香料融合。
- **月桂葉**：賦予食物淡淡香氣，又能矯味。

Curry leaves

香草

21

咖哩葉

充滿柑橘香氣！與海鮮食材最契合

不搶食材風味，
也不排斥其他辛香料，
如不卑不亢的君子，
恰如其分！

咖哩葉雖蘊含多樣化的烯、酯、醇，柑橘味道明顯，卻不喧賓奪主，不附和也不排斥其他辛香料，遇到相容食材不太形於色，反之也處之泰然，表現永遠恰如其分。舉例來說，與咖哩葉最契合的食材莫過於海鮮，換成豬肉程度雖然次之，卻也不顯得突兀。印度人多以其入皂、製作芳香油與護膚用品、薰香。最主要成分為咔唑生物鹼，具有食療功能，印度人相信它能驅風、促進消化、提振食慾，故直接用它入菜。

加入咖哩葉，燉菜、咖哩、酸辣醬才到位！

英名	Curry leaves
學名	*Murraya koenigii* Spreng.
別名	金香、多小葉九里香、麻絞葉、哥埋養榴、九里香、咖哩樹、可因氏月橘
原鄉	印度

屬性

香料、調味料

辛香料基本味覺

辛　甘　酸　苦　鹹　澀

適合搭配的食材

海鮮、豬肉、豆類、根莖類、蔬菜、南印度咖哩粉、醬料

麻吉的香草或辛香料

葫蘆巴、芥末子、紅椒粉、檸檬葉、小豆蔻、薑黃、越南香菜、丁香、眾香子、辣椒、茴香子、胡荽子、香菜、薑

建議的烹調用法

油炸、爆炒、燉煮、生食

食療

- 富含鐵質、葉酸，有助於改善貧血
- 保護角膜、促進血液循環、改善高血壓與膽固醇過高等症狀

香氣與成分

- 蘊含多樣化的烯、酯、醇，柑橘味道明顯
- 帶苦味、刺激及微酸味
- 高溫油炸後呈深綠色，香氣更為突出

建議使用新鮮咖哩葉，
才能完整保留其香氣。

常有學生問我：「咖哩葉就是咖哩嗎？」在印度及東南亞國家，咖哩葉的確用來煮咖哩，與咖哩的關係密不可分，但它並不等同於咖哩。

咖哩葉是一種芸香科柑橘亞科九里香屬的葉片，俗稱「九里香」，新馬一帶稱之為「金香」，此外還有「可因氏月橘」這個極富詩意的別名。華人族群常用它搭配海鮮，如鹹蛋炒螃蟹、貝類、大蝦。咖哩葉跟油炸類也對味，地位等同於台式鹹酥雞裡的靈魂九層塔！

巷弄內的另一世界

我的老家就位於現在的古蹟區內，鎮上有馬來人、印度人、錫克人、華人，但大部分還是以華人為主；話說華人也分廣府人、潮州人、梅州人、福州人、漳州人、泉州人、海南人……全部集中在鎮上靠大馬路的店家，經營中藥行、打鐵店、雜貨店、理髮店、咖啡店等。鄰居打交道時各自說著自己的家鄉話，溝通完全沒有障礙，小孩長期耳濡目染，練就出快速轉換語言的能力，單憑直覺就知道對方是什麼籍貫、該說甚麼語言，不曾失準。

雖然華人大多住在馬路第一排，但也有些住在巷弄裡，所謂「巷弄」就是店家的後門，有一整排簡陋、以鐵皮搭蓋起來暫時遮風避雨、大小約六坪的空間，門口就是店家後門的廚餘桶，旁邊有個大正方形的糞坑。在那沒有抽水馬桶的年代，木桶就是裝載每一天的排泄物量，僅用薄薄的一片鐵板掩蓋，偶爾一陣風吹來充滿難聞惡臭。每天早上八點不到，

衣衫襤褸的扛糞人刻意壓低帽子，看不清楚面容表情，人們爭相走避，若無法閃過，就摀住口鼻憋氣，快速走過又長又窄的小巷，避免與他們肢體接觸。

老姨的兒子就是扛糞人，昔日老姨二八年華之時，甘作鎮上打雜男人的二姨太，沒人知道她的來歷，雖然生活拮据，卻是鎮上風雲人物，而大家絕口不提她兒子的事。每天清早店家開門做生意時，老姨會自動上門幫忙廚事，久而久之大家也就見怪不怪，視為理所當然，很有默契地讓她打包解決三餐。

在這之中，有一道紅遍半邊天的拿手好菜「金香奶油蝦」，主味就是柑橘香的咖哩葉：用奶油先把帶殼大蝦炒到半熟撈起，再把奶水和蛋黃拌勻，倒入鍋中用筷子攪散，接著放入新鮮咖哩葉跟辣椒末，再把原先蝦子重入鍋大火快炒，調味後即可上桌。

後來老姨兒子改行賣起大排檔，聽說這道菜成為必點的鎮店之寶。

沒有咖哩葉，印度料理不到位

咖哩葉原產於印度與尼泊爾交界的德賴平原（Terai），因遷徙而傳播至東南亞國家，名稱來自泰米爾文Kari，意思是湯或辣醬，在一至四世紀被記載於文獻中，當時做為蔬菜的調味料。

印度人稱咖哩葉Murraya koenigii，視之為蔬菜和香草，帶苦味、刺激及微酸味。古代醫學阿育吠陀與尤那尼醫學用它抗氧化、抗菌，並治癒糖尿病、潰瘍等慢性病。阿育吠陀醫生以新鮮葉子治療痢疾，並鼓勵罹患骨質疏鬆症的女性多吃咖哩葉。葉子帶葉酸，是製作酸辣醬的重要材料，具有活性、游離基、維生素A及鈣質特別豐富。

咖哩葉廣泛出現在南印度及斯里蘭卡素食料理中。由於質地柔和，無老硬纖維，適合

point **酸辣醬（chutney）**

印度料理中常見的沾醬，種類多元，有甜有鹹，適合搭配咖哩、烤餅、米飯等食用，各區域的風味不同，南印度的酸辣醬通常會加入咖哩葉製作。

與蔬菜、椰子、米飯一起烹煮。印度穆斯林將咖哩葉與優格牛肉小火熬煮至入口即化，成為在地特色料理，著名盎格魯咖哩粉（Anglo-Indian curry powder）將咖哩葉炸至酥脆和入材料中一起烹煮，已然成為英國殖民時期代表。

南印度人相當喜愛咖哩葉，以芥末子爆香後加入切碎洋蔥，撒入大把新鮮咖哩葉，炒鍋瞬間「劈里啪啦」，油脂和以水珠跳躍的聲音令人心驚膽跳，若沒經歷這層儀式，咖哩、燉菜、酸辣醬永遠不到位，吃起來差強人意。

新馬華人學會運用咖哩葉不過是近二十年的事，當時人們偶然發現高溫油炸後的咖哩葉呈深綠色，香氣更為突出，加入螃蟹料理、辣椒醬，滋味更上一層樓，讓人一吃上癮。在大家奔走相告下，從此咖哩葉進入華人料理，占有一席之地。

辛香料語錄：溫文儒雅、不卑不亢的君子

咖哩葉雖蘊含多樣化的烯、酯、醇，柑橘味道明顯，卻不喧賓奪主，不附和也不排斥其他辛香料，遇到相容食材不太形於色，反之也處之泰然，表現永遠恰如其分。舉例來說，與咖哩葉最契合的食材莫過於海鮮，換成豬肉程度雖然次之，卻也不顯得突兀。印度人多以其入皂、製作芳香油與護膚用品、薰香。最主要成分為咔唑生物鹼，具有食療功能，印度人相信它能驅風、促進消化、提振食慾，故直接用它入菜。

市面上有三種不同形態的咖哩葉：新鮮、乾燥、粉狀。若非萬不得已，我不建議使用乾燥咖哩葉，因為芳香揮發油 α－蒎烯、石竹烯、3－蒈烯早已消失殆盡，有些料理會將新鮮葉子烘烤後立即磨碎並加入菜餚中，以此增強氣味，經過高溫油炸後撈起，並拌入海鮮中大火快炒，一陣撲鼻而來的柑橘香氣，讓人一口接一口停不下來。

1. 咖哩葉是蔬菜也是香草，帶有柑橘氣味，是製作酸辣醬的重要材料。
2. 咖哩葉最契合的食材莫過於海鮮，能為魚類去腥，增添柑橘香氣。

除了海鮮外，醃漬肉類快炒、燒烤、油炸剛好符合亞洲人口味；揉碎咖哩葉製作的餅乾、餅皮、米食，對治療便秘，腹痛和腹瀉有很好的效果；新鮮咖哩葉可與柑橘類水果一起搭配取汁調和，可以消積滯、止吐。

近年來最新發現，咖哩葉可直接搗碎當面膜，有去除粉刺，使肌膚恢復光澤的功效；野外求生的挑戰者也會把咖哩葉搗碎外敷，以此治療燒傷，幫助傷口癒合；取椰子油浸泡搗成泥的葉子，用來按摩頭皮，可防止脆弱頭髮損傷。

1

2

動手試試看

日常版

咖哩葉×金沙中卷

咖哩葉在海鮮表現十分突出，搭配程度達100%，適度得體的芬芳揮發油脂，不過強不過弱，完全恰如其分，帶出海鮮的鮮甜，令人吮指再三，非常適合當下酒菜。

材料

- 中卷　1尾
- 鹹蛋黃　1½顆
- 辣椒末　1大匙
- 青蔥花　1大匙
- 蛋液　少許
- 太白粉　1大匙
- 蛋黃粉　½茶匙
- 地瓜粉　3大匙
- 鹽　少許
- 糖　少許
- 白胡椒粉　¼茶匙

spice　咖哩葉　10-12片

步驟

1. 將中卷洗淨，切成一圈圈，以廚房紙巾擦去水分，和入蛋液及太白粉，蛋黃粉、地瓜粉抓勻，備用。
2. 以170度油溫炸中卷圈，上色後取出瀝乾。
3. 鹹蛋黃切細末，備用。
4. 另起一鍋，將已切細末之蛋黃炒鬆，看到起泡後，放入中卷、辣椒末、青蔥花及咖哩葉翻炒。
5. 最後調入糖、鹽及白胡椒，即可起鍋。

動手試試看
進階版

咖哩葉 × 南印度扁豆粥

味道清爽不膩口，非常推薦五辛素和喜歡蔬食的族群嘗試，特別適合大病初癒或食慾不振的夏日。沾著麵包吃也非常對胃。

材料

- 紅扁豆　100克
- 雪蓮子　20克
- 西洋芹　2大匙
- 紅蘿蔔　1小條
- 牛番茄　1顆
- 洋蔥　¼顆
- 油脂　20毫升
- 蒜末　15克
- 薑末　10克
- 水　1800-2000毫升

spice

- 小茴香粉　1茶匙
- 胡荽子粉　½茶匙
- 薑黃粉　1大匙
- 芥末子粉　¼茶匙
- 辣椒粉　1½茶匙
- 咖哩葉　5-6片

步驟

1. 將雪蓮子、紅扁豆浸泡隔夜，瀝乾水分，備用。
2. 西洋芹、紅蘿蔔、牛番茄、洋蔥切小丁，備用。
3. 將所有辛香料以小火乾鍋炒香。
4. 起油鍋，爆香蒜末、薑末，加入【步驟2】材料炒勻，接著加入【步驟3】材料，再加入【步驟1】材料。
5. 加水，煮滾後轉小火，蓋鍋熬煮約50-60分鐘即可。

南印度扁豆粥風味圖

芥末子與咖哩葉一「辛」一「香」激盪風味

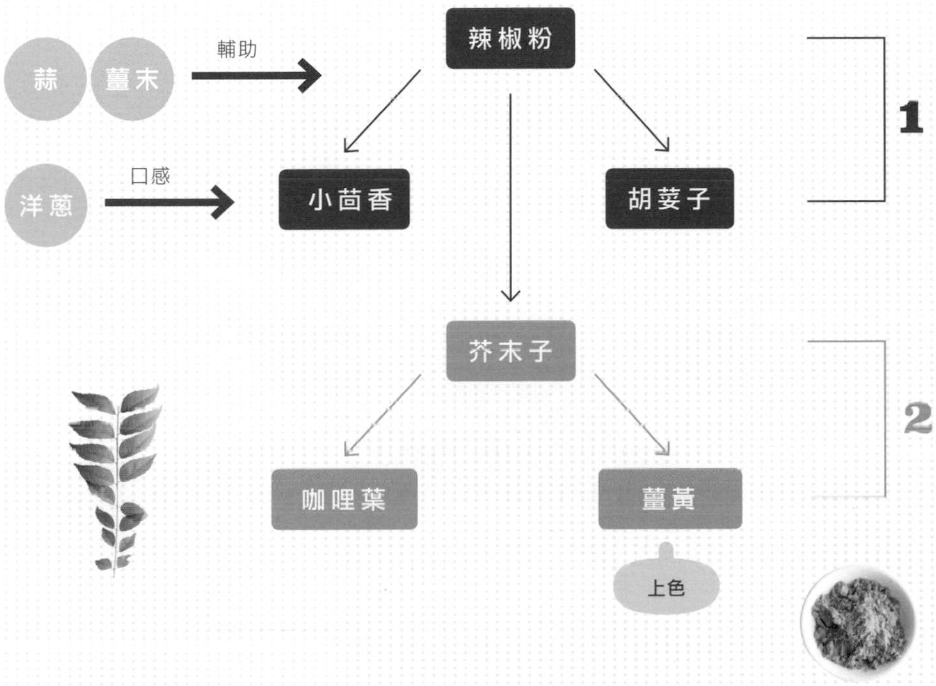

1 辣椒統籌，小茴香主味，扁豆調香

由辣椒統籌兩層辛香料，在這裡小茴香是主味，再由胡荽子繼續接棒，為扁豆調香調味。

2 芥末子釋放辛辣，咖哩葉增香，薑黃上色

芥末子在油脂裡釋放辛辣感，與咖哩葉攜手共譜美好序曲，一「辛」一「香」彼此激盪，形成美好風味來源。薑黃是最主要的上色來源。這道咖哩是印度的經典素食，在台灣屬於五辛素。蒜、薑及洋蔥是為了輔助不同層次香氣及口感來源，茹素者可省略此部分，美味不打折。

Bay Leaf

辛香料

22

月桂葉

久燉料理少不了的關鍵調味

耐煮，陪伴食材至最後一刻！如超級無敵暖男

為何熬製食物必然有月桂葉隨侍在側？因為高溫液體促使多樣鹼元素釋放香氣，類似茶葉的味道能賦香又矯味。不過在熬完湯品後，通常會即刻把月桂葉撈除，一來如枯葉般的葉子並不適口；二來吸收異味的葉子不宜再留在鍋裡，這可是從未被提及的祕密！

近幾年許多製作浸滷、醃漬、焗焐、煙燻甚至是風臘的手法，都少不了月桂葉的輔助，尤其更適合用在粵菜中講究色澤清、味道乾爽的白滷水！

似有若無的甘甜，久煮香氣才會完全釋放

英名	Bay Leaf
學名	*Laurus nobilis* L.
別名	玉桂葉、桂樹葉、香葉
原鄉	中亞細亞、地中海沿岸

屬性

香料、調味料

辛香料基本味覺

辛　甘　酸　苦　鹹　澀

適合搭配的食材

米飯類、牛肉、羊肉、番茄、西式烤魚、豆類

麻吉的香草或辛香料

大蒜、胡椒、荷蘭芹、芹菜、奧勒岡

著名的印度Bryiani飯會放月桂同煮，和肉類、蔬菜都很搭。

建議的烹調用法

綑綁成香草束，用以熬煮白醬、番茄醬、蔬菜湯或牛肉等

食療

- 開脾、消脹氣、緩和疼痛、治療皮膚病
- 入菜能開胃、刺激食慾、消除疲勞

香氣與成分

- 醶元素、酯元素：賦予食物生香
- 芳樟醇、槲皮素、丁香油酚、山奈酚：轉化豆腥味、腥羶味，幫助食物矯味及再造
- 槲皮素：適合久燉、久熬的食材，創造迷人甘香

月桂葉
Story

常伴隨食材煮至最後，如超級無敵暖男

月桂有個浪漫淒美的傳說：希臘神話中的愛神邱比特朝太陽神阿波羅射出炙熱愛箭，讓他瘋狂愛上河神之女達芙妮。達芙妮受到驚嚇向眾神求救，並且變身為一棵月桂樹。阿波羅傷心欲絕地跪在樹下祈求諒解，誓言將葉子帶在身邊不離不棄，月桂樹聽聞感動抖落葉子，他便把葉子編成桂冠戴在頭上，誓言相伴一生。

現實中的月桂葉常不疾不徐，著一身筆挺西裝，手挽女伴在舞池中跳起布魯斯舞（Blues），步伐輕盈、舞步穩健，還不時關照身邊女伴的節奏，貼心又溫柔，是個標準暖男。說來也神奇，月桂屬性中原有的各種鹼元素，例如去甲異南天竹種鹼、新木薑子鹼等等，恰巧與它不謀而合，在需要燉很久的牛肉或熬煮大半天的湯品中，才會被完全釋放開來，它似有若無的甘甜扮演關鍵性的調味角色，儘管到最後是第一個被撈除丟棄的辛香料，卻仍默默相伴左右。

歐洲文化尊崇，象徵智慧與和平

月桂的學名是*Laurus Nobilis*，Laurus是指月桂樹，而Nobilis則是聞名的意思。延續至今，當某人在詩詞上有很深的造詣時，會被稱為Lauru，而學士學位的英文

Baccalaureate，則是源於月桂莓果的羅馬文Bacca Lauri。

相較於東方擁有多種散發豐富味道的辛香料，一開始歐洲人對這丁點大的葉片根本不屑一顧。一六二九年有位英國草藥學家提到，羅馬開國君王屋大維之所以能在屢次戰役中安全脫身，是因為身上帶一串桂冠之故，讓月桂驅逐厄運之說不脛而走，從此得以重見天日；加上古羅馬對月桂的尊崇，認為它象徵優越、智慧及和平兆頭，月桂因此晉升位分，成為辛香料一員，並奠定在歐洲的一席之地。

各種月桂怎麼用

有些人說香葉，有些人說月桂，其實兩者指的是同一種香料，總體來說就是會散發不同程度香氣的葉子，通常在不同區域或不同產地，即會冠上地名或國名。這裡介紹幾種常見與常用的品種供大家參考。

歐美系列有地中海月桂、加州月桂，分別是月桂屬與加州月桂屬的葉子，而墨西哥月桂則是木薑子屬的葉子。加州月桂帶有更重的樟腦及月桂味，是三者中味道居冠的佼佼者。

東方系列有中國月桂、北印月桂，差別在於前者是樟科月桂屬的葉子，後者為桃金孃科香椒屬的葉子，印尼月桂在所有月桂當中較為罕見，是桃金孃科蒲桃屬的葉子，印度南部月桂則為樟科樟屬柴桂的葉子。

林林總總講了這麼多，重點來了，到底該怎麼用呢？以下提供從兩方面思考。

左邊是印尼月桂，右邊是地中海月桂。

歐美系	東方系
地中海月桂	中國月桂
加利福尼亞月桂（樟腦及月桂味最重）	北印月桂
墨西哥月桂	印尼月桂（較罕見）
	印度南部月桂

第一，你準備賦予食物的味道為何？大家熟知並廣泛運用的地中海月桂，大多產自土耳其、敘利亞北部、西班牙、葡萄牙、摩洛哥等地。也是一般坊間容易買到的品種，大多運用在地中海料理或歐式濃湯，也適合用於滷味或燉雞。

第二，烹飪國族特色菜，通常用在地月桂葉，不僅口味道地，也方便取得。舉例來說，印尼仁當料理（rendang），用的就是印尼月桂。至於印度國食比亞尼飯（biryani）有兩種月桂可選擇，生長於北部的Pimenta Racemosa味道濃郁，揉合肉桂、丁香、肉豆蔻、肉豆蔻皮、胡椒五種味道於一身，也就是一般人熟知的甜胡椒葉，它滋味豐富多變；另一種南印度月桂，當地人稱為Tejpat，味道較前者辛辣，和肉類烹煮、蔬食料理特別對味。菲律賓、泰國、寮國、柬埔寨料理都有使用月桂葉入菜的經驗。菲律賓受西班牙影響三百多年，泰國雖極力維護國土完整，是唯一未被西方人殖民的東南亞國家，卻大量吸收外來文化並揉捻成在地味道，菲律賓菜「阿多波」（adobo）、泰國菜「瑪莎曼」（masaman）就順理成章使用歐系品種。

「月桂」名稱的由來

讀者可能會好奇，中文的「月桂」一名到底從何而來？中國南北朝時期的梁元帝在《刻漏銘》中說：「宮槐晚合，月桂宵暉。」指的是月亮，人們認為桂樹是不小心墜落凡間的仙樹，並視若至寶，從陳後主為愛妃張麗華「造桂宮於光昭殿後，作圓門如月，障以水晶。後庭設素粉罘罳，庭中空無他物，惟植一桂樹。樹下置藥杵臼，使麗華恆馴一白兔，時獨步於中，謂之月宮。」可見一斑。

人們發覺月桂生長力強韌，有越挫越勇的精神，藉以勉勵考生必報破釜沉舟決心，如唐代周墀〈賀王僕射放榜〉：「雖欣月桂居先折，更羨春蘭最後榮。」宋代梅堯臣〈送王秀才歸建昌〉：「莫問鳥爪人，欲取月桂捷。」元代關漢卿〈陳母教子〉：「志氣凌雲徹碧雷，攀檜折桂顯英豪。昨夜布衣猶在體，誰想今朝換紫袍。」歷歷在目啊！

大雞晚啼出頭天——迷人甘香近代才發掘

綜觀月桂栽種歷史的漫漫長河，過去少有華人看上眼，直到近代粵廚發現月桂中之酯元素，如：月桂烯內酯、南艾蒿烯內酯能賦予食物生香，另有芳樟醇、槲皮素、丁香油酚、山奈酚等，遇到有豆腥味的豆腐、有鹼水味的蒟蒻、有腥羶味的鴨血，能幫助食物矯味及再造，最終散發幽幽清香。此外月桂葉含槲皮素，適合久燉久熬的食材，創造迷人甘香。

為何熬製食物必然有月桂葉伴隨左右？因為高溫液體促使多樣鹼元素釋放香氣，類似茶葉的味道能賦香又矯味。不過在熬完湯品後，通常會即刻把月桂葉撈除，一來如枯葉般的葉子並不適口；二來吸收異味的葉子不宜再留在鍋裡，這可是從未被提及的祕密！

近幾年許多製作浸滷、醃漬、焗焐、煙燻甚至是風臘的手法，都少不了月桂葉的輔助，過去爹爹不疼、姥姥不愛的窘境已不復存在，月桂已深入民心，尤其更適合用在粵菜中講究色澤清澈、味道乾爽的白滷水。月桂終究遇上懂它的伯樂，千里馬出頭天！

動手試試看

日常版

月桂 × 肉丸子

這道小菜來自地中海，簡簡單單就很美味，藉由月桂熱轉化，淋上白酒促成所有味道整合，清淡中自有韻味。

材料

A肉丸備料

麵包粉　3大匙
洋蔥　150克
豬絞肉　450克
蛋　半顆
黑胡椒　適量
水　2大匙
鹽　適量

B煎炒備料

油脂　足夠煎肉丸的分量
白酒　約2大匙
檸檬　¼顆（起鍋前才擠入）

spice

百里香　1小棵（若無可不放）
月桂葉　2片

步驟

1. 準備【A肉丸備料】，將洋蔥切碎，全部和入絞肉中調味，放置冰箱1小時。
2. 從冰箱取出【A肉丸備料】，甩打並捏成肉丸並放入鍋中煎上色。
3. 準備【B煎炒備料】，將白酒加入煎肉丸的鍋中，再放百里香、月桂葉增香，小火煮約10分鐘。
4. 起鍋前擠入檸檬汁調味即可。

動手試試看

進階版

月桂 × 仁當牛肉咖哩

這是一道乾咖哩，集所有香氣於一身的佐飯好配菜，其中牛肉也可以改為雞腿肉，在炎炎夏日能讓人胃口大開。耐加熱，一次可以煮多一點再分批包裝冷凍，當成常備菜或便當菜，滋味依舊滿分。

材料

椰子絲　2大匙
牛腱肉　600克
石栗　6顆
鹽　適量
糖　適量
椰奶　1罐

spice

A新鮮辛香料

紅蔥頭泥　4大匙
辣椒泥　1大匙
乾辣椒泥　1½ 匙
蒜末　2大匙
薑泥　2茶匙
南薑泥　2茶匙

B粉類辛香料

胡荽子粉　3大匙
小茴香粉　1大匙
黑胡椒粉　1匙
薑黃粉　1茶匙

C表層香料

檸檬葉　5片
香茅　3根
丁香　5-6顆
肉豆蔻　1顆
藤黃果　1片
薑黃葉　1片
印尼月桂葉　3片

步驟

1. 椰子絲炒成金黃色，牛肉切塊，椰奶分出淡及濃，備用。
2. 起鍋，準備【A新鮮辛香料】，將紅蔥頭炒熟後加辣椒泥（含乾辣椒泥），再加入蒜末及薑泥、南薑泥。
3. 陸續加入【B粉類辛香料】，拌炒均勻後加入牛肉。
4. 放入【C表層香料】中撕碎的檸檬葉、拍碎的香茅、完整丁香粒、敲碎的肉豆蔻、整片藤黃果熬煮，再逐步加入薑黃葉、撕碎的印尼月桂葉、淡椰奶熬煮。
5. 牛肉煮半熟時掀鍋加入椰子絲，繼續熬煮至軟嫩。
6. 加入濃椰漿及石栗收汁，起鍋。

仁當牛肉咖哩風味圖

三次香氣堆疊，迸發時而濃郁時而柔和的醬體

新鮮辛香料

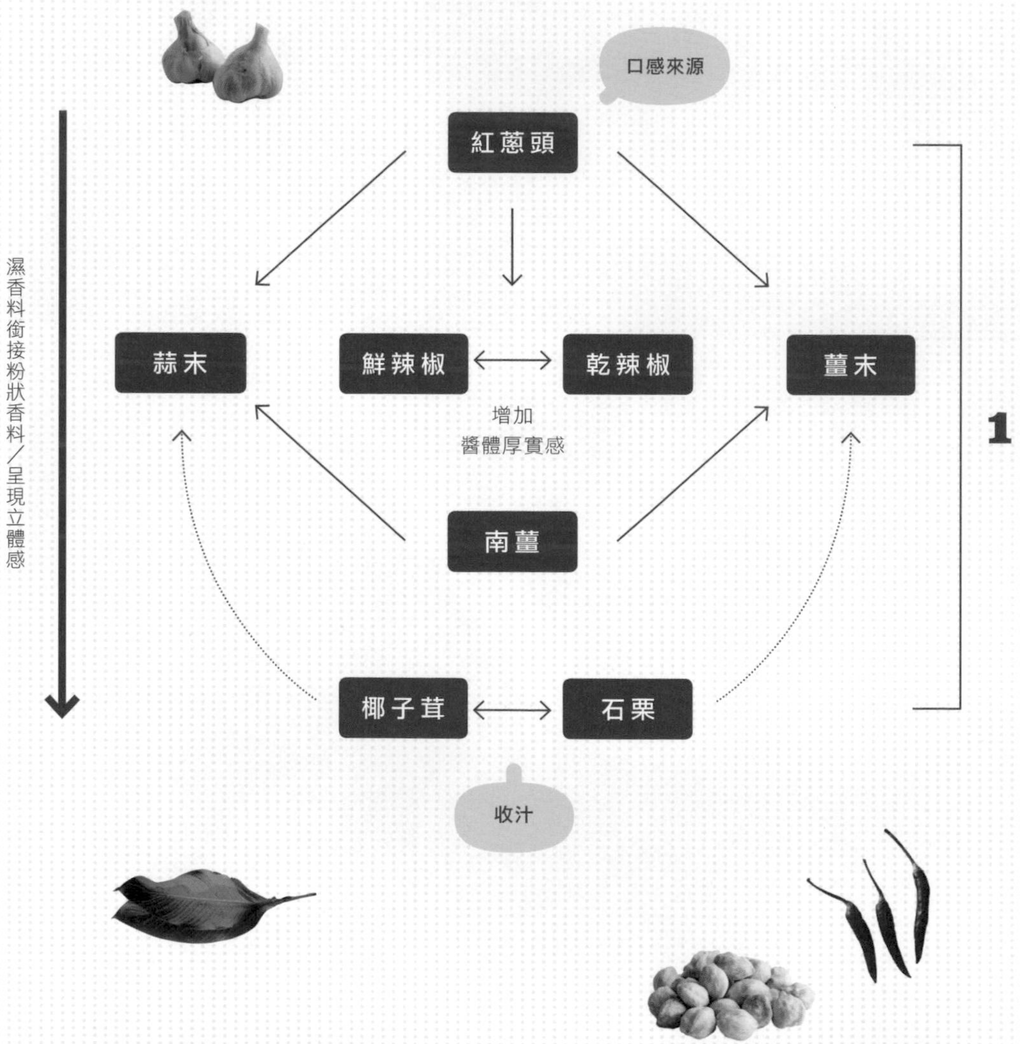

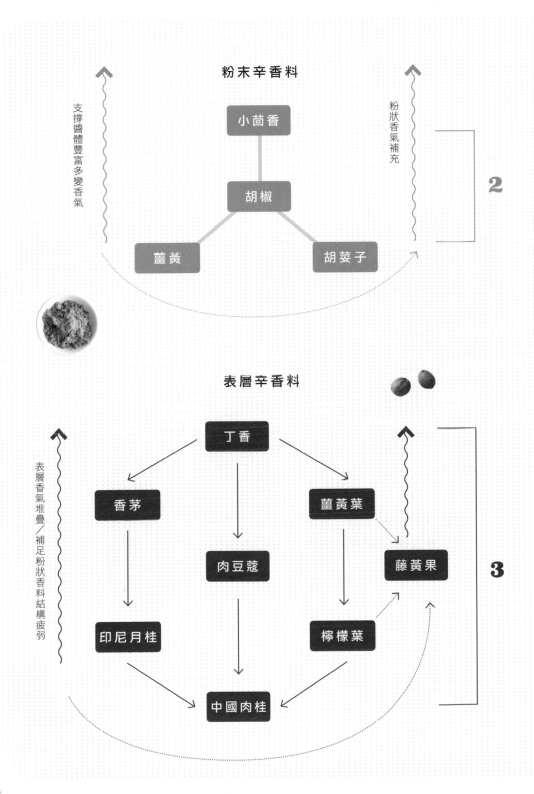

粉末辛香料

支撐醬體豐富多變香氣

粉狀香氣補充

小茴香

胡椒

薑黃

胡荽子

2

表層辛香料

表層香氣堆疊／補足粉狀香料結構疲弱

丁香

香茅

肉豆蔻

薑黃葉

藤黃果

印尼月桂

檸檬葉

中國肉桂

3

1 紅蔥頭做醬體基底，辣椒增加厚實度

- **紅蔥頭：**東南亞料理的重要基底就是紅蔥頭，多寡取決於你想要的口感，可在食譜中調整分量，10-12% 以內都是可被接受的範圍。
- **鮮辣椒：**增加醬體的厚實感。
- **蒜末、薑末、南薑：**輔助其他香料產生風味。

point 許多島嶼東南亞咖哩由粉狀、新鮮香料相輔相成，已成為一種約定俗成的模式結構，目的是側重醬體口感。

2 胡荽子、小茴香增香調味，薑黃上色

- **胡椒：**在第二層擔綱主位。
- **胡荽子：**由量較多的胡荽子接棒在第二層增香調味。
- **小茴香：**一方面除去肉類腥味，一方面調和胡荽子的木質氣味。
- **薑黃：**專注在調色，若想再金黃色一點可調整薑黃分量，多半茶匙或一茶匙都是可接受的範圍。

3 丁香、薑黃葉、香茅累加表層香氣！

- **丁香、薑黃葉、香茅、檸檬葉：**粒狀丁香油酚、薑黃葉的柑橘香氣、清新舒爽的香茅、纖細優雅的檸檬葉，在牛肉表面交織出輕柔而幽謐的味道。
- **月桂、肉桂：**在地印尼月桂帶出甘蜜味道，中國肉桂滲透並軟化肉質。
- **藤黃果：**帶著 HCA 有機酸的藤黃果中和辛辣味。
- **肉豆蔻：**肉豆蔻醚釋放出濃郁謐馞氣味，加強醬體帶來的和諧感。

經典菜

以各式香料、椰奶緩慢烹煮而成的經典印尼菜

二〇一八年，馬來西亞參賽者奧爾平（Zaleha Kadir Olpin）在一場《廚神當道》（MasterChef）的節目上做了一道仁當雞（rendang ayam），遭到裁判華萊士（Gregg Wallace）批評雞肉不夠脆，此語一出，印尼人及馬來西亞人難得同仇敵愾，聯手抨擊評審根本不懂仁當料理的精髓。

米南佳保人（Minangkabau）發源自西蘇門答臘母系社會，過去是泛靈信仰的追隨者，十五世紀後改信回教，但仍秉持傳統與宗教並存。水牛是其重要的核心價值，在傳統家屋與服飾上不時展露牛角標誌，頌讚堅毅、勤勞、擅長耕作。

母系社會中女性是重要的繼承者，男人過著「遷徙」（Merantau）生活，到了八、九歲時必須移動到定點，集體接受訓練成為「男人」，之後離家出外耕作。由於時代變遷，許多稻田漸漸消失，男人們改為經商，負責一家老小生活；當男人要出遠門時，女人以香蕉葉包裹菜餚飯食以供路上充飢。

女人們自始至終守著家屋半步不離，日復一日順著時鐘方向調整家屋裡居住的地方：年輕未婚時睡在最中間；結了婚順著時鐘方向遷往右邊；最後回到家屋右邊柱子起始的位置安度晚年，圓滿了一生。

米南佳保女人們只在早上烹食，並以此供應龐大家屋人口一天的飲食。她們研磨香料、宰殺家禽、燒烤河魚、採摘木薯葉、把未成熟的波羅蜜煮成咖哩、將老韌水牛肉久燉成佐飯配菜。

由於氣候炎熱，加上受印度文化影響，米南佳保人飲食重椰奶味，嗜吃辛辣，喜以米食為主，少湯多辛辣、多香料烹煮的傳統一直延續到今日。米南佳保男人將食物推廣到馬來西亞，只要標榜「巴東菜」，食客心裡就知道店裡沒有菜單，服務生熱情招呼，以手托菜，層層堆疊送到餐桌，彷如表演特技，菜色選擇多樣且儉奢由人，有吃才算錢，客主之間充分相互信任，堪稱世界餐桌少有的奇特現象。

至於仁當，字面意思是「緩慢烹煮」之意，八世紀時已存在日常生活中，這道菜需要耐心等待熟成而變得格外珍貴，在眾多菜餚裡被視為智慧的象徵，等級地位當然也不若一般。發展到今日，馬來西亞仁當在重要場合（如加冕、婚禮、節慶等）都少不了這道菜，具有相當的分量呢！

Mustard seed
辛香料
23

芥末子

嗆鼻辛辣，養生界明日之星

面冷心慈的酷男，
不讓搭配食材吃出加分效果，
絕不罷休！

在油脂中的芥末子並不會釋放辛辣味道，反而能嚐出堅果味，使菜餚增加調味。正因為芥末子獨特的屬性，可以選擇在烹調前、中或後加入，直接研磨撒在剛起鍋（或燒烤）的食物上，都有迥然不同的風味。前加芥末子味道較柔和、堅果味突出，中加能嚐得出芥子酵素味，後加會有微微的嗆。

很適合搭配豆類、根莖類，內斂的辛度增添馥郁及溫潤口感

英名	Mustard seed
學名	*Brassica alba / Brassica juncea / Brassica nigra*
別名	無
原鄉	印度、中東、地中海

屬性

辛料、調味料
煉油有堅果香，但在料理中香氣不明顯

辛香料基本味覺

辛 甘 酸 苦 鹹 澀

適合搭配的食材

沙拉醬、印度咖哩類、中東綜合辛香料、油脂類、蛋類、雞肉、鴨肉、羊肉、根莖類、海鮮、葉菜類

麻吉的香草或辛香料

月桂葉、辣椒粉、蒔蘿、葫蘆巴、大蒜、黑種草、茵陳蒿、西洋芹、胡椒、龍蒿、薑黃、錫蘭肉桂、茴香子、南薑、胡荽子、丁香、眾香子、八角

建議的烹調用法

醃漬、浸泡、燉煮

食療

- 含硒這種微量元素，具有免疫調節、抗氧化及高抗炎作用
- 芥末子中的鎂有助於降低哮喘發作和類風濕性關節炎頻率。多吃可以提高身體的新陳代謝，對睡眠有障礙的更年期婦女有幫助

香氣與成分

- 種子用油脂爆香，不會釋放辛辣味道，反而能嚐出堅果味，使菜餚增加調味
- 味道辛辣，若要緩和其刺激性味道，可以添加酸性物質或滾燙的水

芥末子要到特定的地方才能買到，如印度香料店或網路賣家，以褐芥末與白芥末較易取得。

芥末子
Story

我在北印度吃到炸扁豆糕裡的芥末子，舌尖瞬間甦醒，一度誤以為是秋葵混著芝麻在舌尖起舞，對此驚豔不已。直到有一次到了東印度西孟加拉邦，當地朋友推薦一道健康又美味的機能性食物——芥末子蒸蛋（deemer pataudi），把新鮮椰子絲混合芥末子粉、薑泥、蒜泥、綠色辣椒、優格，已研磨成粉的小茴香、胡荽子、辣椒與少許油脂混成醬，把白煮蛋放入醃漬一小時，之後再包裹香蕉葉蒸熟，做為一道前菜，看似簡單卻濃郁芬芳而和諧，讓我從此對芥末子另眼相看。

中世紀最夯的辛香料

芥末子是芥菜的種子，它曾被《聖經》提及，並用來比喻擁有信心的重要性：「天國好像一粒芥菜種，有人拿去種在田裏。這原是百種裡最小的，等到長起來，卻比各樣的菜都大，且成了樹，天上的飛鳥來宿在它的枝上。」

事實上，芥末子來自西元前三〇〇〇年的古印度。希臘人很早就把芥末子當作調味料及治療蠍子叮咬的藥物；波斯國王曾送給亞歷山大大帝一袋芝麻子，暗示自己軍力強盛，而亞歷山大大帝也不甘示弱，霸氣回贈一袋芥末子，彰顯他的軍隊勇猛無敵，奠定芥末子辛辣、火爆的隱喻。

芥末子中世紀的古英文mustarde，是指調味品，拉丁語稱之為mustum，意喻「未

褐芥末外觀呈褐色，辣度並不高，普遍受印度北部、中國，伊朗、阿富汗、非洲的歡迎。

經發酵的葡萄酒」，法國神父習慣將芥末子碾成粉狀並與葡萄酒混合，製成 mustum ardens，滋味辛辣，是他們喜歡的「燒酒」。之後羅馬人把芥末子引進高盧，在修道院大量種植葡萄，這種吃法一度引領風潮，十世紀之後盛行於法國及德國。由於中世紀冷藏設備並不發達，廚師們利用芥末子製作出不少醬料搭配烤魚或烤肉食用，能防止食物變質。由於歐洲廣泛種植，取得容易，十三世紀芥末子已在巴黎市場販售，而且價格低廉。這一切都要歸功西元前所建立的印度－埃及－羅馬貿易路線，讓芥末子無縫接軌抵達歐洲。

黃、褐、黑芥末哪裡不一樣

我們習慣把山葵稱為芥末，但是此芥末非彼芥末，山葵的學名是*Wasabia japonica*，與芥末子同屬十字花科，卻為山萮菜屬；芥末子是芥菜（學名*Brassica juncea*（L.）Czern.et Coss.）的乾燥成熟種子。

話說芥末子分三種不同類型：白芥末（*Brassica alba*）生長於北非、中東及地中海國家；褐芥末（*Brassica juncea*）又稱為東方芥末，產於喜馬拉雅山腳下；黑芥末（*Brassica nigra*）在地中海附近數量最多。這些芥末西元前已發展出一套栽培方法並馴化，考古學家在法老土墓裡也

發現芥末子的遺跡，顯示地中海民族熱愛芥末的程度。

不同國界的人們有自己一套料理芥末的哲學。法國勃艮第著名的第戎芥末醬（dijon mustard）就是以白芥末為主要元素，教宗若望二十二世是其擁護者，為此還在梵蒂岡冊立了名為「製作教皇芥末」的新單位，此舉對後來芥末子在歐洲風行功不可沒。

世界餐桌裡的芥末子

白芥末好比面冷心慈的酷男，淳樸的外表下深藏執拗的叛逆，不讓搭配食材吃出加分效果絕不罷休。白芥末常出現於美國餐桌上，種子較大，帶有白芥子硫苷，具刺激成分，但不若黑芥末強烈，只停留在口腔，味道清爽，用來醃漬或製作醬體，如著名的白酒雞肉搭芥末子醬（creamy chicken dijon）、烤鮭魚芥末子醬（honey mustard baked salmon）；在超市架上可輕易找到罐裝芥末醬；歐洲人製作香腸會加入粒狀芥末子，增加額外的味蕾驚喜。

褐芥末並非省油的燈，它野性冷酷，一遇久燉蔬菜根莖，便如入無人之境，忘乎所以地盡情釋放。褐芥末外觀呈褐色，辣味來自黑芥酸鉀，辣度並不高，普遍受到印度北部、中國，伊朗、阿富汗、非洲的歡迎。褐芥末有兩種，一種稱為「東方芥末」，長成的植物就是大家熟知的芥菜，一般常醃漬成酸菜、快炒雪裡紅好下飯、小火慢燉芥菜煲、金華火腿芥菜飯，深受中式料理老饕喜愛，而熱帶環境種植的芥菜有較多的硫代葡萄糖苷，因有益健康受到青睞；另一種顏色較深的褐芥末，新鮮芥菜和子的味道特別強，在印度旁遮普一群茹素者，每年都會引頸期盼一道冬季限定菜餚：芥菜濃醬咖哩（sarson da saag）沾玉米餅食用，感受滿滿幸福。

黑芥末有稜有角，只需一點就變得強大而有張力，又被稱為「真芥末」。黑芥末十分稀有且種子很小，只能用人工採收，因此也最為昂貴。一開始種子從紅棕色到黑色，並且有微小的凹痕，略帶臭味，壓碎或遇高溫時轉化辛辣刺鼻。印度馬哈拉施特拉邦著名小吃鷹嘴豆捲（khandvi）、只有在高級餐廳才會奢侈地撒上一丁點黑芥末的湯品拉參（rasam）、佐餐的參巴，在黑芥末神來一筆的催化下，原本單純的滋味瞬間躍昇，滿滿幸福。

芥末子的特性與屬性

芥末植物所有部分皆可食用，葉子被稱為芥菜，嫩芽是做沙拉最好的材料，而帶莖的老葉適合燉煮入藥。

阿育吠陀《闍羅迦集》、印度醫學古籍《妙聞集》、最早學派《阿格尼維夏本集》（*Bhela Sa hit*）不斷提及芥末子的藥性，可做為興奮劑、利尿劑和瀉藥來治療各種疾病，其中包括腹膜炎和神經痛。現代醫學證實芥末子中含有硫代葡萄糖苷，對動物和人類都有一定程度的抗真菌及殺蟲作用，並能抑制多種癌症的生成。

隨著種子放入熱油跳躍起舞，釋放出硫代葡萄糖苷、甾醇、脂肪酸的甘油酯，適用於豆類、根莖類（如馬鈴薯、烤蔬菜），增加馥郁氣味、內斂的辛度及柔和溫潤口感。在印度它與阿魏、胡荽子、小茴香、咖哩葉和茴香子混合，最能彰顯菜餚特色；而褐芥末搭配月桂葉、辣椒粉、蒔蘿、葫蘆巴、大蒜、蜂蜜、黑種草、茵陳蒿、西洋芹、胡椒、龍蒿、薑黃也非常合適。

芥末子可加入牛肉、雞肉、鴨肉、羊肉醃漬，或是燉煮蔬菜、搭配奶酪製品、做為冷盤開胃菜；南印度人會在魚類當中加入芥末子與大蒜以增加鮮甜，而醃製酸菜、烹煮貝類

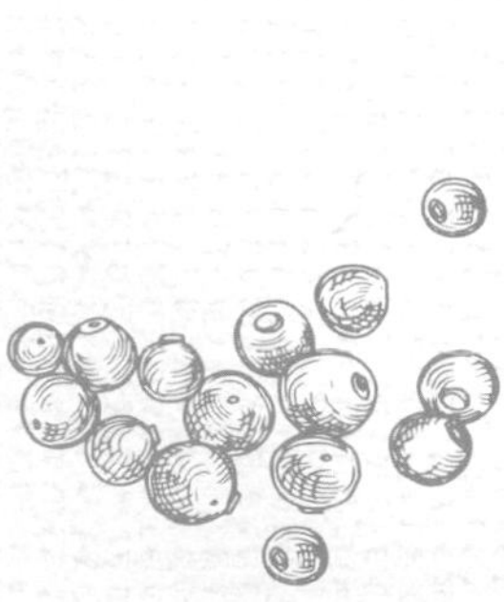

海鮮、灌香腸也非常好用。

除了用於食物調味外，芥末子可做為製皂基底用油，或經低溫浸泡取熟成油脂，用以刮痧或滋潤頭髮，不但賦予身體能量，還能獲得保健與溫暖。

如何運用芥末子

芥末子要到特定的地方才能買到，如印度香料店或網路平台，印度、中東、北非、特定歐洲菜餚會用它來調味，而近年來醫學對芥末子的研究朝向健康調味料。市面上褐芥末與白芥末較易取得，它獨特的芥子酵素必須與水混合才能產生活化效果。由於酸的濃度及水的溫度會決定芥末子辛辣味道的強度，若要緩和其刺激性味道，可以添加酸性物質或滾燙的水。

在油脂中的芥末子並不會釋放辛辣味道，反而能嚐出堅果味，使菜餚增加調味。正因為芥末子獨特的屬性，可以選擇在烹調前、中或後加入，直接研磨撒在剛起鍋的（或燒烤）的食物上，都有迥然不同的風味。前加芥末子味道較柔和、堅果味突出，中間加入能嚐得出芥子酵素味，後加會有微微的嗆。

動手試試看

日常版

芥末子 × 白煮蛋

這道菜好吃、好看又簡單，適合做為宴客的前菜，最早出現在18世紀，被稱為「釀雞蛋」，在許多歐洲國家有不同名稱。瑞典人的復活節餐桌上必備此道開胃菜。

材料

- 青蔥　1條
- 白煮蛋　3顆
- 美乃滋　50克
- 糖　1茶匙
- 醋　1茶匙
- 鹽　少許

spice

- 辣椒粉　¼茶匙
- 匈牙利紅椒粉　¼茶匙
- 黑胡椒　¼茶匙
- 褐芥末子　1大匙

步驟

1. 青蔥切細末，備用。
2. 將煮熟的白煮蛋切半，取出蛋黃。
3. 把美乃滋、青蔥、辣椒粉、匈牙利紅椒粉、黑胡椒拌入蛋黃裡，變得滑嫩後裝入擠花袋中。
4. 將糖、醋及鹽在鍋中融化後，加入褐芥末子，靜置至少半天。
5. 將【步驟3】的蛋黃醬擠入蛋白中，淋上【步驟4】一小匙芥末子醬，就可以上桌。

動手試試看

進階版

芥末子 × 喀拉拉蝦子芥末咖哩

湯汁濃郁而味鮮，尤其適合在炎炎夏拌飯或拌麵吃。簡單而易操作的南印度咖哩，是人人都能上手的不敗版本。

材料

牛番茄　½顆
椰子粉末　60-65克
檸檬汁　少許

spice

芥末子粒　¼茶匙

醃漬備料

鹽　適量
胡椒　適量
薑黃粉 1茶匙
蝦子　350克

新鮮香料

紅蔥頭末　80克

薑末　½茶匙
蒜末　½茶匙

磨粉備料

胡荽子　2茶匙
小茴香　½茶匙
生米　½茶匙
茴香子　½茶匙
乾辣椒　3-4條
咖哩葉　6片

醬汁備料

香菜葉　2-3根
薄荷葉　8-10片
羅望子膏　30克
(兑水180毫升
取100毫升羅望子汁。
取汁方式可參考第332頁)
椰子糖　適量

步驟

蝦子醃漬

1. 蝦子抽去腸泥。加入鹽、胡椒、薑黃粉醃漬，冷藏一小時。

醬汁製作

2. 將【**磨粉備料**】所有辛香料烘烤後研磨成香料粉。
3. 起油鍋加入2大匙油脂爆香紅蔥頭、薑末、蒜末，加入【**步驟2**】拌勻。
4. 將【**步驟3**】完成的香料泥，繼續加入香菜葉、薄荷葉、羅望子汁、椰子糖，成為醬汁，冷卻後可以裝瓶冷藏。

蝦子炒製

5. 起油鍋，爆香芥末子粒，直到在鍋中跳躍就可放入蝦子。
6. 蝦子略炒後，加入牛番茄與2大匙醬汁混合，加入椰子粉末(若不想收太乾可少放，約30克)煮至均勻拌合。
7. 試味道，不夠再加入鹽、糖調味，最後加入檸檬汁即可上桌。

喀拉拉蝦子芥末咖哩風味圖

芥末子、薄荷、香菜……融合釋放分層香氣

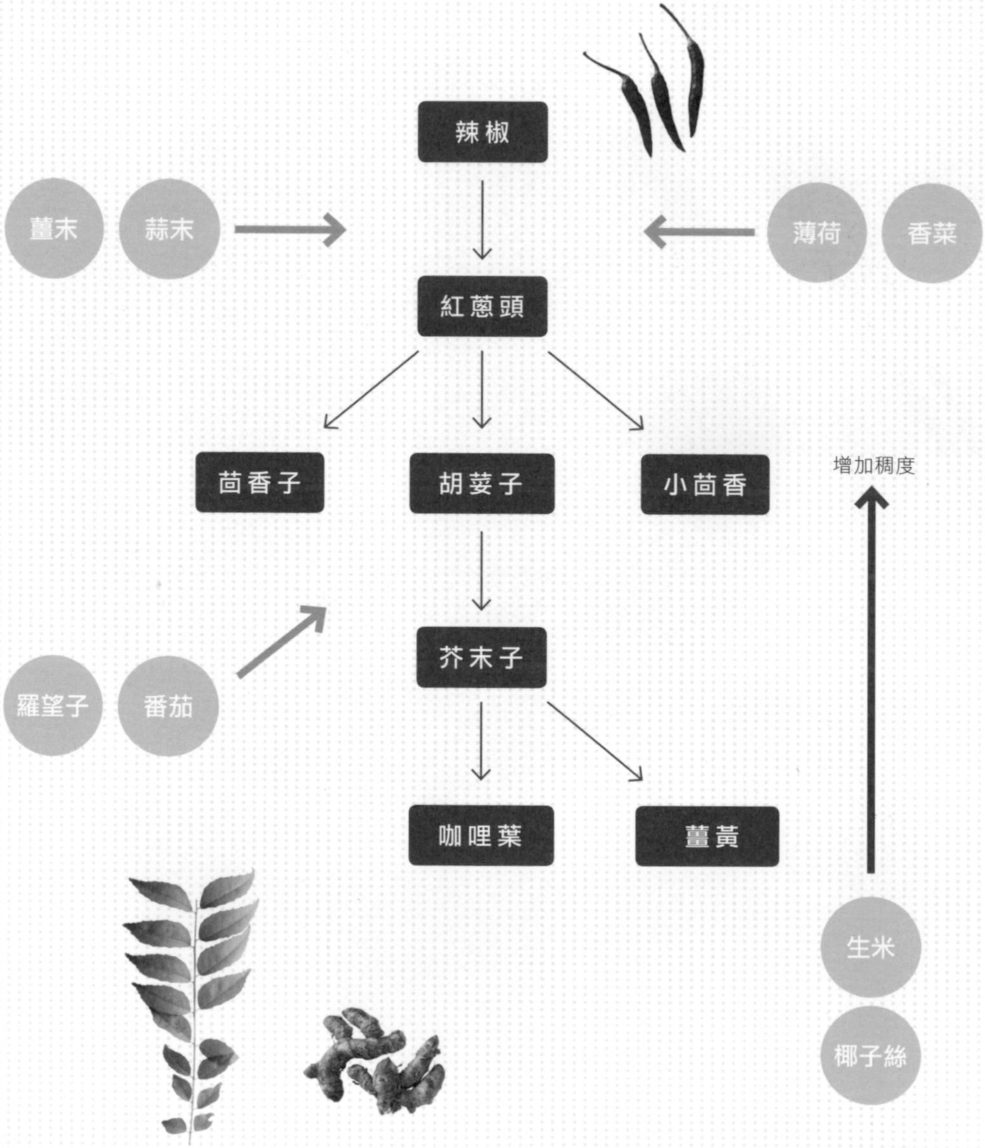

運用印度日常香料：辣椒、胡荽子、小茴香，辛、香、調味兼備

- **辣椒、紅蔥頭：**辣椒為全方位屬性，駕馭和整合眾辛香料。紅蔥頭做為醬體的口感來源，若手邊沒有紅蔥頭，可改用洋蔥替代。
- **胡荽子：**是甜味來源，同時也賦予菜餚調味。
- **茴香子：**是重要香氣、調味來源，可以隨意增加至一倍的量。
- **小茴香：**除去蝦子腥味，聯手與茴香子築起主味堆疊。
- **芥末子、薄荷、咖哩葉：**在這裡扮演辛料及調味角色，但辛味不突出，堅果香氣反倒與薄荷、香菜、咖哩葉連成一體。薄荷、香菜、咖哩葉分層氣味明顯，分別展現清香、幽香、橘香。
- **羅望子、番茄：**高湯來源，兩者皆為不同程度酸性。
- **生米、椰子絲：**做為收汁元素。

經典菜

注入清爽椰子油，洋溢熱帶氣息的咖哩

這是一道印度南部海鮮咖哩，充滿濃濃的熱帶風情，喀拉拉被《國家地理雜誌》評為「一生一定要去的五十個地方」，早在西元前就與中國人、埃及人、巴比倫人及腓尼基人往來密切，十五世紀葡萄牙人第一次登陸，開啟了東西文化交流歷程。

喀拉拉集所有湖與水、海岸線及山谷湖泊、峽谷瀉湖和富庶梯田於一身，河流幾乎與海岸線平行，他們保留中國漁網的捕撈方式成為一大特色，海鮮是每天餐桌上的必備料理。由於椰子產量豐富，烹飪時喜用椰子油、椰奶入菜，味道清爽，適合一家大小食用。

Cardamom
辛香料
24

小豆蔻

清新又溫暖的果香

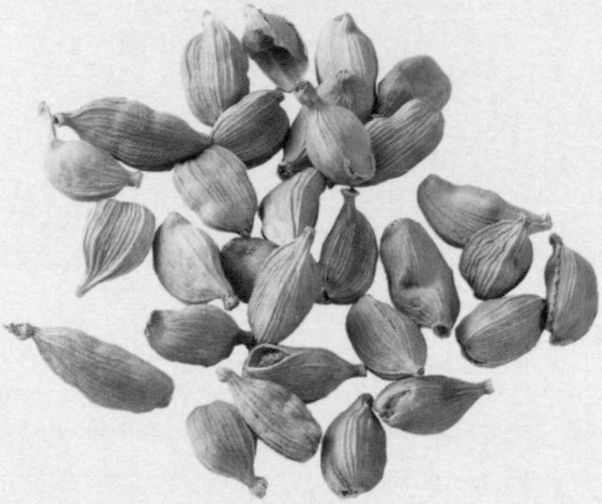

直腸直肚，
自然率真不做作

小豆蔻氣味細緻、溫暖、帶花香，是一種「很暖」的辛香料，外在甜美又刺激；內在鎮定安撫焦慮，能平衡三種「督夏」。主要風味來源是果莢內15-20顆細小、褐色、具有黏膜的種子。附著在食物表面的能力很強，隨著長時間燉煮、燜燒、沖泡、滷製會滲入蛋白質中，與水果類（如蘋果、西洋梨、柑橘類）是手牽手的好朋友。

中東、印度國家大多以小豆蔻入菜，在東方飲食中可用於果醬、滷味或蔬食調香。

附著食物的表面力強，適合燜燒、久燉增香

英名	Cardamom
學名	*Elettaria cardamomum* M.
別名	綠豆蔻、三角豆蔻
原鄉	印度、斯里蘭卡

屬性

香料

辛香料基本味覺

辛 甘 酸 苦 鹹 澀

適合搭配的食材

牛肉、羊肉、雞肉、豬肉、鵝肉、鴨肉、豆類、米飯、柑橘類、根莖類、蘋果、西洋梨、水梨、荔枝、滷汁類、調酒、咖哩類、布丁類、甜點內餡

麻吉的香草或辛香料

咖哩粉、摩洛哥綜合香料、中東綜合辛香料、印度綜合辛香料、眾香子、葛縷子、辣椒、錫蘭肉桂、胡荽子、小茴香、生薑、紅椒粉、胡椒、八角、薑黃、奧勒岡、迷迭香、辣根、玫瑰花

建議的烹調用法

- 熬煮、燜燒、醃漬、燉煮、燻製、浸泡、椒鹽、烘焙、蜜漬
- 搭配辛屬性的單方辛香料，可加深食物的厚度和底蘊
- 搭配除腥羶辛香料（如八角、丁香、薑、胡椒）熬製湯頭，有提香作用

食療

改善牙齦疾病、減緩喉嚨疼痛、預防乳腺癌與卵巢癌、幫助身體排毒、緩解生理期症狀、促進血液循環、保護頭皮健康、降低血壓

香氣與成分

香氣來自桉葉油醇、乙酸芳樟酯、芳樟醇，以及其他酯類和醇類，能賦予宜人的果香氣味

主要風味來源是果莢內15-20顆細小、褐色、具有黏膜的種子。

小豆蔻 Story

印度奶茶——一天的活力來源

第一次踏上印度之旅時，赫然發現當地居民比中國人還愛喝茶，當然，我指的是印度奶茶！大清早天還沒亮，賣茶的攤子早已準備妥當！一旁柴燒熱牛奶，一張長桌至少有兩百四十公分，三、四十個玻璃杯老早排得整整齊齊，像一支熱情的啦啦隊伍。老闆東抓一把錫蘭茶葉，西抓一把小豆蔻、薑片、黑胡椒、肉桂、茴香子放入鍋裡，別問什麼比例，眼睛跟感覺就是配方！煮完過濾，再逐一倒入前排玻璃杯，不管是拉車的人們或上班族，左手提著公事包，右手舉起杯子，順著長桌移動腳步，沒有停下來的意思，邊走邊喝，來到長桌的盡頭剛好喝完，接著付錢離開，就像是彼此約定好了一般，一切如此無縫接軌。對印度人來說，一杯奶茶就是一天活力來源。

小豆蔻的食療面—印度的口腔清新劑

貧富不均的印度，社會底層人們常嚼小豆蔻對抗牙齦疾病，也適合減緩喉嚨疼痛。小豆蔻內含多重揮發油脂，四五%的乙酸萜品酯、四〇%的桉葉油醇，種子內大部分是由澱粉（四五至五〇%）組成，囊殼是粗纖維（二〇至三〇%），精油含量完全視品種的內在差異、生長環境、收割時機、加工過程及儲存條件而定。

小豆蔻乾燥磨粉後可製成香料，用於調製奶茶、咖哩。

自古以來小豆蔻就用於改善腸胃不適、消化不良或便祕等問題，小豆蔻油還有抗菌、抗氧化、抗炎、鎮痛等作用。翻閱近代文獻資料，小豆蔻種子含吲哚－3－甲醇及二吲哚甲烷，常吃小豆蔻有助於預防乳腺癌、卵巢病變。此外，小豆蔻所帶清新氣味是芳香療法中重要的複方，能抗憂鬱，以其精油泡澡能促進身體循環，幫助恢復精力。

南亞、中亞國家喜歡將小豆蔻調配成茶飲，來幫助身體排毒、緩解生理期症狀、促進血液循環、保護頭皮健康及降低血壓等，也莫怪乎他們才是全世界主要的消費國。

古代的青箭口香糖

古埃及人跟古希臘人很早就知道小豆蔻的好處。

古希臘哲學家泰奧弗拉斯（Theophrastus）詳細記錄其藥用價值及烹調用法，人們習慣飯後嚼幾顆使口腔恢復清新，順便清潔牙齒、幫助消化。西元前一七六年，小豆蔻與來自東方的肉桂、胡椒等，被列為亞歷山大港重要的進口辛香料而且價格不斐。亞述的醫生、藥學家利用這些草藥治療胃腸道疾病、製作香水、香膏及香油，由於阿拉伯人控制辛香料買賣達千年之久，歐洲人對眾多品項常搞不清楚，將小豆蔻稱為kardamomon，另一種黑小豆蔻稱kardamon，有時魚目混珠拉高價格，東拉西扯目的就是為了賺取高利潤，長久累積的陰錯陽差，導致現在東西方對辛香料名稱混淆錯亂，早已不是什麼新鮮事。小豆蔻Sookshma Ela源自梵語，阿育吠陀醫生專治療消化不良、哮喘和口臭。它是薑科小豆蔻屬的果莢，在千年前維京人從鄂圖曼傳至斯堪地那維亞半島（現在的挪威和瑞典），人們當時就懂得將小豆蔻加入蛋糕、麵包、肉類中烹煮，耶誕節喝香料酒慶祝。遠古時代，它可是炙手可熱的東方辛香料。

小豆蔻的特性

小豆蔻氣味細緻、溫暖、帶花香，是一種「很暖」的辛香料，外在甜美又刺激；內在鎮定安撫焦慮，能平衡三種「督夏」。主要風味來源是果莢內十五至二十顆細小、褐色、具有黏膜的種子。它散發的香氣來自桉葉油醇、乙酸芳樟酯、芳樟醇，以及其他酯類和醇類，能賦予宜人的果香氣味，附著在食物表面的能力很強，隨著長時間燉煮、燜燒、沖泡、滷製會滲入蛋白質中，與水果類（如蘋果、西洋梨、柑橘類）是手牽手的好朋友。

中東、印度國家大多以小豆蔻入菜，在東方飲食中可用於果醬、滷味或蔬食調香。搭配辛辣辛香料，如印度綜合辛香料、中東綜合辛香料等，可加深食物厚度底蘊；搭配除腥羶的辛香料（如八角、丁香、薑、胡椒）熬製湯頭，有提香作用。

辛香料之后—原鄉印度運用

小豆蔻昂貴、通用、深受印度人喜愛，被印度人譽為辛香料之后，是繼番紅花、香草莢後昂貴的辛香料，全靠人工在未完全熟成、莢膜即將裂開前採擷，成串的纖維質莢膜裡熟成時間不一，導致許多收成上的困難，再從挑選、大小分類，經過日曬數日，根據野生或種植訂定價格。過去的時代，人們常與同科不同屬的黑小豆蔻（*Amomum subulatum*）或斯里蘭卡野生豆蔻（*Elettaria ensal*）混為一談，前者味道較為粗獷，後者果莢比小豆蔻稍長；還有一種產自非洲國家稱為天堂子（*Aframomum corrorima*）的豆蔻，有較重的胡椒跟水果味，常魚目混珠賺取其中差價。

印度人將小豆蔻用在烹煮咖哩，葷素皆宜，適合家禽類、餅類、豆類、煮米飯；特別是巴斯馬蒂香料飯（basmati rice），供應量最大的還是印度標準綜合辛香料及印度奶茶。高種姓的北印度人會製作一種混合番紅花與小豆蔻的冰淇淋kulfi；將大量的牛奶、煉乳、糖小火煮至水分蒸發，是十六世紀蒙兀兒王朝最受歡迎的甜點，濃郁甜美且充滿視覺感。

吃印度檳榔（paan）的時候，少不了小豆蔻增添清新風味，印度人非常注重果莢是否「現剝」，因為過早暴露於空氣中，會讓種子的黏性乾枯；而提早將種子磨碎，也等同於風味消失。

印度人日常中的米飯會加入小豆蔻、錫蘭肉桂、丁香、小茴香與椰子油炒香，再放入巴斯瑪蒂香米同炒，以鹽巴調味後加水煮熟，增加香氣且促進消化。

小豆蔻在東方飲食中可用於果醬、滷味或蔬食調香。

世界廚房中的小豆蔻

阿拉伯人絕對是小豆蔻的頭號粉絲，尤其是以氏族聞名的貝都因人（Bedouin），他們在炎熱沙漠中以鐵盤直火燒烤咖啡豆，再放入銅製的臼（mehbash）搗碎，抓一把小豆蔻繼續搗，和入咖啡粉沖泡，招待遠道而來的客人，表示接納與好感，貝都因人的是非對錯或商討氏族大事，只要端出一杯咖啡，表示一切已迎刃而解。

小豆蔻是許多中東國家的綜合辛香料，如也門烤雞（chicken mandi）搭配堅果乾香料飯一起吃，香氣撲鼻，絲毫不見辛辣味；黎巴嫩七味香（seven spices）烹煮高麗菜米肉捲（malfouf mahshi），對農業並不發達且以烤餅為主食的國家來說，能吃米是多麼高級的享受；敘利亞也有一道葡萄葉米菜捲（dolmades）同樣使用中東綜合辛香料調味，很能抓住老饕的胃。

北歐國家如瑞典、芬蘭，是歐洲少數喜愛把小豆蔻加入各式各樣甜麵包捲（kardemummabullar）、餅乾、蛋糕的民族，鹹食如燴丸子、漢堡肉、蜂蜜烤豆蔻雞，食物中透著陣陣樟腦及尤加利味道，才是他們記憶中的家鄉味。

東南亞國家有不少印度裔移民帶來小豆蔻調香，混合在地滋味，創造出有別於印度本土的咖哩，如泰國瑪莎曼咖哩、柬埔寨沙拉曼咖哩（saraman curry）、馬來西亞媽媽檔的羊肉咖哩。

敘利亞料理——葡萄葉米菜捲。

動手試試看
日常版

小豆蔻 × 荔枝果醬

這道荔枝果醬保留了水果鮮味，小豆蔻的香氣細緻得難以察覺，深藏於果醬當中，發揮提香功能。

材料
新鮮荔枝　350克
水梨　½顆
萊姆　1顆
(包括籽與皮)
糖　175克

spice　小豆蔻　6-7顆

步驟
1. 將荔枝去殼、籽、膜(籽和肉相連的內膜)，水梨切塊，把小豆蔻剪開，備用。
2. 將【步驟1】的兩種水果打成泥，加糖放入鍋中熬煮。
3. 將萊姆汁擠出後，把皮、籽、小豆蔻包入紗布，與荔枝一同熬煮。
4. 熬煮約30-40分鐘，直到變黏稠為止。
5. 裝瓶並放入冰箱。

具有低調果香氣味的小豆蔻，與蘋果、西洋梨、柑橘類等相當搭配。

動手試試看
進階版

小豆蔻 × 杏桃羊肉

這道咖哩充滿水果與辛香料的香氣，夏天吃酸辛開胃，適合攜帶便當，搭配麵包吃也非常美味。肉品也可以改成牛肉。

材料

本土羊肉(不帶皮) 600克
洋蔥 1顆

spice

A醃漬材料
蒜末 1茶匙
薑末 1茶匙
白醋 2茶匙
薑黃粉 1½茶匙
胡荽子粉 1茶匙
檸檬汁 ½茶匙
油脂 3大匙

B爆香材料
錫蘭肉桂 3-4公分
月桂葉 1片
小豆蔻 3-4顆
乾辣椒片 6-7片
丁香 3-4顆
小茴香 1小撮
黑胡椒粒 1茶匙

C炒煮配料
蒜末 1茶匙
薑末 1茶匙
薑黃粉 1大匙
辣椒粉 1½茶匙
胡荽子 1½茶匙
番茄/番茄糊
2顆/3大匙
鹽 適量
糖 適量
醋 2茶匙
杏桃乾 6片
水 3-4杯

步驟

1. 將羊肉切塊後加入【**A醃製材料**】，放入冰箱約1小時。
2. 爆香【**B爆香材料**】，放入洋蔥直到變金黃色。
3. 再加入羊肉一起炒，放入【**C炒煮材料**】。
4. 小火熬煮至軟嫩熟透為止(一般約70分鐘)。

杏桃羊肉咖哩風味圖

多種辛香料帶出印度風味

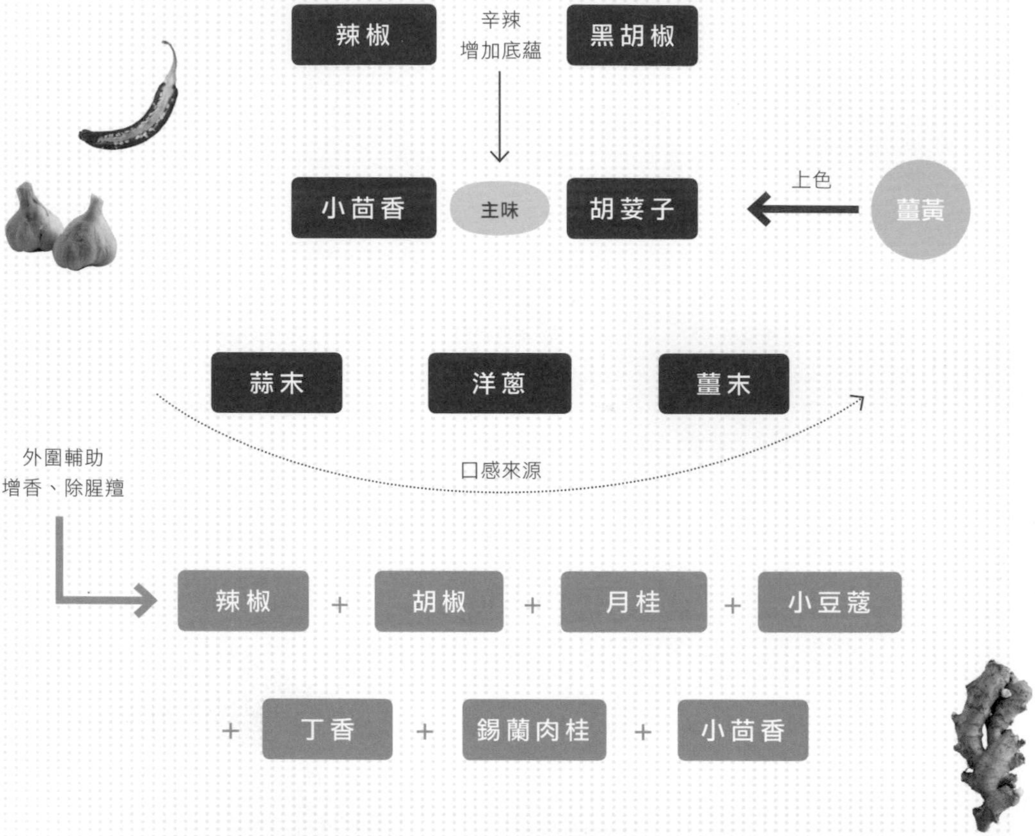

洋蔥為口感來源，小豆蔻、月桂輔助增香

在這道食譜配置中，洋蔥是重要口感來源，喜歡醬汁的朋友可以多放。你會看見幾種常見的辛香料如薑、薑黃、胡荽子不斷重複使用，包括在醃漬及炒香部分，這道咖哩特別之處就是沒有加入任何增香劑，如果你手邊有專屬於肉類的印度綜合辛香料，建議加入一茶匙，爆香部分的辛香料就可全部略過。在圖中可以清楚看見這道咖哩的型態屬於家常型，杏桃也可以改水蜜桃或罐頭桃子。若不吃辣可省略爆香的辣椒。

經典菜

結合波斯元素與印度辛香料的羊肉咖哩

這是一道波斯料理，約西元前四世紀，亞歷山大征服印度西北部，接下來幾百年隨著中亞情勢不穩定，越來越多塞迦人移入並建立起許多小國家，這個遊牧民族最終皈依印度教。

塞迦人帶來許多波斯料理元素，包括杏仁、杏桃、堅果、優格等，加上印度在地豐富的辛香料，創作出這道精采滋味。

這道咖哩非常容易烹煮，需要的辛香料配置也十分簡單，是一款非常好入門的咖哩。

Coriander
辛香料
25

胡荽子

咖哩的好朋友

香氣溫和低調，
宛如鄰家天秤座女生

我無法想像，如果沙嗲、白咖哩麵、紅黃綠咖哩、緬式椰奶麵、以多形態著名的菲律賓國食椰葉飯包、峇里島髒鴨若沒了胡荽子，究竟會荒腔走板到什麼程度！

在咖哩範疇中，它與其他不同類型的辛香料融合度達100%，平易近人如鄰家女孩，外表樸實內心卻澎湃，低調隱匿，常常只聞樓梯響，不見人下來。食譜分量明明占了大半，溫潤花香中混合著柑橘，夾雜木質味道，擅長打頭陣，卻默默為他人作嫁，當個沒有聲音的中介者。

溫潤花香中混合著柑橘，夾雜木質味道

英名	Coriander
學名	*Coriandrum sativum* L.
別名	香菜、芫荽、胡菜、香荽、天星、園荽、胡荽、芫茜
原鄉	地中海地區

屬性

胡荽葉：香料
胡荽根莖：香料
胡荽子：調味料

辛香料基本味覺

胡荽葉

辛 甘 酸 苦 鹹 澀

胡荽根莖

辛 甘 酸 苦 鹹 澀

胡荽子

辛 甘 酸 苦 鹹 澀

適合搭配的食材

羊肉、牛肉、雞肉、蔬菜（含根莖類）、沙拉、米飯、蛋糕類、餅乾類、水果（李、桃、杏）、海鮮，各種咖哩粉及調香粉

麻吉的香草或辛香料

咖哩葉、蒔蘿、葫蘆巴葉、蒜、斑蘭葉、巴西里、香茅、越南香菜、羅勒、崁杳子、錫蘭肉桂、葛縷子、丁香、小茴香、茴香子、薑、胡椒、薑黃、辣椒

建議的烹調用法

快炒、燜煮、燒烤、熬湯、烘烤、生食

食療

促進腸道蠕動、刺激汗腺活動、幫助排出體內殘留的重金屬（如鉛、汞）

香氣與成分

芳樟醇、百里香酚、蒎烯、醇等成分，能賦予食物香氣，提升調味能力

胡荽子
Story

平易如鄰家女孩——在咖哩中能與各種辛香料融合

胡荽從根到葉，再延續至源頭的種子，都是可用素材，過去一直被認為是特定國界的料理，例如中華料理只吃葉或當蔬菜，廣東人會把根當湯頭熬；西亞、中亞、南亞人消耗的胡荽子是全世界之最；東南亞人日常也離不開胡荽子。我無法想像，如果沙嗲、白咖哩麵、紅黃綠咖哩、緬式椰奶麵（ohn-no khaut swe）、以多形態著名的菲律賓國食椰葉飯包（binalot）、峇里島髒鴨（bebek betutu）若沒了胡荽子，究竟會荒腔走板到什麼程度！

說了老半天，究竟胡荽子是怎樣的辛香料呢？在咖哩範疇中，它與其他不同類型的辛香料融合度達一〇〇%，平易近人如鄰家女孩，外表樸實內心卻澎湃，低調隱匿，常常只聞樓梯響，不見人下來。食譜分量明明占了大半，溫潤花香中混合著柑橘，夾雜木質味道，擅長打頭陣，卻默默為他人作嫁，當個沒有聲音的中介者。

我常戲稱，全世界只要看見咖哩，即使閉著雙眼盲測，一〇〇%跟它沾上邊，咖哩可以沒有薑黃，但是不能失去胡荽子，彼此鶼鰈情深，一輩子形影不離！

古埃及人的威而鋼

一看到名字中有「胡」，便知道是來自國外。胡荽子原產於南歐或地中海，是榜上赫赫

1. 中華料理多只吃胡荽葉或當蔬菜。
2. 在東南亞，胡荽子是咖哩隱匿卻不可或缺的辛香料。

有名的古老辛香料之一，曾在《聖經・出埃及記》十六章二十一節被提及。古埃及人相信胡荽子好比愛情魔藥，因此把胡荽種在法老王墓穴附近，讓他享有永恆的性愛激情。當時人們為了壯陽引發情慾，會把胡荽子製作成香水或混入葡萄酒飲用，這個好處全記錄在莎草紙中。當然比起古埃及人，古希臘人對胡荽子更愛得無法自拔，他們在生活中大量使用胡荽子來製作麵包、為菜餚調味，而醫學上用於驅風、利尿，受到希波克拉底及其他希臘醫生一致推崇。胡荽子的屬名來源 coriandrum 是古羅馬博物學者老普林尼截自希臘文 koros（蟲）而來，他認為胡荽子不論外觀或氣味都像蟲了，人們喜惡分明。

1

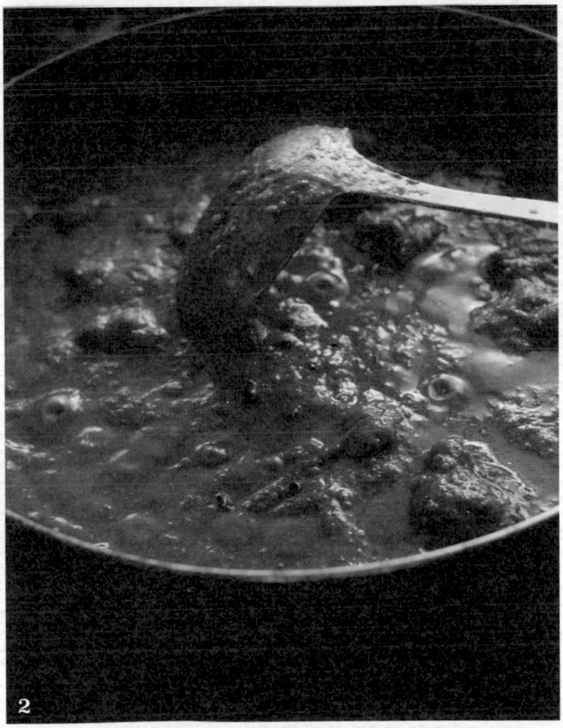
2

胡荽子什麼時候傳入東方?根據晉代張華撰寫的《博物志》,張騫出使西域,帶回了許多種子,其中包括胡荽。相信張騫肯定從西域人的口中得知,吃下此物有助於提升慾望,而欲撒播此種,必須口中誦:「夫婦之道,人倫之性」等密語,胡荽才能長得茂盛,有助房事之隱喻。

胡荽是最初傳入中國的譯名,但很快就發現不恰當,因為胡指「番邦」,受到胡人皇帝石勒忌諱,於是改名香荽,繼而又出現圓荽、芫茜、莚荽菜、延須菜、滿天星、松須菜、莚葛草等。

胡荽是繖形科芫荽屬,全株都可以利用:嫩葉可當蔬菜,根莖常用於粵菜熬製湯頭,植株老時結子是辛香料。中國唐代的《食療本草》記載:「利五臟,補筋脈。主消穀能食。若食多,則令人多忘……入藥炒用。」明代李時珍在《本草綱目》中提及:「胡荽,辛溫香竄,內通心脾,外達四肢,能辟一切不正之氣。故痘瘡出不爽快者,能發之。」相較於古埃及人與希臘人催化慾望之說,東方人深受儒家文化影響,選擇比較內斂含蓄地使用胡荽子。

世界廚房裡的胡荽子

胡荽子內含的單萜烯、單萜和酮三種成分,對皮膚癒合、改善膚色暗沉有幫助,同時在抗氧化、穩定情緒方面有一定幫助。

飲食上,獨特的芳樟醇、百里香酚、蒎烯、醇等成分,能賦予食物香氣,提升調味能力,光看南亞調配增香劑——印度標準綜合辛香料當中,就有相當高比例的胡荽子;西亞人擅長運用大量的大蒜與胡荽搭配做成醬體,創造出中東國家引以為傲的國湯錦葵湯(molokhia);英國是少數喜歡用胡荽子製作甜點的歐洲國家,舉凡布丁、餅乾、蛋糕或

烹煮湯品時加入胡荽子,可增加甜度、去除油膩。

醃漬類蔬菜，都少不了胡荽蹤跡；雖然胡荽子的芳香元素多樣化，它賦予菜餚調味的能力仍高於調香程度。

原鄉料理運用沒落

胡荽子雖來自於地中海，在古希臘、古埃及時期用得精采，隨著商賈傳入回教國家後，已漸漸失去昔日光彩，今日在義大利部分用於麵糰調味（如比薩、麵條）。在英國用於甜點、印度咖哩或者印度酸辣醬（chutney），法國用於調配肯瓊香料粉，不過記憶中有一道蔬菜白酒湯（court bouillon），基底就是加入胡荽子來增加蔬菜鮮甜的底蘊。

東方的料理運用

究竟胡荽如何運用於中華料理？我們習慣在羹湯中撒入新鮮香菜來增加清新香氣；粵菜師傅會運用香菜根莖熬骨頭湯；泰國人喜歡將香菜根莖加入咖哩配方或涼拌菜餚中，增加清爽口感，或是直接拌入魚露、糖、辣椒，當配菜食用，相信它能在食療面發揮作用，促進血液循環、健脾開胃，還能去除體內穢氣，達到排毒功能。

由於胡荽子匯集所有精華於一身，對於大部分湯湯水水的東方料理，可以在熬製湯頭或烹煮湯品時加入胡荽子，一則調味，增加甜度，二則可去除油膩，一舉兩得。煮完後記得將它撈除即可。對了，下次捏肉丸時也可以加入胡荽子粉增添香氣，還可以減少糖的用量！

3C香料粉：Chili（辣椒）、Coriander（胡荽子）、Cumin（小茴香）三者組合，就是印度人的日常風味。

動手試試看

日常版

胡荽子 × 栗子排骨

忍不住想要試一試胡荽子的味道嗎？也許你可以做做看這道料理。夏天可以嘗試運用苦瓜、蓮藕，冬季可以用白蘿蔔或栗子熬排骨，也可以換成雞骨或豬大骨喔！

材料

排骨　1條
栗子　200-250公克
水　750毫升
鹽　適量
糖　適量
水　2000-2500毫升

spice

胡荽子梗　2-3根
胡荽子粒　½茶匙

步驟

1. 把排骨汆燙後洗淨，再把胡荽子梗仔細洗淨，胡荽子裝入香料袋，備用。
2. 將排骨、栗子、胡荽子梗、胡荽子粒放入電鍋煮（外鍋放1½杯水），跳起後再燜20分鐘；或是放入鍋裡以小火熬煮約40分鐘。
3. 上桌前先試原味，再決定鹽的調味匙數。

動手試試看

進階版

胡荽子 × 當薩咖哩

微辣、微酸、味道溫和有層次，搭配米飯或印度烤餅是適合全家大小吃的咖哩，非常值得動手做做看。

材料

咖哩食材

雞腿肉　500克
月桂葉　1片
紫色洋蔥或紅蔥頭　30克
蒜末　1茶匙
薑末　1茶匙
新鮮番茄　1小顆（打泥）
新鮮香菜　30克（打泥）
綠色辣椒　半條（切末）
鷹嘴豆　30克
優格　70克
新鮮茄子　55克
新鮮南瓜　100克
馬鈴薯　½顆
水　128毫升
紅扁豆　75克
鹽　¼茶匙
糖　¼茶匙

spice

A Masala（印度標準綜合辛香料）
（調和後，使用½茶匙）

乾辣椒粉　3條
黑胡椒粉　½茶匙
綠小荳蔻　5顆
丁香粉　4顆
小茴香粉　½茶匙
葫蘆巴葉　1茶匙

B粉狀辛香料（醃雞肉用）

胡荽子　1茶匙
八角　¼茶匙
綠小荳蔻　½茶匙
丁香　¼茶匙
小茴香　½茶匙
乾辣椒　½茶匙
葫蘆巴　¼茶匙
薑黃粉　½茶匙

步驟

1. 將【A Masala】材料研磨成粉狀，熟成至少一天後即可使用。
2. 使用【**B粉狀辛香料**】製作綜合咖哩粉，研磨之後加入雞肉醃漬。
3. 起鍋，爆香月桂葉、紫色洋蔥（紅蔥頭亦可）、加入蒜末、薑末炒香。
4. 和入【**步驟2**】已醃漬的咖哩雞炒到雞肉縮起。
5. 慢慢加入優格、番茄泥、香菜泥、綠色辣椒末、鷹嘴豆調和。
6. 加入½茶匙Masala及水後，轉小火。
7. 加入已蒸好之南瓜、馬鈴薯、茄子等混合。
8. 確定雞肉熟透後始加入紅扁豆、鹽、糖調味，趁熱與米飯一起上桌。

辛料
香料
調味料
胡荽子

經典菜

融合英、印雙文化的當薩咖哩

這是結合西亞波斯與南亞古吉拉特邦的一道移民咖哩，稱為當薩（dhansak），傳統中，他們會用四種以上不同的扁豆與羊肉一起烹煮，dhan的意思是古吉拉特語中的「富」人，sak則是蔬菜，在七世紀和八世紀，崇拜火祭的祆教徒在阿拉伯人入侵波斯時逃離，來到現在的印度西海岸定居下來，適應新環境。後來與英國殖民者合作開發海上絲路貿易而漸漸富裕，在家中聘雇波斯管家、印度本土廚師，碰撞出雙重文化的菜餚滋味。

隨著時代變遷，當薩咖哩開始出現不同版本，從羊肉，雞肉到蔬菜都有，從原本辛辣搭配焦糖糙米和炸洋蔥，到結合印度本土羅望了和棕櫚糖，成為英國餐桌上最受歡迎的西印度咖哩。

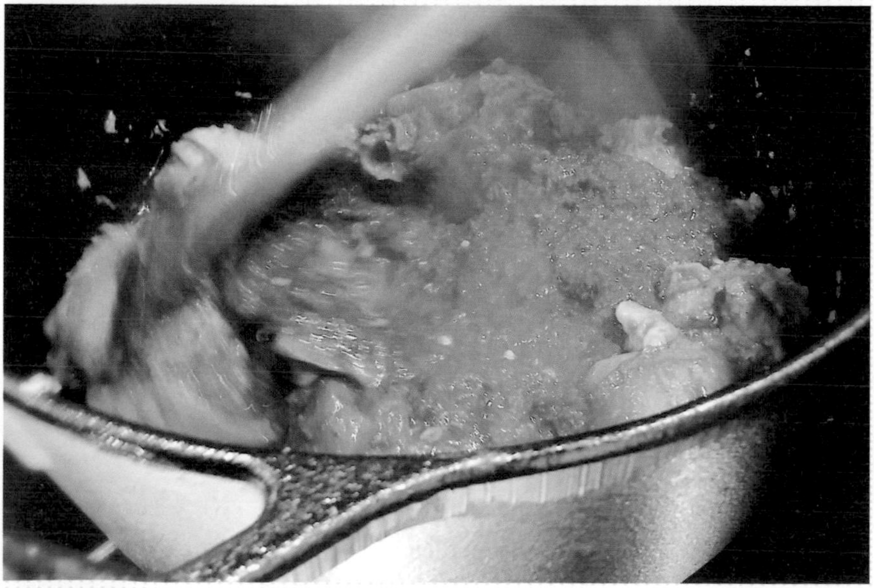

當薩咖哩風味圖

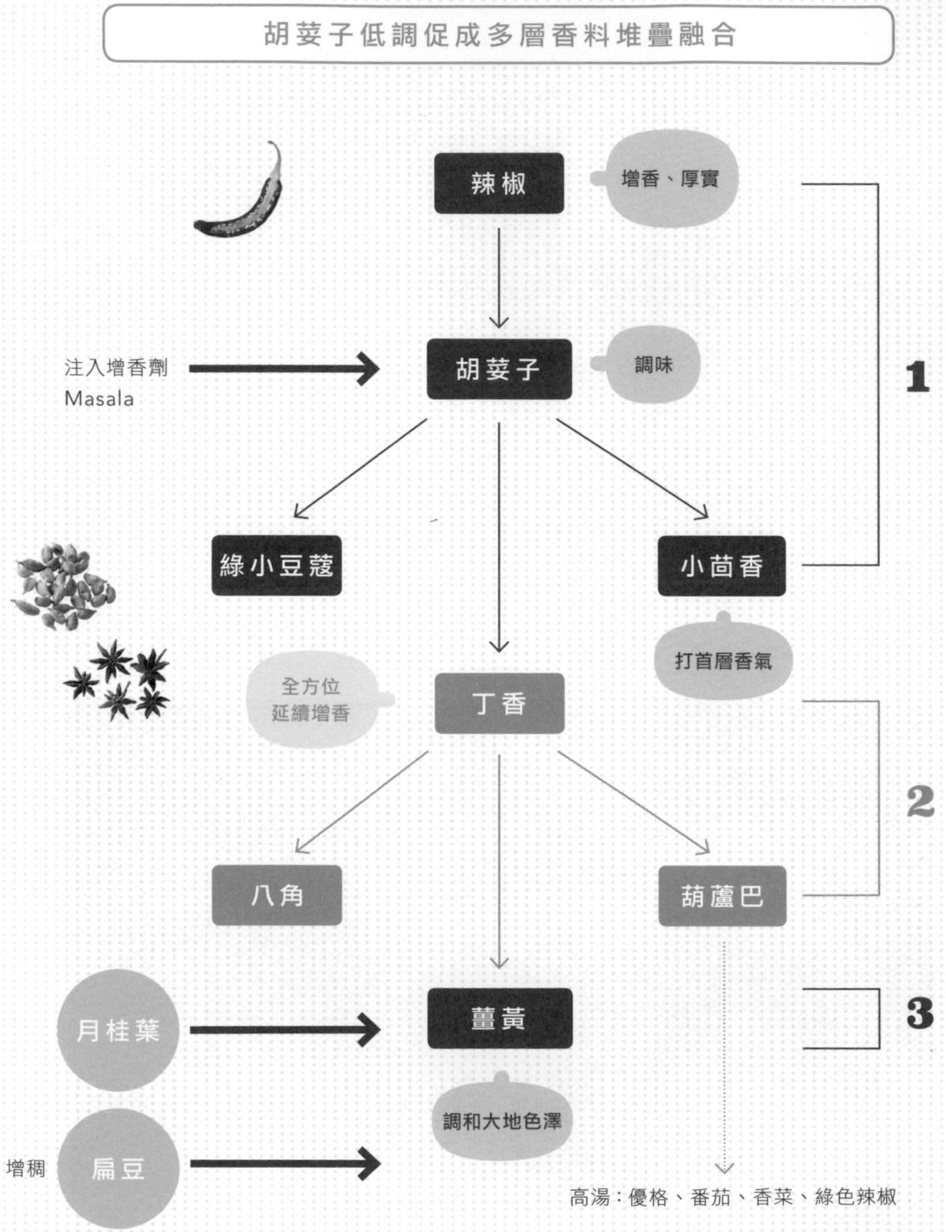
胡荽子低調促成多層香料堆疊融合
辣椒
增香、厚實
注入增香劑
Masala
胡荽子
調味
綠小豆蔻
小茴香
打首層香氣
1
全方位
延續增香
丁香
八角
葫蘆巴
2
月桂葉
薑黃
3
調和大地色澤
增稠
扁豆
高湯：優格、番茄、香菜、綠色辣椒

1 紅蔥頭、蒜末、薑末構成整體咖哩口感

- **紅蔥頭、蒜末、薑末：**蒜末與薑末比例可採1：1，紅蔥頭豐富了口感、甜度，也適時緩和澱粉帶來的沉重感，紅蔥頭可由洋蔥替代。
- **辣椒、胡荽子：**辣椒可多可少，若想吃辛辣，在此時可加入多一倍的量，胡荽子的量亦可彈性調整。前者調辣、後者調味，大約在50%。
- **綠小豆蔻、小茴香：**功能在於助香氣，在這裡可以依循比例往上微調，約50%。

2 丁香、八角、葫蘆巴接續增香

- **丁香：**擔任第二層主位的全方位辛香料，若第一層已微調，丁香跟進但幅度約在20-40%，八角、葫蘆巴亦跟著原食譜比例調整。
- **葫蘆巴：**調味、帶出焦糖香。量需謹慎運用，若為腥羶味較重的羊肉可按比例增加，若為蔬菜或雞肉，應保守維持在微調30%即可。

3 薑黃上色，扁豆收汁

- **薑黃：**這道咖哩色澤也可以做變化，若想增加鮮豔色澤但不辛辣，可以加入紅椒粉，若想吃較多薑黃，可以加入多一倍的匙數，當然高湯內所有食材的增加或減少，都會影響色澤變化。
- **扁豆：**在南亞日常當中占有非常重要的一席之地，也是南印度人重要的蛋白質來源。這道咖哩若在台灣呈現，我會先考量在地人對飲食型態的需求：喜歡多汁、有點稠度、最好能拌飯食用。在增加高湯的同時，就會增加後端收汁的考量，所以扁豆泥可以自由調整。這道咖哩看起來彈性很大，足夠大家玩一陣子！

point

增香劑Masala彈性添加

移民者到西印度定居後，入鄉隨俗，發展出屬於他們風味的Masala，若你想要調整配方，當然Masala的量也勢必要微調。可以一次加入約在50%的量，也可以分兩次加入：第一次在烹煮雞肉的階段，第二次在最後加入扁豆的時候，增加後端風味。

Tamarind
辛香料
26

羅望子

一級油切辛香料

又酸又甜蜜的初戀滋味

羅望子在東南亞食品材料店可以找到，夏日盛產季節也能在連鎖大賣場看見它的蹤跡，外型宛如巨型花生般的水果。在台灣常見印尼、泰國和越南的羅望子，通常是固體狀，需浸泡溫水再搓揉均勻，過濾後只取其汁烹調；另一種是羅望子飲品，最近為了迎合消費者，出現一種濃縮方便包買回去就可以使用；塊狀的羅望子要經過稀釋並過濾，取其汁可用於烹煮咖哩或做一般高湯運用，也可以當成有果香味的醋來使用！

助菜餚一「酸」之力，讓胃口大開

英名	Tamarind
學名	*Tamarindus indica* L.
別名	亞參、酸子、酸果、酸豆、酸角、印度棗、九層皮、酸梅樹、甜角、酸枳
原鄉	非洲、印度、馬達加斯加

屬性

調味料

辛香料基本味覺

辛 甘 酸 苦 鹹 澀

適合搭配的食材

雞肉、牛肉、鴨肉、豬肉、海鮮、貝類、蔬菜類（含根莖）

麻吉的香草或辛香料

阿魏、茴香子、薑黃、薑、蒜、葫蘆巴、丁香、葛縷子、中國肉桂、錫蘭肉桂、小豆蔻、芥末子、黑種草、眾香子

建議的烹調用法

燒烤、熬煮、燜燒、煎煮

食療

- 羅望子果肉含鎂，能抗炎，鈣質含量高
- 膳食纖維含量豐富，可以幫助消化，改善便祕和腹瀉

香氣與成分

- 深褐紅色果肉具有多酚及類黃酮，可調節膽固醇
- 天然酒石酸及糖吃起來酸甜，增加調味功能

羅望子的成分酒石酸可研發為食品中的添加劑，沙士汽水接近暗墨的色澤，其來源正是羅望子。

羅望子
Story

羅望子會繼蝶豆花之後，成為閃亮的明日之星嗎？在這之前，讓我們進入南亞人與東南亞人的廚房一窺究竟！

我小時候最愛的一道菜就是羅望子炒蝦：把買來的新鮮海蝦去掉二至三節的殼，以少許鹽巴、羅望子膏、白糖醃漬入味，擱置冰箱冷藏三十分鐘，大火快炒時加入辣椒（也可不加）炒到汁收乾即可上桌；蝦子的鮮甜加上酸香滋味，讓人忍不住多扒一碗飯，搭配啤酒更是一絕！

另一道泰國南部酸子酥魚更是小朋友的心頭好。海鱸魚炸得又酥又脆，搭上羅望子、蜂蜜、金桔，以及少許生薑提味；生蒜、醬油加上番茄醬增色；加入遇上海鮮從不缺席的香茅，不等大人叫吃飯，老早就把魚拆光光。

一起瘋羅望子

新、馬、印尼人習慣稱之為「爪哇羅望子」（asam jawa），研究其特性，發現適地性強，會隨氣候、土質而改變果實裡的酒石酸及糖的含量。目前公認爪哇羅望子最酸最香；泰國酸味偏中性；越南比較偏甜；馬來西亞果莢較黏，味道中性；菲律賓介於泰國跟越南之間，煮湯特別開胃；緬甸酸中帶有濃濃果糖味……可依據想要呈現菜餚不同層次的酸度來把玩。

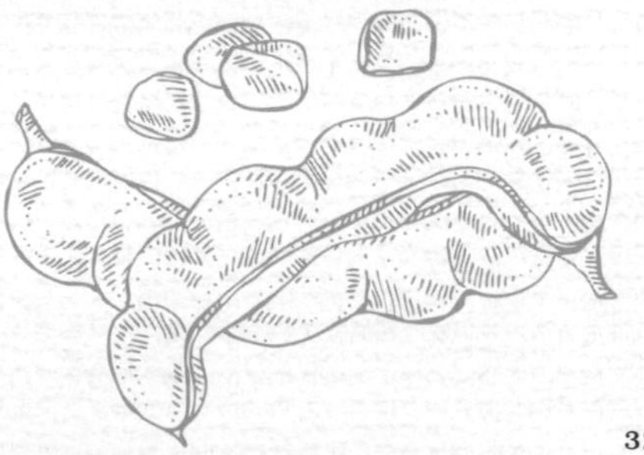

1. 馬來西亞北部的亞參叻沙。
2. 東南亞市售的羅望子果實。

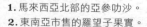

泰國人喜歡將羅望子製成飲品、蜜餞或調味品，其他東南亞國家，如越南的酸魚湯（canh chua cá）、菲律賓的什錦酸湯（sinigang）、印尼的綜合蔬菜湯（sayur asem）、泰國瑪莎曼咖哩、馬來西亞北部的亞參叻沙……都是讓遊子朝思暮想的味道，吃一口忍不住淚如雨下。

而一切的傳播源頭不得不溯及印度和馬達加斯加。羅望子呈棕黑色澤，帶微微焦苦味，剛開始沒人想到入菜。從葡萄牙人引進辣椒之後，才開啟印度人對羅望子的味蕾冒險之旅，結果酸與辣彷彿遇見知音，一發不可收拾，創造今日果阿（Goa）酸辣鮮為主的料理特色。沒想到印度人並未就此罷休，接連再以酸辣醬（tamarind chutney）拔得頭籌，奠定羅望子在辛香料界中的調味一姊地位。

酸得好妙用無窮

羅望子原為非洲原住民驅除環蟲、治療腸胃不適時食用的草藥，他們是居住在高原上的馬哈法利人（Mahafaly），十二世紀從非洲遷徙至馬達加斯加西南部定居，並帶來食用羅望子習俗，他們深信祖先寄居在羅望子樹中，每年必定虔誠地在樹下宰殺瘤牛、綿羊，舉行祭祀儀式。

由於物質匱乏、環境惡劣，土壤大都呈酸性，耕種果樹困難，羅望子樹在馬哈法利人心中有崇高地位，也是他們食用和保健上重要的依靠。羅望子嫩葉及種子皆可食用，也能做成蛋糕和麵包，老的葉子可當飼料，樹皮有豐富的單寧，可用於油墨或染料，一方面也可製成藥膏以緩解潰瘍。

羅望子早在西元前就移植到印度，最初用於清洗鍍銅佛像或銅器皿汙銹，光可鑑人！

1

2

阿育吠陀藥學後來發現它的食療功能具有藥用價值：蘋果酸、酒石酸、酒石酸氫鉀能清熱、消暑、消脂肪、清宿便，以及排除血液裡的雜質，達到通血管的效果。在藥物及醫學普遍不發達的年代，這種草本用藥對瘧疾退燒大有幫助。羅望子在印度深獲青睞，從此，酸棗（Tamar）加上印度（India）拼湊成Tamarind。

歐洲人更進一步發現，這些酒石酸可研發成食品中的添加劑，成為有機酸可清除自由基，並且防止結腸吸收膽固醇。若沒有羅望子，就沒有後來的沙士汽水跟可口可樂（飲料接近暗墨色澤的來源正是羅望子），更遑論擄獲英國人的伍斯特醬和棕醬（HP Sauce）。羅望子隨著印度人移民進入東南亞，穿梭於印尼大街小巷的傳統草藥療法，會取羅望子嫩葉解熱，或者調製成有助於產婦發奶的飲品，至今仍普遍口耳相傳。

辛香料語錄：既酸又甜蜜的初戀滋味

豆科酸豆屬的羅望子被老一輩台灣人稱為「美國花生」，在台灣多為路樹或觀賞樹。它的果莢內成熟果實約有三〇至五〇%，殼和纖維占一一至三〇%，種子約占二五至四〇%，羅望子在亞洲、非洲和美洲皆用於健康食療法，樹的其他部分也物盡其用，在食品、化學、製藥或紡織工業領域，做為飼料、木材和燃料。一九八〇年代，大量東南亞新移民來到台灣，大家才發現羅望子可食用，而它的果酸味及膳食纖維非常豐富，印度人常用於通便、解熱。

羅望子在東南亞食品材料店可以找到，夏日盛產季節也能在連鎖大賣場看見它的蹤跡，外型宛如巨型花生般的水果。在台灣常見印尼、泰國和越南的羅望子，通常是固體狀，需浸泡溫水再搓揉均勻，過濾後只取其汁烹調，台灣許多人不知如何使用，羅望子

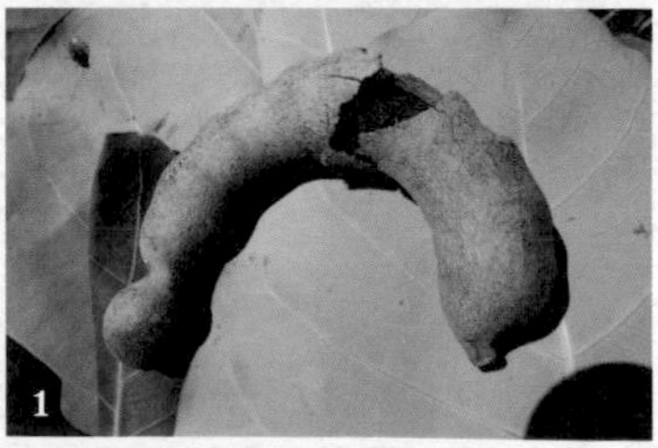

1. 羅望子的果實，老一輩台灣人稱為「美國花生」。
2. 固體狀羅望子過濾後只取其汁烹調。
3. 羅望子棕黑色澤，帶微微焦苦味。

汁方便包因應而生，也有可飲用的罐裝羅望子。稀釋過的羅望子汁可用於烹煮咖哩或做為高湯，如果要醃漬海鮮，需要調得更稀，避免表面變色。炎炎夏日胃口不好，可以試試用羅望子汁炒麵或炒飯，會讓你胃口大開，當然，也可以當成有果香味的醋來使用！

如果咖哩煮太辣或味道過於單薄，可用羅望子做為修飾劑、提鮮劑。它內含二五至四五%的還原糖、七○%葡萄糖、三○%果糖，可適時加入來緩和或增加成品厚實度。羅望子與海鮮好比千里馬遇見伯樂，有不可抗拒的吸引力，果酸味提供良好環境讓鮮味安心釋放，這種酸有別於醋的發酵味，可以藉酸來達到平衡，並且襯托出鮮甜味。不過要特別留意一點，羅望子的酸既能載舟也能覆舟，煮的時候應避免使用鐵鍋，以免破壞鍋子質地。

羅望子與家禽類（如雞肉、鴨肉等）、反芻動物（如牛肉、羊肉等）也恰到好處，其果酸能幫助蛋白質在久熬或醃漬的過程中達到滲透及軟化的作用，另外透過篝火燒烤，也能將羅望子味道表現得淋漓盡致。

羅望子種子深藏豐富果膠，最適合製作果醬，搭配鳳梨、楊桃、芒果、鳳梨釋迦、百香果都是不錯的選擇。

3

動手試試看
日常版

羅望子 × 輕盈油切飲

現代人因忙碌，生活壓力大，造成宿便堆積。運用羅望子通便的特性，與羅漢果煮沸後飲用，一來清腸通便，二來解熱排毒，可謂一舉兩得！讓宿便排光光，輕盈一「夏」！

材料

水　2000毫升
羅漢果　1顆
羅望子塊　90克

步驟

1. 準備鍋子盛水，加入羅望子塊，靜置軟化後捏散。
2. 羅漢果洗乾淨並敲破，加入【步驟1】一起小火烹煮約20分鐘。

point 各人腸胃狀態不同，第一次大約喝500毫升，再逐步增加。

將羅望子膏瀝成汁的方法

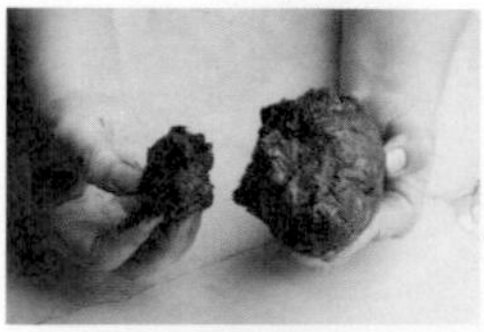

1. 取一大匙羅望子膏。

2. 加入1/4杯水。

3. 將羅望子膏與水攪拌融合。

4. 使用篩子過濾，將羅望子核與汁液分離。

5. 留下汁液的部分，備用。

動手試試看
進階版

羅望子 × 泰式烤雞翅

這道烤雞翅的味道恰到好處，清香柔和，搭配泰式經典沾醬，辛、酸、甜、鹹四味明顯，一次到位，讓人停不了口。

材料

二節翅　10支
新鮮檸檬葉　2-3片
胡荽子梗　2根
蒜泥　1大匙
油脂　1大匙
棕櫚糖　1½大匙

粉狀辛香料

辣椒粉　1茶匙
香茅粉　1茶匙
南薑粉　½茶匙
胡椒粉　½茶匙
薑黃粉　1大匙

沾醬

辣椒泥　4大匙
朝天椒　2大匙
棕櫚糖　2大匙
白糖　1大匙
魚露　2大匙
羅望子汁　3大匙
熱水　½杯
金桔　10顆

步驟

1. 將二節翅洗淨，以廚房紙巾擦乾水分，備用。
2. 新鮮檸檬葉去掉中間梗，切細末；胡荽子梗切細末，備用。
3. 把全部的【**粉狀辛香料**】、蒜泥、油脂、棕櫚糖及【**步驟2**】全部拌入雞翅中，來回按摩半分鐘，醃漬約30分鐘。
4. 可以直火燒烤，或是放入180度烤箱烤25-30分鐘即可出爐。
5. 將【**沾醬**】所有材料混合，煮開就是沾醬，雞翅沾取食用。

point　雞翅若醃隔夜，味道會更好。

泰式烤雞翅風味圖

以清香型香草交織南洋風味

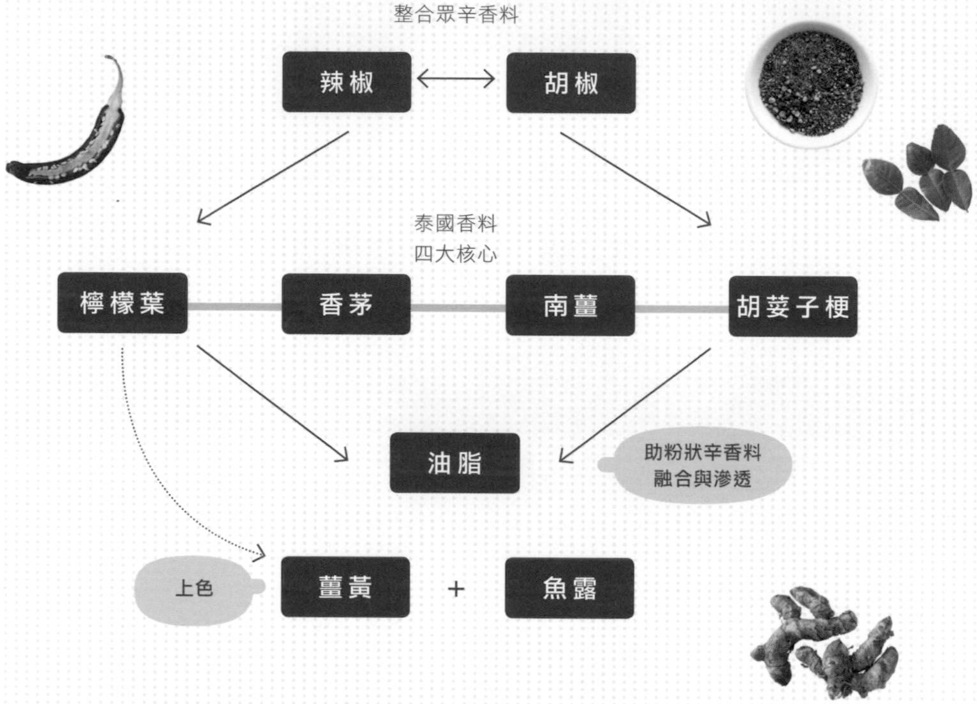

南薑、香茅、胡荽子梗、檸檬葉打造泰風味

- **辣椒、白胡椒**：聯手架構起食譜之配置，讓「辛」建立於「香」之上，辣點到為止。這樣的編排方式同時兼顧吃辣與不吃辣的族群。
- **檸檬葉、胡荽子梗、香茅粉、南薑粉**：是主要核心辛香料／香草，如果方便取得新鮮香茅和南薑更好。新鮮與粉狀的差別在於，前者清香，後者滲透性強，各有利弊，而適度辛味可提升清香型的飽和度，達到提升「風味」效果。
- **薑黃**：使用薑黃粉上色，需要脂溶性物質調和，讓其容易附著於食物上，產生完美視覺感，秋天薑黃季節也可改用新鮮薑黃，磨成泥一起醃漬即可。

point 以「泰式」烤雞翅為主題，當然以泰國核心辛香料為主，在調味選擇上則著重棕櫚糖與魚露。

泰式沾醬風味圖

醬汁同時展現辛、酸、甜、鹹四味

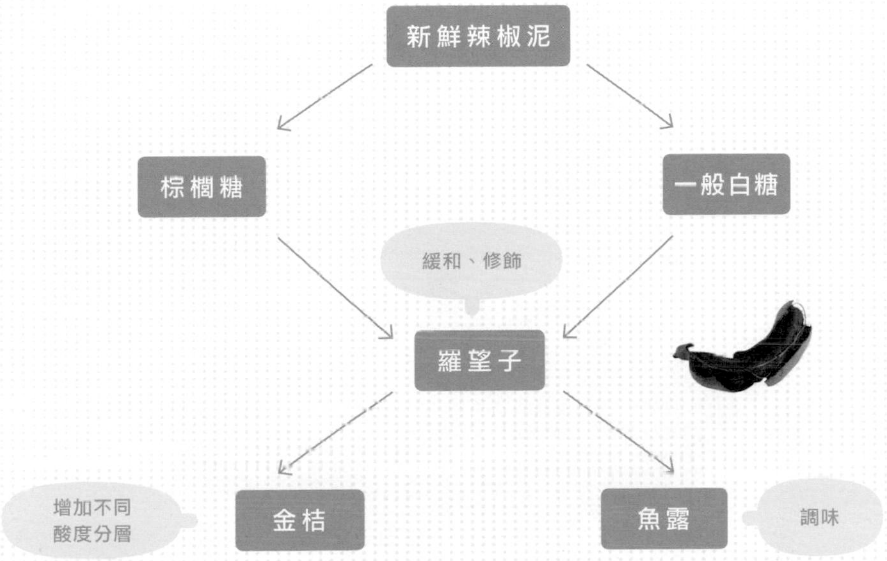

辣椒主味，羅望子酸香解膩

- **辣椒**：泰式烤雞翅風味圖上只有清香型香草，沾醬採用辣椒的比例稍重。一般辣椒加朝天椒，比例為2：1。
- **棕櫚糖、金桔、魚露**：棕櫚糖一可平衡辣味，二經溶化後產生黏稠感，帶出勾芡效果；再加上金桔，果香味層次瞬間凸出；最後以魚露提鮮。
- **羅望子**：獨特酒石酸能巧妙引出食材鮮味，有時也扮演解膩、開胃作用。它還能修飾或緩和口腔單一味道帶來的疲憊感，營造煥然一新的味覺感受。

Annatto
辛香料
27

胭脂子

為食物上橙黃色澤的辛香料

胭脂子的表皮含有4.5-5.5%的色素，在脂溶性中有類似胡蘿蔔素的結構，會釋放70-80%的胭脂素，這種色素越多，橙色或橙黃色澤就越亮麗；被世界衛生組織認可為不具毒性、不會破壞食物味道且具有價值的辛香料。

胭脂子是一種熱帶紅木科紅木屬胭脂樹的種子，其成分除了脂溶性的胭脂素外，還有水溶性的降紅木素，南美洲許多餐飲業者會以胭脂子取代亞硝酸鹽加入香腸，並用於蛋黃醬上色、加入烘焙產品增加賣相。

微微胡椒及淡花香，添加咖哩能緩和辛辣感

英名	Annatto
學名	*Bixa orellana* L.
別名	紅木、紅木素、胭脂樹紅、唇膏樹、婀娜多
原鄉	巴西

屬性

調味料

辛香料基本味覺

辛　甘　酸　苦　鹹　澀

適合搭配的食材

米飯、蛋糕、餅乾類、奶油類、雞肉、豬肉、米食加工類、麵食加工類

麻吉的香草或辛香料

蒜、薑、奧勒岡、紅椒粉、胡椒、小茴香、辣椒、胡荽子、眾香子、丁香、八角、肉豆蔻、豆蔻皮

建議的烹調用法

浸泡、煉油

食療

- 種子中具有高含量的胡蘿蔔素，能保護眼睛、防止白內障、預防退化性黃斑病變
- 成分有生育三烯酚，可以保護細胞膜、預防皺紋、抗老化，使皮膚緊實
- 種子具有高含量的纖維幫助消化，降低膽固醇

香氣與成分

- 帶有微微胡椒及淡淡花香的味道
- 種子在脂溶性中會釋放70-80％的胭脂素，帶出橙色或橙黃色澤

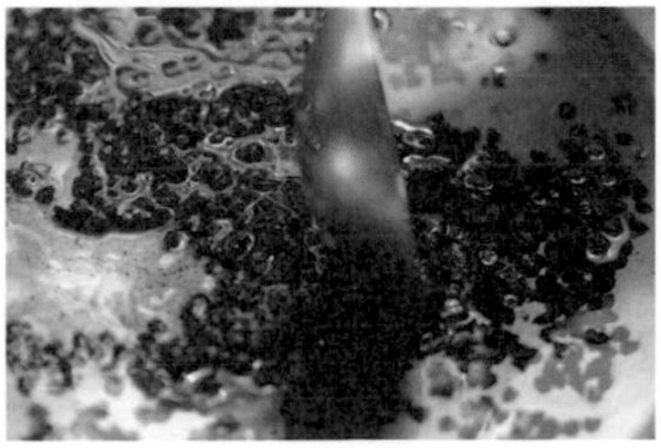

胭脂子 Story

菲律賓的國民辛香料

第一次吃菲律賓國菜adobo時，驚豔怎麼可能把雞肉金黃色澤表現得如此金黃亮麗，難道是色素？而嘴裡不時散發出淡淡花香，在炎熱天氣特別讓人心曠神怡，自此以後，我對胭脂子留下了深刻印象。

車子行經薄荷島（Bohol Island）的鄉間小路，放眼望去盡是一棵棵結滿心形蒴果、非常搶眼的胭脂樹。遠看像紅毛丹，外皮披著一身軟刺，剝開裡面有一層薄膜，大約長滿五十粒種子，菲律賓人家家戶戶種上幾棵以備不時之需，炒菜、滷肉、燉雞無所不用，可說是菲律賓的國民辛香料。

從南美洲到亞洲多元用途

胭脂子的學名為*Bixa orellana*，這名字是記念十六世紀發現亞馬遜的西班牙征服者法蘭西斯科·德·奧雷亞納（Francisco de Orellano）。當時哥倫布一直深信自己抵達的陸地就是「印度」，一直到一五〇六年辭世都深信不疑。過了十五年，麥哲倫於一五二一年登陸菲律賓群島，胭脂子正式從南美洲遷到亞洲並落地生根，當地人稱為Achiote。

讓我們透過古人智慧來一窺胭脂子用途。古代馬雅人將其視為血液的象徵，並用胭脂

1. 胭脂樹一顆顆心形帶刺的蒴果。

2. 蒴果內新鮮的胭脂子。

3. 胭脂子普遍做為染料，賦予起司、奶油色澤，亦添加於燻魚、飲料中。

樹做墨水以書寫神聖經文；不單如此，他們利用亮麗色彩來彩繪身體，以此掩飾身分並防止敵人侵襲，在深山中走動還能避免皮膚遭昆蟲叮咬。胭脂子成分中有一種類胡蘿蔔素亦能抗紫外線，防曬傷。過去原住民利用它來染髮或製作唇膏，故又有「唇膏樹」的別名。

十六世紀的阿茲特克人將胭脂子加入神聖的「可可」當中，象徵與血液合而為一，並視之為釀造時重要的原料，而做為染料的習慣一直持續到今日：在食物中賦予起司、奶油色澤，亦添加於燻魚、飲料中；在大型工業用途為紡織業染料、木材著色、地板打蠟……在小型工業用途為鞋油、指甲油、肥皂……可說是包羅萬象。

古印度阿育吠陀醫生把葉、根用於治療痢疾及抗發炎；胭脂子對貧富差距極大的印度非常有幫助，人們很早就發現根與皮是抗寄生蟲良藥，醫學研究進一步證實，胭脂子的生育三烯酚有抑制膽固醇及抗癌的作用，也難怪南美洲的薩滿巫醫對胭脂葉茶如此熱衷。

1

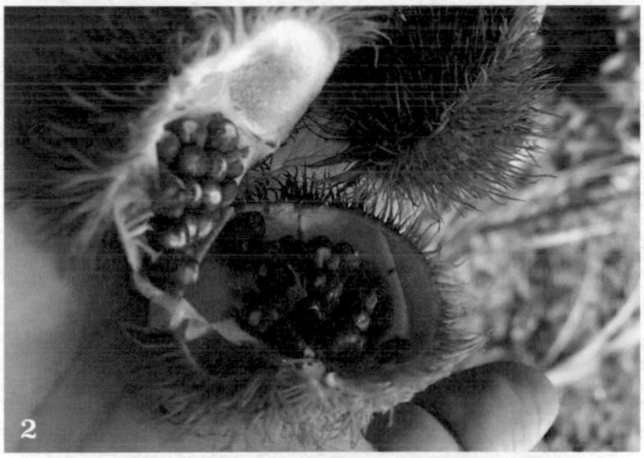
2

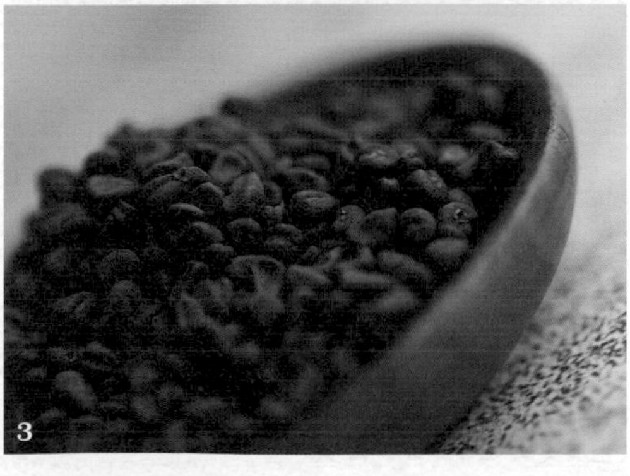
3

WHO背書—不具毒性的著色香料

胭脂子的表皮含有四．五至五．五％的色素，在脂溶性中有類似胡蘿蔔素的結構，會釋放七〇至八〇％的胭脂素，這種色素越多，橙色或橙黃色澤就越亮麗；被世界衛生組織認可為不具毒性、不會破壞食物味道且具有價值的辛香料。

胭脂子是一種熱帶紅木科紅木屬胭脂樹的種子，其成分除了脂溶性的胭脂素外，還有水溶性的降紅木素，南美洲許多餐飲業者會以胭脂子取代亞硝酸鹽加入香腸，並用於蛋黃醬上色與烘焙產品。許多原住民在宗教儀式中塗抹象徵莊嚴，有一部分人甚至研磨成粉當作壯陽藥，或在懷孕時以胭脂葉熬水當茶飲止孕吐。

辛香料語錄：唇若丹霞，熱情如火

許多商家會以胭脂子替代番紅花入菜，這樣確實省去不少成本。它與金盞花、薑黃迥異，帶有微微胡椒及淡淡花香的味道，表現更加細緻。越南人會將胭脂子釋出金黃色油脂來炒肉、燉肉，菲律賓人把它加入雞肉上色，這是因為降紅木素及胭脂素具有與蛋白質結合的能力，尤其是魚類。然而，一旦在菜餚中遇上酸性物質，就會變得較不穩定，若要定色需特別注意。

在南美洲的夏日，胭脂樹開滿一朵朵精緻粉紅色花朵，最後變成一顆顆心形帶軟刺的蒴果，一棵小胭脂樹可以生產高達兩百七十公斤的種子，人們收集這些種子浸漬在水中，然後乾燥壓成餅狀包裝出售，外表看起來很像雞湯塊。在台灣可以在東南亞食品材料店買到，一小包橘紅色的粒狀辛香料，質地有點硬，需要研磨較久，也可以整顆使用。

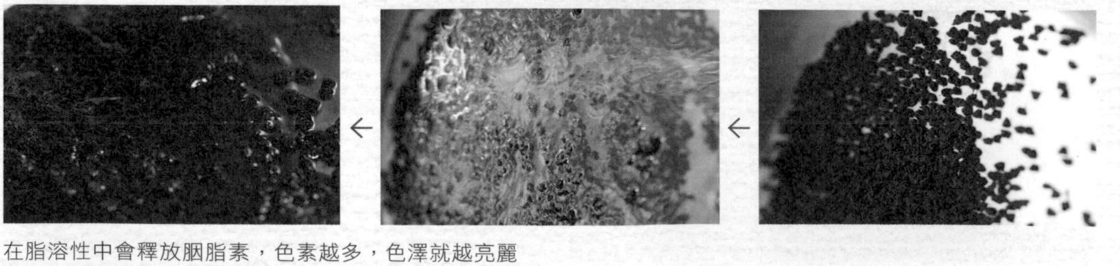

在脂溶性中會釋放胭脂素，色素越多，色澤就越亮麗

新鮮胭脂子容易融於水，拿在手裡很快就會沾染皮膚，乾燥後的胭脂子較易溶於油脂中，可在炒肉或醃漬肉類時加入；若想幫糯米糰、麵條、餅皮、糕點類上色，可以磨成粉後用開水浸泡釋出色澤，但效果還是不如油脂。除了油脂外，南美洲的拉丁民族喜歡將種子提煉成油，煮出黃澄澄的飯。他們深知胭脂子裡的胡蘿蔔素能抗氧化，還可以避免眼睛產生黃斑病變。

胭脂子雖在東南亞早已落地生根，卻非所有國家的人都擅長用它來燒菜，除了越南及菲律賓之外，東南亞其他國家只當路樹不入菜。

世界廚房

越南飲食受法、中兩國文化影響，喜嗜清淡、舒爽，調味不會過度。越南人常取胭脂子油為食物上色，滷肉、炒肉、烤肉或醃漬時立即派上用場；將胭脂子加入湯裡熬製，就成了番茄湯米粉（bun rieu）畫龍點睛的色澤來源，也會用它醃製越南法國麵包裡的滷肉；或者添加在咖哩中，避免了辛辣感又能增加色澤，真是一舉兩得。

印度人會將胭脂子煉油後加入雞肉醃製，窯烤出迷人色澤（唐杜里烤雞），有些鄉鎮婦女平時用於裝扮：研磨成粉和水成膏，在前額點上硃砂表示已嫁為人婦，受到神祉的庇祐，保護家庭和樂。

墨西哥人對菜餚色香味也有獨特見解，將食材、沾醬營造出繽紛色彩，比如將胭脂子油加入莎莎醬、墨西哥捲餅內餡堆疊出層層滋味；鹹香酸溜口感的胭脂魚（pescado en achiote）烤得橘紅焦香，讓人食指大動。

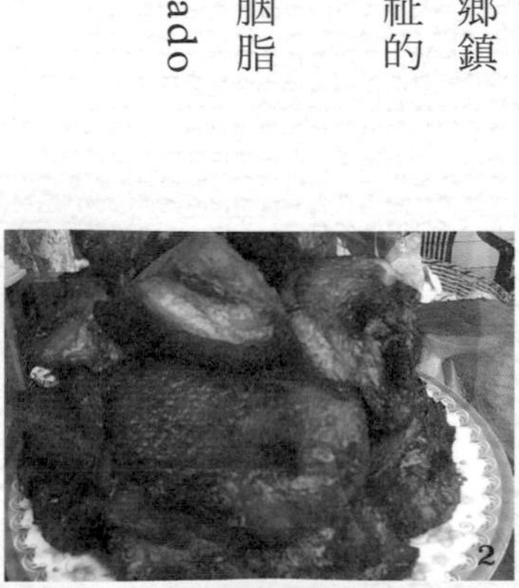

1. 胭脂子是越南熬製番茄湯米粉的色澤來源。

2. 越南滷肉取胭脂子油為食物上色。

動手試試看

日常版

胭脂子乳油木果皂（500g）

你是手工皂的擁護者嗎？入皂上色的材料很有限嗎？一定要來認識胭脂子。它不僅色彩豔麗，還有保健功能，能避昆蟲叮咬，對於皮膚曬傷及抗紫外線也有很好的效果。

材料

油脂
椰子油　80毫升
胭脂子　26毫升
乳油木果脂　80毫升
篦麻油　30毫升
橄欖油　120毫升
棕櫚油　60毫升

鹼水
氫氧化鈉　50克
純水　110毫升

精油
迷迭香　8毫升
佛手柑　8毫升
醒目薰衣草　5毫升

步驟

胭脂椰子油製作

1. 將椰子油隔水加熱至80-90度後，放入胭脂子（椰子油和胭脂子比例為3:1）。
2. 讓胭脂子釋放，油脂變成橘紅色後，離開隔水加熱的程序，讓溫度慢慢降至45度。
3. 乳油木果脂隔水融化後，依序加入篦麻油、橄欖油及棕櫚油，隔水加熱至45度。
4. 加入【步驟2】的胭脂子與椰子浸泡油，兩種油脂混合後，以隔水加熱或隔水降溫，將溫度控制在45度。

鹼液製作

5. 取杯子量好氫氧化鈉，用不鏽鋼杯量好純水。
6. 將氫氧化鈉緩慢地分批加入純水中，動作要緩慢並一直攪拌，以免結塊。待全部溶解後即為鹼液。

皂體融合

7. 待鹼液隔水降溫降45度，緩緩倒入【步驟4】的45度油脂，開始持續攪拌。皂液濃稠如美乃滋時，緩緩倒入所有精油，讓精油與皂液融合。

8. 攪拌至皂液可以寫一個8不會消失的稠度。過程中溫度一定要維持在40-45度。
9. 將完成後的皂液倒入皂模，放入保麗龍盒中保溫，使其在保溫下逐漸皂化。
10. 24小時後皂液成形即可脫模，放陰涼乾燥處42天後啟用。

point 氫氧化鈉屬於強鹼，溶解過程中會升溫並釋出腐蝕性蒸汽，一定要在通風處操作，建議戴口罩和手套，小朋友不宜操作。

動手試試看

進階版

胭脂烤魚

這是一道來自猶加敦半島馬雅人的經典菜：胭脂烤魚原文tikin-xic的意思是「乾翼」。過去這區域有許多鯊魚棲息，當地人取肉醃漬，再用香蕉葉包裹直火燒烤，最後撒上生洋蔥、新鮮番茄、青椒，並擠上檸檬享用。若你喜歡吃辣，這道菜非常夠味過癮。

材料

新鮮柳橙　半顆
檸檬　1/4顆
白魚肉　250-300克
洋蔥　40克
新鮮番茄　半顆
蒜末　1茶匙
鹽　$^1/_8$茶匙

spice

新鮮辣椒泥　1大匙
辣椒粉　½茶匙
胭脂子油　2茶匙
錫蘭肉桂　¼茶匙
小茴香　½茶匙
丁香　¼茶匙
花椒　¼茶匙（選項）
新鮮咖哩葉　4片（選項）
胡荽子粉　¼茶匙（選項）
甜胡椒　½茶匙

步驟

1. 柳橙、檸檬擠汁，備用。
2. 將所有辛香料混合打成膏狀，加入檸檬汁$^2/_3$，與柳橙汁攪拌均勻後，加鹽、蒜末，塗抹於魚身，醃漬半小時。
3. 烤箱加熱至170度，烤30-35分鐘。
4. 以香蕉葉包裹後直火燒烤。
5. 趁熱鋪上番茄、洋蔥，並加入剩下$^1/_3$的檸檬汁。

point 這道墨西哥菜餚辛辣夠味，若要調整辣度，可以少放辣椒。減去辛辣味之後，外觀色澤不改變，而口味更適合東方人。

胭脂烤魚風味圖

多重香氣鋪陳辛辣與鮮甜風味

1

新鮮辣椒泥 + 辣椒粉

↓

錫蘭肉桂 → 小茴香

丁香

胡荽子 + 咖哩葉

調味與增香

2

蒜末 → 甜胡椒

↓

胭脂子

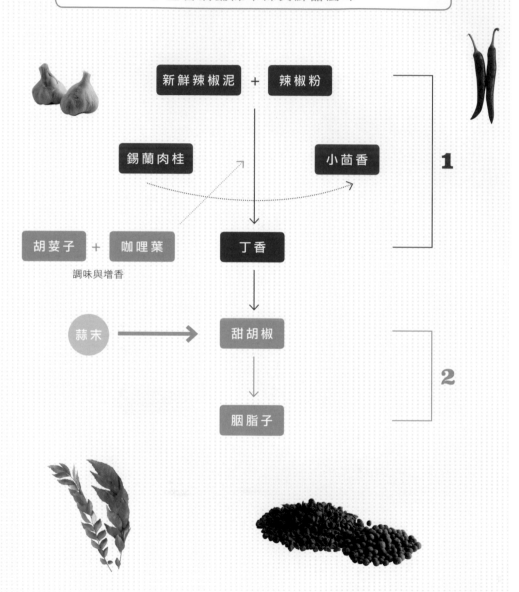

1 錫蘭肉桂緩和辣椒辛度，小茴香鋪陳底香

- **辣椒**：這道菜完全反映出墨西哥人的嗜辣習慣，加入新鮮辣椒泥、辣椒粉兩種辣椒。
- **錫蘭肉桂**：加入少許錫蘭肉桂可減緩辛度感受。
- **小茴香**：在第一層鋪陳底香，若要加入¼茶匙花椒，則減去一半的小茴香並刪去丁香，以免干擾味道。

2 咖哩葉增添柑橘味，胡荽子鮮甜，胭脂子上色

- **甜胡椒**：雖為全方位辛香料，但無法擔綱第一層主位，因為集五種香氣於一身的味道彼此搶戲，會使魚肉過於沉重，令人無法消受。若要調整食譜，可減去一半甜胡椒的量，蒜末宜保留。
- **胭脂子**：典型的上色功能，有淡淡花香。
- **咖哩葉、胡荽子**：加上新鮮咖哩葉的柑橘味；而甜味辛香料胡荽子加入陣容，帶來鮮甜與引起食慾的色澤。最後擠上檸檬，倒一杯白酒，自己享受一頓異國風情也浪漫。

Turmeric
辛香料
28

薑黃

南洋餐桌常見的上色調味料

很快與食材融合，
如溫婉、隨遇而安的女子

薑黃的根莖、花蕾及葉子都可以食用，在盛產季節盡量使用新鮮薑黃塊莖，無論是切片、搗碎或研磨成泥，都能做不同形態食物，東南亞人會把花蕾燙熟後涼拌食用，或以嫩葉做沙拉、包裹食物燒烤會隱隱散發柑橘香，令人垂涎。印度人習慣把整個根莖漂洗，去除鬚根煮過，讓澱粉熟化，日曬後研磨成粉。薑黃粉的「辛」及「苦」味，在複方中較易隱而不彰，例如搭配甜味的胡荽子、充滿香氣的茴香類、對比強烈的葫蘆巴、濃郁得讓人印象深刻的肉豆蔻……都會讓薑黃產生「隱匿」效果。

加入食物能抑制細菌，防止質變

英名	Turmeric
學名	*Curcuma longa*
別名	黃薑
原鄉	印度

屬性

調味料

辛香料基本味覺

辛 甘 酸 苦 鹹 澀

適合搭配的食材

米飯、豆類、柑橘類水果、蛋類、乳製品、海鮮類、肉類、堅果、果乾、椰奶

麻吉的香草或辛香料

絕大部分都適合，避開部分香草：奧勒岡、迷迭香、百里香、紫蘇、薰衣草

建議的烹調用法

燒烤、蒸煮、醃漬、拌炒、油炸、涼拌、油煎、燜煮

食療

- 薑黃素具有抗氧化、抗炎作用，有助於減緩腦出血疾病、抑制腸胃道疾病、修復肝臟
- 現代中醫利用薑黃素來降低血脂、動脈粥樣硬化、心肌梗塞、缺血性腦血管疾病

香氣與成分

- 薑黃內含揮發性油脂（0.3-7.2%），經過熱轉化，會使其木質香氣突出、麝香明顯
- 薑黃酮與薑黃烯具有香氣，但更著重上色能力

薑黃塊根經乾燥磨成的粉末，為咖哩的重要調色香料。

薑黃 Story

是仙子也是庶人——南洋餐桌常見的上色調味料

從我有記憶以來，薑黃一直是日常餐桌上的一部分，東南亞人信手拈來塗抹海鮮醃漬，或煎或烤，麝香誘人。薑黃可以加入湯品中，或是做成各式各樣的咖哩或涼拌菜，也可能是醃漬，例如娘惹阿雜（nyonya acar），金黃色澤好清爽。遇見生理期不舒服、胃痛坐立難安，身邊若有薑黃就可以緩和症狀。

不管做為保健用品還是美味菜餚，它一直存在東南亞人的四周，自然而然得幾乎忘了它的存在。不單在庶民廚房，大到國家正式場合，小至私人婚宴喜慶、小孩彌月迎生，必吃的薑黃飯（nasi kuning）地位也不若一般，越南的蝦薄餅（banh xeo）、柬埔寨國民料理阿莫咖哩（amok curry）、緬甸庶民麵食魚湯麵（mohinga）、泰國必吃的黃咖哩（yellow curry），每道都需要大量薑黃上色。

薑黃素抗氧化、抗炎效果被醫界重視

大家口中薑黃就是「秋鬱金」，它是薑科薑黃屬，根莖、花蕾、葉子都是風味來源。薑黃是印度非常古老的植物，西元前九七〇年已開始栽種，十六世紀後一度張冠李戴，把薑黃魚目混珠當成番紅花販售，因此有了「印度番紅花」之稱。

古印度醫學阿育吠陀用薑黃治療類風濕性關節炎及搔癢症，對皮膚疾病（如化膿腫脹、外傷出血）也很有效。說到這裡，我在研究薑黃的過程中也發現，第二次世界大戰期間，日本人有隨身攜帶薑黃粉的習慣，為的是進行緊急止血。印度兩部經典《闍羅迦集》及《妙聞集》記載薑黃對糖尿病、痲瘋病、象皮病、皮膚蘚的用藥紀錄，現代中醫利用薑黃素來降低血脂、動脈粥樣硬化、心肌梗塞、缺血性腦血管疾病。薑黃素的抗氧化作用及抗炎作用有助於減緩腦出血疾病，對腸胃道疾病達到抑制作用，對肝臟修復亦有良好功效。

台灣吹起薑黃熱潮，適合搭配柑橘類水果

近十年，在台灣各地吹起一股吃薑黃的熱潮，從薑黃錠、薑黃粉到加工食品，業者創造許多獨特的食用方式；把薑黃加入豆漿、布丁、糕點、麵包、麵食、熱炒等，卯足全力希望大家看見薑黃的食療功能。正因薑黃屬性為「苦」，限制了膳食中的發揮空間，但只要經過熱轉化，薑黃內含揮發油脂（〇・三至七・二%）會更趨於穩定，使木質香氣突出，麝香明顯。再不然就來個瞞天過海，搭配柑橘類水果或同色系食材，融合得看不出破綻，不過前提是必須要好喝好吃。

是仙子也是庶民——印度宗教與禮俗必備香料

薑黃原產於印度，並且有超過六千年歷史，它不單是膳食辛香料，同時也是保健用藥，在印度人的宗教祭祀及生命禮俗中甚為重要：從孩子呱呱落地開始即以薑黃牛奶沐

不同品種的薑黃，花的顏色也不同。

浴，象徵迎生；婚禮時塗抹薑黃去邪鎮煞，同時達到護膚美容效果；以薑黃祭祀吉祥天女（Lakshmi）有富貴吉祥的隱喻；在宗教儀式中以乾薑黃鑿洞穿線並繫於手腕履行懺悔儀式，是一年一度大寶森節（Thaipusam）盛事。縱然印度種姓階級分明，但在薑黃面前，管你是婆羅門、剎帝利、吠陀、首陀羅，抑或是不可觸碰的賤民，婚禮儀式一樣少不了薑黃鎮煞護身；走到生命盡頭還是離不開薑黃儀式：將遺體清洗乾淨後，塗抹薑黃於額頭、眼睛以表淨化，在現實中印度社會只有薑黃有能耐跨過籓籬，成為共同採納的符號象徵。

從印度流傳到南洋，無心插柳柳成蔭

薑黃在西元前隨著印度商賈來到東南亞扎根，個性跟印度人一樣，低調、沉穩又不帶侵略性、沒有政治野心或擴張主義，只想各彈各的調，井水不犯河水，沒想到意外被馬來族採納，在舉行婚禮時向新人灑薑黃米代表祝福。後來華人也來參一腳，在彌月禮中分送薑黃糯米飯、咖哩雞、紅蛋、紅龜糕象徵迎生祝福。

印尼大街小巷總有婦女側背許多瓶瓶罐罐，專為犯疾民眾調製各式各樣的機能性飲料——賈姆（Jamu），其中有以薑黃為基底，幾個世紀來一直以最平易近人又天然的方式治癒感冒、拉肚子、咳嗽、中暑等，是印尼特有的國寶級傳統療法，近年來政府更積極向聯合國教科文組織申請列入非物質文化遺產，受到重視。

台灣曾是薑黃重要產地

薑黃自清領時期就是台灣南部重要的輸出品，有防蟲、抗菌效果，當時塗抹於乾龍眼、用於染布、製作線香與金紙等，在清領時期大量輸出中國，一八九二年印度產地歉收，台灣攀上出口巔峰，成為世界最大出口地。

到了日治時代，薑黃順勢成為主要外匯來源，還用於醃漬蘿蔔、芥末醬、美乃滋、豆腐等做為食物天然染色劑，且當時的西洋料理屋已普遍販售咖哩，薑黃也成為重要的調配辛香料。

薑黃還是鬱金？薑黃斷面呈「橘黃」！

唐代李勣等人修撰《新修本草》提到薑黃「與鬱金同，惟花生異爾」一說；宋代蘇頌《本草圖經》認為鬱金、薑黃、蒁藥乃三種不同之物：「謹按鬱金、薑黃、蒁藥三物相近，蘇恭不細辨，所說乃如一物。陳藏器解紛云：蒁，味苦，色青；薑黃，味辛，溫，色黃；鬱金，味苦，寒，色赤，主馬熱病。三物不同，所用全別。」十六世紀李時珍的《本草綱目》終於釐清，告訴人們如何分辨薑黃：「薑黃、鬱金、蒁藥三物，形狀功用皆相近，但鬱金入心治血，而薑黃兼入脾，兼治氣，蒁藥則入肝，兼治氣中之血，為不同爾。」洋洋灑灑一大篇，看了還是不知道應該如何分辨？沒關係，薑黃屬共有五十餘種，搞不清楚是正常的！提供一個簡單的方法：切開斷面，呈「橘黃」色澤的就是薑黃！秋末約十一月到翌年三月是當季食材；春鬱金切開斷面是「淡黃」色；莪朮切開斷面是「黃中帶微紫」色。若要用於保健食品必須請教專業人員，若是烹煮咖哩或辛香料使用，就是橘黃色的「秋鬱金」。

薑黃的根莖、花蕾、葉子都能用！

薑黃還能怎麼用？這是多數人想知道的問題！

首先，它有大量的薑黃素，屬於脂溶性營養素，適合搭配油脂類、乳製品或含酒精成分的食物。另外，薑黃酮與薑黃烯雖有香氣，但更著重上色能力，印度料理常以薑黃來烹調咖哩。對住在赤道國家的人們來說，薑黃主要的功能有抑制細菌的效果，能防止食物質變。

事實上，薑黃的根莖、花蕾及葉子都可以食用，在盛產季節盡量使用新鮮薑黃塊莖，無論是切片、搗碎或研磨成泥，都能做出不同形態的食物，東南亞人會把花蕾燙熟後涼拌食用，或以嫩葉做沙拉、包裹食物燒烤會隱隱散發柑橘香，充滿熱帶風情。印度人習慣把整個根莖漂洗，去除鬚根煮過，日曬後研磨成粉。薑黃粉的「辛」及「苦」味，在複方中較易隱而不彰，例如甜味的胡荽子、充滿香氣的茴香類、對比強烈的葫蘆巴、濃郁得讓人印象深刻的肉豆蔻、一聞即輕飄飄的小豆蔻……都會產生「隱匿」效果，遇任何屬性辛香料或香草都能轉換自若，如同隨遇而安的女子。

薑黃的新鮮塊莖可以榨汁或切片煮熟，再與柑橘類水果相互搭配，會有如喝果汁般的錯覺。薑黃原屬性「苦」，限制了在膳食中的發揮空間，尤其是中式料理，但仍可透過火候、溫度、蒸氣等方式產生熱轉化，適合跟海鮮類、肉類、豆類等搭配，或是與乳製品（如牛奶、奶油、優格）混合，因為薑黃遇酸可減緩苦味產生。用薑黃煮飯時，請記得加入少許油脂以利薑黃素釋放，讓薑黃味的木質香氣突出，麝香明顯。

薑黃的嫩葉做沙拉、包裹食物燒烤會隱隱散發柑橘香。

辛料
香料
調味料
薑黃

動手試試看
日常版

薑黃 × 酒釀小番茄

薑黃可以搭配小番茄做成酒釀番茄，甜甜酸酸的滋味，令人開胃。

材料
小番茄　250克
白酒　200毫升
冰糖　60克
酸梅粉　20克
白醋　20毫升
水　200毫升

spice
薑黃粉　1茶匙

步驟
1. 將沸水倒入小番茄中（需淹蓋過番茄），約1分鐘後瀝乾，剝去皮，備用。
2. 起鍋，將冰糖與水融化後，加入白酒與薑黃粉，略滾1分鐘，加入白醋、酸梅粉直到均勻。
3. 待涼後，加入【步驟1】的小番茄浸泡，隔夜即可食用。

薑黃很適合搭配柑橘類水果
或同色系食材。

動手試試看
進階版

薑黃 × 台灣咖哩雞

這是一道來自1920年代的咖哩味道！當時日本人在台灣推廣咖哩，要價不斐，主要講究香味突出，溫和可口，多以香料、調味料單方鋪陳排列，咖哩味道溫潤，是一道最接地氣的咖哩。

材料

仿土雞腿肉　1支
馬鈴薯　1顆
紅蘿蔔　1根
洋蔥　1顆
豬油　約2大匙
蒜末　約1大匙
高湯　1鍋
【spice】台灣咖哩粉 3½茶匙
鹽、糖、醬油、白醋　些許
太白粉水　些許

雞肉醃料

【spice】台灣咖哩粉 1茶匙
鹽　½茶匙
油脂　些許

spice

台灣咖哩粉

辣椒粉　2大匙
胡荽子粉　4大匙
小茴香粉　3大匙
薑粉　1大匙
中國肉桂粉　1大匙
薑黃粉　6大匙
胡椒粉　1大匙
八角粉　2茶匙
丁香粉　1½茶匙
甘草粉　2茶匙

步驟

1. 準備【spice】的辛香料，混合成台灣咖哩粉，乾鍋炒香後裝瓶熟成一週，備用。
2. 仿土雞腿肉剁大塊，馬鈴薯、紅蘿蔔接切小塊，洋蔥切絲，備用。
3. 先醃雞腿肉：混合【雞肉醃料】的咖哩粉、鹽、油脂醃雞肉，至少30分鐘。
4. 起油鍋，放入洋蔥炒，過程加入蒜末同炒，洋蔥炒至稍微變淺褐色，加入馬鈴薯、紅蘿蔔與雞肉，炒至雞肉縮起。
5. 加入少許高湯拌勻，再加入3½茶匙的咖哩粉炒勻，接著加入高湯至食材約9分滿高度熬煮。
6. 煮至肉熟後，先試味道，再以鹽、糖、醬油、白醋調味，最後加入太白粉水調整至喜歡的稠度即可。

台灣咖哩雞風味圖

讓咖哩辛而不辣，香甜圓潤的技巧

增加口感　洋蔥

白醋 → 激發香氣

辣椒粉	→ 全方位／主位
胡荽子粉	→ 調味料
小茴香粉	→ 香料、調味料
薑粉	→ 全方位／主位
中國肉桂	→ 香料、調味料
薑黃粉	→ 調味料
胡椒粉	→ 全方位／主位
八角粉	→ 香料、調味料
丁香粉	→ 全方位／不擔綱主位
甘草粉	→ 調味料

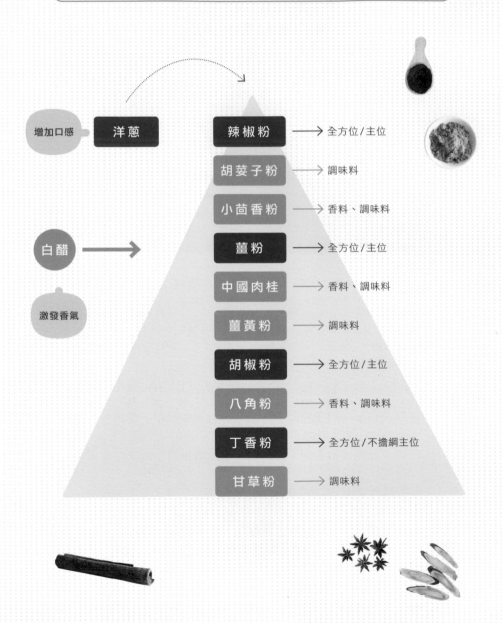

1 四種全方位「辛」味單方，做為提香與調味後盾

特別納入四種具有「辛」味之單方：辣椒、胡椒、薑及丁香，除了丁香不具擔綱主位角色卻具有相當程度之統籌力，正如本書一再重複的同個概念：一紙配方內若少了全方位辛香料，卻過分強調香氣、調味單方，會令整組配方「怪異」，「辛」是提香跟調味最大的推手與後盾。

2 胡荽子緩和辣度，薑黃粉上色

- **胡荽子**：重點來了，既要在配方中加入「辛」，卻不能在咖哩成品中表現出「辣」，量較大的胡荽子粉具有甜味特性，能夠幫助配方呈現香甜圓潤的口感。
- **白醋**：台灣咖哩雞採用醬油跟豬油做為主要調味，一丁點白醋是刻意減緩「微辣」口感而加入，吃起來別有一番滋味，不同於一般咖哩。
- **薑黃**：薑黃粉是重要的上色推手，也具有調味的能力。
- **中國肉桂、八角、丁香**：是當時最通用的香料，也就說明為何台灣人對這幾種香料如此情有獨鍾。

經典菜

一九二七年 台灣咖哩雞

咖哩乃日治時期引進臺灣的料理，一九二〇年代由於薑黃滯銷，為了運用這些薑黃，日本人便在台灣推廣咖哩。當時只在西洋料理餐廳且大多由日本人經營，後來日本撤退離台，烹煮咖哩的技術流傳下來，這道經典菜叫「加里雞」。

因碩士論文探討薑黃議題之便，我翻閱古籍與進出口貿易資料，彙集《日日新報》對當時台灣時空背景下的物資描述，因而得以調配出跨時空的咖哩粉。材料以雞肉、馬鈴薯為主，以豬油爆香洋蔥，再混合麵粉、咖哩粉拌炒，講究一點的餐廳，像是台北江山樓會加入雞骨或豬骨高湯，以醬油來調味，一盤就要價四十元（相當於工人階級一天的工資）是日本人及台灣有錢人出入的場所，並非一般人消費得起。

Shallot
辛香料
29

分蔥 / 紅蔥頭

東南亞廚房的重要基底辛香料

東南亞咖哩忠實追隨者

東南亞人的廚房每天除了舂辣椒外，另一個便是分蔥，在早上準備午餐時間，家家戶戶舂搗聲此起彼落，互相猜測鄰家煮哪一道菜，是娘惹咖哩魚頭？印度咖哩牛？還是海南咖哩雞？無論如何總是少不了分蔥。

提到「分蔥」，多數人可能會狐疑，但如果說「紅蔥頭」，你肯定恍然大悟！沒錯！它是石蒜科蔥屬的多年生草本植物，僅靠鱗莖即可無性繁殖。

在台灣，分蔥是重要的香氣來源，滷肉燥、焢肉、包粽子都不可或缺，而炒米粉、古早味肉羹、拌醬、蔥油，有分蔥就萬事搞定！

鮮分蔥帶辛辣味適合涼拌，滷製、爆香能豐富醬汁口感

英名	Shallot
學名	*Allium cepa* var. *aggregatum*
別名	紅蔥頭、珠蔥、四季蔥頭、珠蔥頭、油蔥、大頭蔥，火蔥、大官蔥、毛蔥、冬蔥、慈蔥、綿蔥、香蔥、科蔥
原鄉	伊朗

屬性

調味料
華人會將分蔥炸酥使用，具增香功能

辛香料基本味覺

辛 甘 酸 苦 鹹 澀

適合搭配的食材

蔬菜、豬肉、雞肉、鴨肉、蛋類、米飯、麵食

麻吉的香草或辛香料

辣椒、蒜、薑、香茅、小茴香、大茴香、茴香子、八角、丁香、中國肉桂、薑黃、胡椒、肉豆蔻、豆蔻皮、胡荽子、獨活草、香茅、南薑、檸檬葉、韭菜、羅勒、月桂

建議的烹調用法

油炸、爆炒、生食、涼拌、燜燒、沾醬

食療

- 分蔥內的大蒜素能降低膽固醇，預防動脈粥硬化
- 分蔥比洋蔥含有更多的鐵、銅，能幫助細胞生成，增加血液循環，增進癒合能力及新陳代謝

香氣與成分

- 未經烹調的分蔥帶有辛辣味，多樣化的醚、硫、醇類化合物等成分適合生吃
- 一旦遇熱熟成，大蒜辣素及甲基丙基二硫醚轉化為甜味及香氣

在台灣，分蔥是滷肉燥、焢肉、包粽子重要的香氣來源。

分蔥
Story

亞洲是分蔥的天下

東南亞人的廚房每天除了舂辣椒外，另一個便是分蔥，在早上準備午餐時間，家家戶戶舂搗聲此起彼落，互相猜測鄰家煮哪一道菜，是娘惹咖哩魚頭？印度咖哩牛？還是海南咖哩雞？無論如何總是少不了分蔥。

提到「分蔥」，多數人可能會狐疑，但如果說「紅蔥頭」，你肯定恍然大悟！沒錯！它是石蒜科蔥屬的多年生草本植物，僅靠鱗莖即可無性繁殖。

在台灣，分蔥是重要的香氣來源，滷肉燥、焢肉、包粽子都不可或缺，而炒米粉、古早味肉羹、拌醬、蔥油，有分蔥就萬事搞定！

古希臘哲學家泰奧弗拉斯托斯及羅馬作家老普林尼，都曾提及分蔥與洋蔥產生混淆，始終說不清楚，一直到一八二二年才被亨利．菲利浦斯（Henry Phillips）區分，分蔥與洋蔥、蒜、韭、青蔥乃同一家族，但非同一植株。

從古埃及墓穴發現的描繪景象推斷，當時人們食用分蔥的情況已非常普遍，可能是經由商賈傳至古印度再到波斯、埃及等地，最後進入地中海，古希臘人在以色列南部的城鎮亞實基倫（Ashkelon）向巴勒斯坦人購得分蔥，拉丁文稱為「來自亞實基倫的蔥」（Ascalonia caepa），英文名Shallot就是因轉譯而來。

在亞洲，分蔥是主要的口感來源；大部分咖哩爆香會使用分蔥，除了在飲食上占有一

席之地外，用於美容可除雀斑，其植物液體能做為金屬防鏽劑及銅製拋光劑，帶皮分蔥煮沸後當噴劑可預防植物病蟲害，外皮亦可當染料使用。

特性及運用方式

分蔥經過風乾處理利於保存，過去一直是西亞人重要的辛香料，用於增加膳食中醬汁口感來源，後來隨著回教傳播全世界。

未經烹調的分蔥帶有辛辣味，多樣化的醚、硫、醇類化合物等成分適合生吃，一旦遇熱熟成，大蒜辣素及甲基丙基二硫醚轉化為甜味及香氣。東南亞人會將分蔥與生辣椒、醃漬小蝦、金桔混合均勻拌飯吃，非常開胃；越南人喜歡在涼拌菜撒上紅蔥頭酥，搭配越南香菜、羅勒、薄荷、韭菜或魚腥草，辛、甘、酸、苦、鹹、澀六種滋味在口中瞬間迸發。

紅蔥頭也適用於滷製與爆香，讓硫化物融入滷汁散發甜香，或是切片、切細末爆香成為咖哩基底，豐富了醬汁口感。世界上的華人餐桌常將分蔥炸酥，做為菜餚重要的素材或直接撒在麵食上以增加酥香滋味，這樣的吃法已成為世界華人族群飲食標的，像是印尼索多湯麵、緬甸魚湯麵、泰國鳳梨炒飯（khao phat sapparot）、越南米粉湯（bun thang）、柬埔寨雞飯（bai moan kampot）、峇里島炒飯（nasi goring），吃紅蔥頭酥的習慣也間接影響其他民族。

分蔥深入東南亞廚房，是料理東南亞咖哩的重要基底辛香料，例如馬來西亞白咖哩、新加坡咖哩蟹、緬甸咖哩魚、峇里島烤雞、越南牛腩咖哩麵包，以及泰國紅、黃、綠咖哩等。首先將分蔥搗碎成泥狀，入鍋爆香熟成，接著加入其他新鮮香料，如辣椒泥、南薑泥、薑黃泥、香茅泥等。分蔥是決定基底醬成敗的關鍵，因為其水分含量占比八〇%以上，內含硫化物，爆香不足或過火都會使分蔥變質變苦，需要多次拿捏練習，才能做出好吃的東南亞咖哩。

世界分蔥的食用方式

分蔥在美洲被定義為蔬菜，有特定的民族飲食概念。智利、阿根廷、巴西喜歡直接烤食分蔥以增加主菜，或是做為配菜食用，如烤分蔥（glazed shallots）、拉丁美洲餡餅恩潘納達（empanada）、分蔥甜派（shallot tarte tatin）；加拿大則將分蔥與培根熬煮成醬，非常受歡迎。

在歐洲，分蔥主要用於爆香，著名的法式洋蔥湯，就是結合分蔥創造出撲鼻香氣，令人垂涎欲滴；單以分蔥拌義大利麵，就可輕易擄獲一票老饕的胃；南義大利把分蔥融入許多經典食譜，如分蔥燉飯、燉章魚；北歐喜歡將分蔥以焦糖慢火煨煮成常備菜，搭配歐姆蛋或三明治食用。

分蔥的原鄉中亞，在市場以炸蔥（mousir）方式出售，撒在優格上供烤肉沾食，或是製作成各式各樣的醃漬蔬菜（torshi）。

膳食中向來沒出現湯品的印度人，據說十七世紀印度教帝國馬塔拉的國王偶然間喝到用分蔥製作的桑巴湯（sambar），對此驚為天人，從此成為南印度國民湯品。

要說日常生活與分蔥形影不離的，莫過於東南亞人。分蔥繼薑黃之後跨越了族裔、宗教、烹食習慣，成為餐桌上的飲食大熔爐。所有咖哩的前置基底必然運用大量分蔥，不論是搗碎或打成泥狀，都是咖哩重要香氣及口感、醬汁來源。

泰國人吃烤肉若沒了分蔥辣椒醬（naam jaew），肯定會覺得失落；新馬娘惹菜的靈魂所在必有真加洛醬（sambal cincalok）……這些經典沾醬背後就是由生的分蔥與新鮮辣椒、蝦醬拌成。

東南亞亦有大量華人傳承原鄉的烹煮技術，將分蔥切薄片油炸成酥，灑在米飯、麵食、涼拌等，發揮得淋漓盡致。

世界華人常將分蔥炸酥做為餐桌上的素材，或直接撒在麵食上以增加酥香滋味。

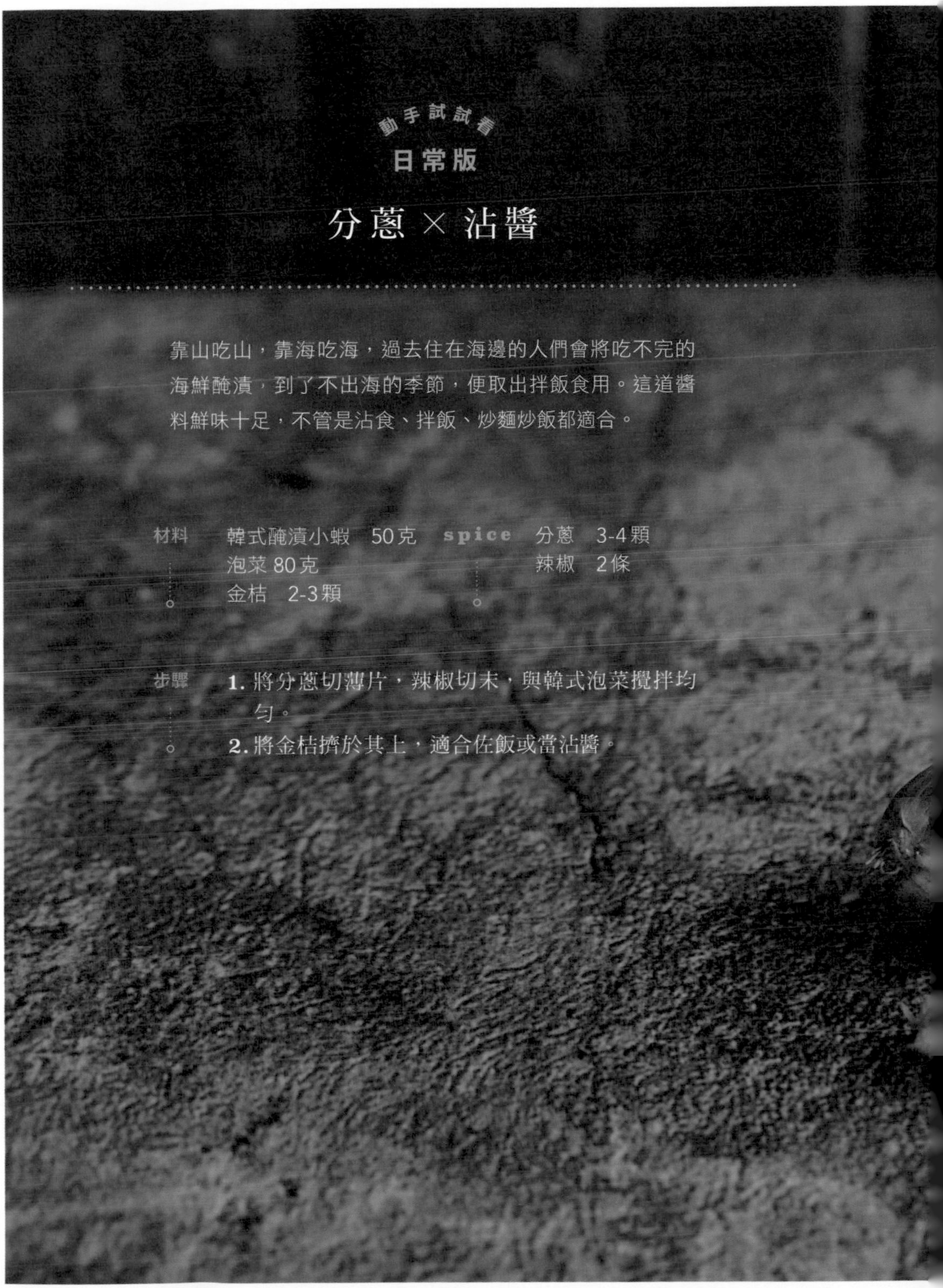

動手試試看
日常版

分蔥 × 沾醬

靠山吃山，靠海吃海，過去住在海邊的人們會將吃不完的海鮮醃漬，到了不出海的季節，便取出拌飯食用。這道醬料鮮味十足，不管是沾食、拌飯、炒麵炒飯都適合。

材料
韓式醃漬小蝦　50克
泡菜 80克
金桔　2-3顆

spice
分蔥　3-4顆
辣椒　2條

步驟
1. 將分蔥切薄片，辣椒切末，與韓式泡菜攪拌均勻。
2. 將金桔擠於其上，適合佐飯或當沾醬。

動手試試看

進階版

分蔥×泰國萬用辣椒醬

這是一道廚房常備的萬用辣椒醬，從日常炒飯、炒麵、拌飯、拌麵到炒泰式粿條（pad thai），或是天冷想簡單吃碗麵，在家就能料理出泰式風味。此外，想調泰式風味醬沾食也很方便，只要把醬體依照自己的辣度調整，再擠一顆金桔或檸檬，就是很棒的海鮮沾醬。

材料

蒜末　1大匙
棕櫚糖／椰子糖　80克
白糖　¼杯
羅望子（稠狀）　100克
海鹽　2大匙
開陽　150克
魚露　適量
油脂　1杯

spice

新鮮辣椒　120克
朝天椒　30克
乾辣椒　10克
分蔥　50克
香茅　6根
南薑　4大匙
胡荽子梗　20克

步驟

1. 新鮮辣椒、朝天椒洗淨瀝乾，乾辣椒以水浸泡約20分鐘直到脹發完畢，瀝乾水分後，備用。
2. 將紅蔥頭去皮，放入調理機打碎。
3. 香茅去頭尾，留梗約18-20公分的地方，並將南薑刮去皮，雙雙放入調理機打成細末。
4. 將【步驟1-3】的材料連同胡荽子梗、蒜末放入調理機，再打一次使其變為泥狀。
5. 起油鍋，倒入一杯油，先炒香開陽，再將所有泥狀辛香料入鍋，中火炒去水分。
6. 水氣不見後（依泡泡大小判斷，泡泡越來越小表示水氣已蒸發），加入調味料：白糖、羅望子、魚露、棕櫚糖（或椰子糖）、海鹽。
7. 確認融化後即可起鍋，裝入已消毒的玻璃瓶中，冷藏可保存3個月。

泰國萬用辣椒醬風味圖

匯集辛、香、鮮、鹹、甜、微酸香氣

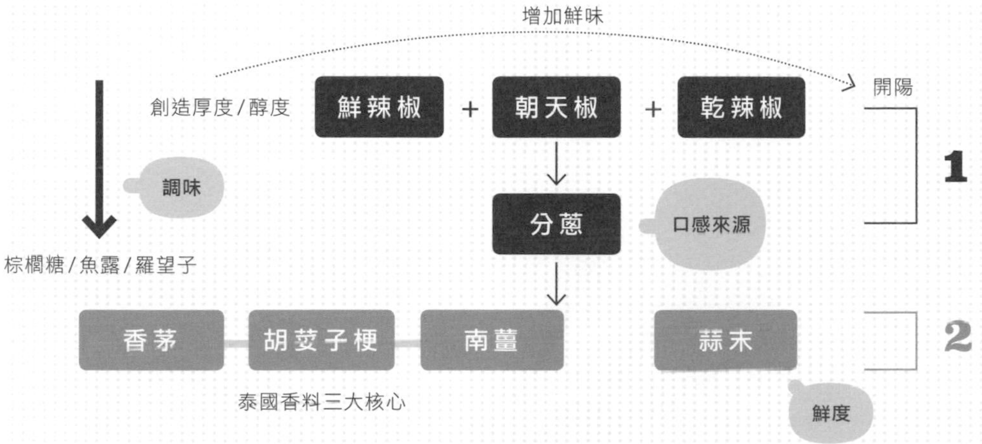

台灣跟東南亞有一點很相像：都是喜愛醬料的民族，常常一醬多用。這是結合泰國香料核心與台灣思辯多元化概念的產出！醬體結合辛、香、鮮、鹹、甜、微酸等味道，夏日開胃，冬天暖胃，是面面俱到的泰式風味。

1 三種辣椒辛味堆疊厚度，分蔥擔當口感來源

- **辣椒：**泰國著重辛、酸、甜、鹹四味平衡，醬體以辛為主，採用三種不同形態辣椒，不同程度的辛味可增加醬體厚度與醇度，另外納入乾辣椒以增加色澤。
- **分蔥：**分蔥在這裡的角色是扮演口感來源，許多東南亞醬體都少不了分蔥加持，在這裡我給了一個參考用量，可自行增減，建議幅度大約在10%內。

2 花椒、八角接續增香

- **香茅、胡荽子梗、南薑：**三者為泰國香料核心。盡可能用新鮮香茅，市面雖有乾燥可供選擇，不建議使用，乾燥的揮發性精油消失，發揮不出菜餚靈魂，胡荽子梗、南薑亦同此理。
- **蒜末：**也可以運用蒜泥，醬體講究成品細緻度，前置作業若做得太粗糙，對整體醬體的成品不利而且拗口，不得不注意！
- **其他調味料：**使用開陽是為了更強化鮮味，魚露、羅望子、棕櫚糖是泰國調味不可或缺的元素。

Pandan leaves
辛香料
30

斑蘭/香蘭

食物的綠色染料，玩色最精采

隱、顯、鹹、甜都能搭配，淡妝濃抹兩相宜

卡士達內餡、清爽可口的冰淇淋、沙瓦、斑蘭蛋糕捲、燒烤全雞塞入斑蘭增加輕柔香氣，取斑蘭葉蒸魚、為鬆餅染上迷人色澤……或隱或顯，或鹹或甜，一如清水出芙蓉，以天然去雕飾，淡妝濃抹總相宜，東南亞情人它當之無愧。榨過汁液的殘渣也別急著丟棄，放在冰箱或洗手間，還能發揮最後剩餘價值，清新空間，你說，斑蘭是不是太物盡其用了呢！

飄逸芋香，東南亞糕點的常用材料

英名	Pandan leaves
學名	*Pandanus amaryllifolius* Roxb.
別名	七葉蘭、斑蘭、芋香林投、飯香草、印度神草、香林投、碧血樹
原鄉	印度、東南亞

屬性

調味料

辛香料基本味覺

辛 甘 酸 苦 鹹 澀

適合搭配的食材

米飯、蛋糕、甜品、米食糕點、麵食糕點、雞肉、豬肉

麻吉的香草或辛香料

香茅、南薑、辣椒、薑、蒜、新鮮香菜、胡荽子、檸檬葉、胡椒

建議的烹調用法

浸泡、油炸、清蒸、熬煮、燒烤

食療

- 清新飄逸的味道，有助於舒緩情緒緊繃
- 斑蘭葉煮茶飲用能降肝火、清熱解毒、消暑、解酒、治痛風

香氣與成分

- 含有一種醛類化學成分2-乙醯-1-吡咯啉，散發類似芋頭香氣
- 高葉綠素含量及複合式的2-乙醯-1-吡咯啉，會隨著搗、碾、揉、燜煮、燒烤、薰香、萃取而融於油脂、水分，附著於食物

將一片新鮮斑蘭葉剪段沖泡熱水，放涼後飲用，能舒緩不安情緒。

斑蘭 Story

天然綠色染料，玩色最精采

斑蘭音譯自Pandan，跟東南亞人說香蘭，他們可能一頭霧水，要說斑蘭，大家才恍然大悟。這種古老野生植物原生於馬達加斯加，一直輻射至熱帶印度、東南亞及亞熱帶國家；由於需要大量水分供給，生長在海岸、河岸、池塘最茁壯肥美。

斑蘭為多年生灌木植物，露兜樹科露兜樹屬，雌雄異株，喜溼熱環境，不需費力照料就能長得勇壯。早期東南亞國家會刻意把斑蘭種在水稻田旁邊，認為它的芬芳氣味有助香作用，讓我想起小時候家人總會將數片香蘭葉放入米缸的經驗。

小時候，看著身邊大人對斑蘭信手拈來，煮、熬、蒸、炸、烤……日常烹飪幾乎不需多加思索，卻道道美味、個個精采！記得當天氣燥熱難受時，媽媽煮綠豆煲糖水，順手從盆栽剪幾片斑蘭葉，稍加清洗打個結，清爽甜美滋味就這樣在空氣中飄散開來，讓人舒服度過炎炎夏日。來台後的某一天，我看見鄰居正在修剪斑蘭葉，便好奇問她：「妳怎麼用？」「煮水喝啊，很不錯喔！」我愣了半秒，接著問：「妳是說當開水喝？」她反問：「難道不是？」我們彼此吃了一驚，默默結束話題。

據老一輩長者透露，斑蘭的確可以消暑解熱，與檸檬或香茅同煮，取其清香也尚可接受，卻不曾聽說將斑蘭熬成一大鍋水，當開水喝。我把這件事告訴娘家媽媽，她緊張地頻頻叮嚀：「太涼了！喝多了，會有婦科毛病哦！」

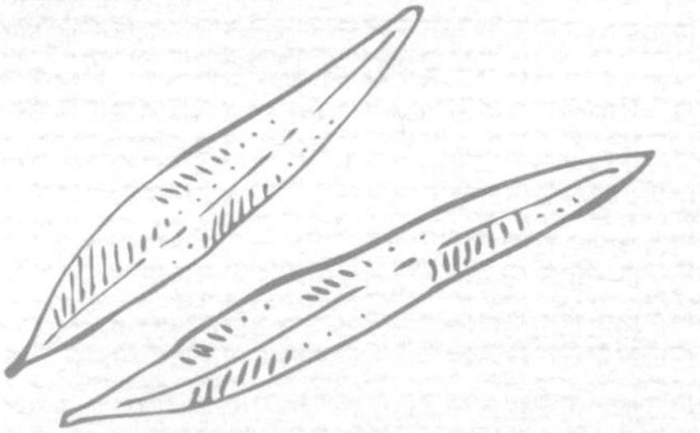

斑蘭葉玩出最大極致的當屬泰國。在阿瑜陀耶王朝時期（一三五一至一七六七年），社會階層分明，當時上流社會與歐洲往來密切，一方面又與中國、荷屬東印度公司進行貿易，皇室常宴請西方人為座上客，餐桌上融合傳統與西方風味極為常見。

說到這裡，不得不提一位關鍵人物——瑪麗亞．居約馬爾．德．皮尼亞（**Maria Guyomar de Pinha**），她是混合日本、葡萄牙與孟加拉血統的在地人，嫁給深受那萊王重用的希臘冒險家康斯坦丁．華爾康（Constantine Phaulko），最終丈夫因失勢而被殺害，瑪麗亞逼不得已，遭囚禁於御廚中長達十五年，期間創造出許多膾炙人口的甜點。她大量使用香草變換色澤，結合泰國與歐洲甜點概念，創造出許多經典：以蛋黃做出金黃色、蝶豆花的藍加了檸檬變成夢幻紫色、班蘭榨成汁化身翡翠綠；班蘭葉摺成四方形小容器，注入滿滿內餡，既能滿足人們對香氣的追求，又符合喜愛精巧食器的皇家格調。

東南亞的情人——內服、外用、編製

印度馬拉地語稱斑蘭為Ambemohar，自古以來以之為利尿劑，也用來治療頭痛、發燒及關節炎等。低種姓印度人吃不起印度香米，於是隨手採摘野地裡的斑蘭，煮飯時加入以增添香氣。

把斑蘭用於烹調並發揮得淋漓盡致的就是東南亞人，諸如製作果凍、飲品、糕點、米食加工等。馬來西亞的國民美食椰漿飯（nasi lemak），最精華的味道就是來自斑蘭，佐以簡單拌醬，搭配黑咖啡（Kopi O）就

是完美開啟一天工作的序幕；泰國人除了日常糕點少不了斑蘭外，也會另取葉子浸泡在椰子油中，做成按摩基底油來舒緩身心肌肉；東南亞天氣炎熱，計程車司機在車內放置數片斑蘭，能帶來甜美滋味，讓人神清氣爽順便防蟑；鄉下的馬來婦女在分娩後用斑蘭水沐浴清洗，藉此舒緩緊張情緒；菲律賓人相信飲用斑蘭水能治療喉嚨疼痛，根部經烹煮可降低血糖。

由於氣候因素，赤道國家的斑蘭較台灣碩大堅韌，適合多重用途，乾燥後覆蓋在茅草屋上，既可降溫、散發甜美氣味，還能吸收空氣中的汙穢，真是一舉三得。斑蘭長長的氣根有強韌的纖維，可用來製作繩索和籃子，原住民會把它編成各式各樣的包包、特色服飾、捕撈漁網及藝術品。

斑蘭當中有一種醛類化學成分2－乙醯－1－吡咯啉，會散發出類似芋頭香氣，在印度遠古時期，詩人迦梨陀娑的著作《六季雜詠》提到斑蘭的花是三大神祉的聖花，更顯神聖。

阿育吠陀中的治癒功能

斑蘭樹接近葉子基底白色根部的地方、花卉到氣根，都具有異黃酮、香豆雌酚、木脂素、生物鹼、苷類、胺基酸和維生素。印度人廣泛將它浸泡於椰子油，用以治癒風濕病痛；民間療法把葉子榨汁飲用，減緩身體發熱引起的不適；此外還有鎮定作用，能緩解胃痙攣，在豔陽夏日不小心晒傷皮膚時可以沁涼鎮痛。

六六至八五％的2－苯乙基甲醚是出自雄性斑蘭花朵的迷人芬芳，自古以來就讓印度皇室貴族愛得不可自拔，他們以其提煉芳香油及香水，在婚禮中象徵甜美幸福；許多有關斑蘭成分的元素製成髮油、身體乳液、梳洗香皂、化妝品；男人們也加入愛抽斑蘭菸的行列……斑蘭深得人們的喜愛。

辛香料語錄——淡妝濃抹總相宜

斑蘭在辛香料範疇中適合用於增色。高葉綠素含量及複合式的2－乙醯－1－吡咯啉，會隨著搗、碾、揉、燜煮、燒烤、薰香、萃取而融於油脂、水分，附著於食物上。

泰國皇室喜歡用斑蘭葉編織各式各樣的容器盛裝甜品，如斑蘭布丁（ta ko）；或是榨取綠色汁液為糕點上色，如甜椰絲糕（khanom gluay）、糯米糕（ga la mare）等，廣受歡迎。泰國斑蘭炸雞一直是餐廳人氣排行榜第一名，比起鄰國馬來西亞珍多冰（cendol）毫不遜色。

兩國邊界透過聯姻傳播的糕點自然不計其數：馬來西亞北部娘惹糕受泰國影響，利用斑蘭汁擦成餅皮再捲進新鮮椰子絲，吃起來清爽溫潤，好像每分每口都充滿芋頭氣味；另一道斑蘭碗仔糕（kuih ko swee pandan）有如放大版元寶，充滿喜氣好兆頭；華人移民家庭在年節，也會榨出斑蘭汁製成紅龜糕，在元宵時搓成湯圓；連荷蘭在印尼殖民三百年也逃不過斑蘭滲透，把千層蛋糕（spekkoek）徹底改頭換面，一層疊一層的翠綠模樣令人食指大動；近幾年叫好又叫座的斑蘭戚風蛋糕，儼然成為人人過境新加坡必買的伴手禮。

除了甜的鹹的，摘數片斑蘭，與糯米或綠豆、紅豆一起小火熬煮，是東南亞國家小孩的飲食記憶；每年冬至手搓湯圓，斑蘭必不會缺席：紅的、黃的、紫的、白的、綠的、藍的……熱鬧非凡；電鍋煮飯掰幾片葉子引出美妙氣味，是炎夏解決食欲不振的好

新馬紅龜糕少不了斑蘭上色。

方法；東南亞人煮咖哩時習慣斑蘭葉、斑蘭汁雙管齊下，即使吃多了身體也不覺負擔，一冷一熱平衡了食物調性。

斑蘭雖生長於熱帶國家，用在西式料理也毫無違和感：卡士達內餡、清爽可口的冰淇淋、沙瓦、斑蘭蛋糕捲、燒烤全雞塞入斑蘭增加輕柔香氣，取斑蘭葉蒸魚、為鬆餅染上迷人色澤……或隱或顯，或鹹或甜，一如清水出芙蓉，以天然去雕飾，淡妝濃抹總相宜，東南亞情人當之無愧。榨過汁液的殘渣也別急著丟棄，放在冰箱或洗手間，還能發揮最後剩餘價值，清新空間，你說，斑蘭是不是太物盡其用了呢？

斑蘭戚風蛋糕是新加坡必買伴手禮。

動手試試看

日常版

斑蘭 × 炸雞

包覆著香蘭葉的雞肉塊，一下油鍋立刻發散迷人香氣，在料理的過程中就會不自覺地微笑了！

材料

雞小里肌肉（或去骨腿肉塊）200克

香蘭葉（挑大片的） 15片

糯米 適量

雞肉醃料

香菜梗泥 2大匙
蒜泥 1大匙
新鮮薑黃泥 1大匙
黑胡椒粉 ½茶匙
薑黃粉 ½茶匙
椰奶 40克
魚露 1½大匙
蠔油 1大匙
檸檬汁 ½茶匙
玉米粉 ½茶匙
棕櫚糖 1大匙

沾醬材料

蒜泥 2大匙
辣椒泥 80克（大小辣椒混合）
白醋 ¼杯
細砂糖 ½杯
海鹽 ½茶匙
魚露 1大匙
水 80ml

步驟

1. 混合所有【**雞肉醃料**】，醃製雞肉一夜。
2. 洗淨香蘭葉，把醃製好的雞肉包裹密實。
3. 以180度油溫炸熟，或烤熟亦可。
4. 準備糯米漿：糯米泡軟蒸熟後，加一倍的水打成漿，備用。
5. 把【**沾醬材料**】（糯米漿除外）混合以小火煮開，再加入【**步驟4**】的糯米漿煮滾（冷卻後須冰存）。

動手試試看

進階版

斑蘭 × 戚風蛋糕

炎炎夏日，泡壺好茶，讀本好書，再搭上口感綿密的斑蘭戚風蛋糕，感覺好幸福！這道斑蘭戚風蛋糕容易製作，不妨多練習幾次，成為你的拿手甜點。

材料

水　3-4匙
蛋黃　3顆
細砂　18毫升（蛋黃用）
油脂　18克
濃椰奶　50克
低筋麵粉　60克
蛋白　3顆
檸檬汁　½匙
細砂　30克（蛋白用）

spice　斑蘭葉　10片

建議使用新鮮斑蘭，以保留揮發物質和細緻香氣。

步驟

1. 將水、斑蘭葉放入攪拌機打成泥，擠出30毫升汁液，備用。
2. 將蛋黃與18克細砂攪拌均勻，加入斑蘭汁、油脂、濃椰奶，篩入低麵拌勻。
3. 將蛋白、檸檬汁及一半的細砂（15克）混合打散，蓬鬆後加入剩下的15克細砂，轉為高速打至蛋白乾性發泡。
4. 將【步驟3】蛋白加入【步驟2】蛋黃麵糊中，順時鐘慢慢攪拌（不要拌太大力以免消泡）。
5. 送進已預熱170度的烤箱，烤約20分鐘後取出。
6. 把蛋糕烤盤取出並對調烤盤方向，降溫至160度再放入烤箱繼續烤10分鐘，冷卻後倒扣。

point　打蛋白的容器不要沾到水分或油脂，否則很難打發，各家烤箱不同，需拿捏至適當的溫度。

戚風蛋糕風味圖

斑蘭上色，椰奶增添南洋風味

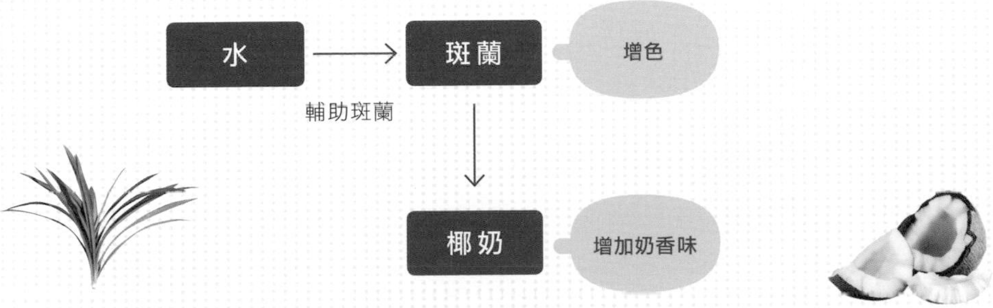

使用新鮮斑蘭，能保留細緻香氣

風味結構簡單明瞭，斑蘭在這裡的角色是釋出色澤，有些微微甜味香氣，但不顯著。椰奶促成蛋糕體更趨南洋風。在這裡不建議用市售的乾燥斑蘭，因為揮發性物質和細緻香氣早已隨高溫消失無蹤。值得注意的是，斑蘭上色功能會隨著使用量的多寡而出現深淺的情況。新鮮斑蘭可用調理機打碎再榨出汁液，通常用量濃度高卻不宜多，太多會導致食物發苦。

Candlenut
辛香料
31

石栗

為食物收汁的辛香料

無色無味，
擅於收束食物湯水，
外表冷漠，內心炙熱

南亞和東南亞人煮咖哩時會在起鍋前加入石栗，有收汁的效果，但這種收汁絕非像太白粉或地瓜粉一般黏稠，比較類似馬鈴薯澱粉，呈現微微的凝結感。石栗無色也無味，口感類似堅果，含油量高，一顆約有52-60%的油脂，能把湯湯水水的食物收進風味盒子裡。

擅長聚焦食物的味道，石栗分量越多，風味就越強烈！

英名	Candlenut
學名	*Aleurites moluccanus*
別名	油果、南洋石栗、鐵桐、燭果樹、海胡桃、燭栗、黑桐油樹、檢果
原鄉	印度、東南亞

屬性

調味料

辛香料基本味覺

辛　甘　酸　苦　鹹　澀

適合搭配的食材

牛肉、羊肉、雞肉、蔬菜類、東南亞咖哩類、東南亞沾醬

麻吉的香草或辛香料

薑、胡椒、薑黃、芥末子、茴香子、丁香、小豆蔻、辣椒、胡荽子、香茅、南薑

建議的烹調用法

熬煮、燒烤、燜燒

食療

- 高密度的脂蛋白能提高好膽固醇
- 含鉀，能降低高血壓、鬆弛血管壁、預防心肌梗塞
- 纖維含量及油脂十分豐富，對腸道阻塞有潤滑、抑菌作用

香氣與成分

- 無色、無味
- 類似堅果的口感
- 含油量高，一顆約有52-60%的油，能為湯湯水水收汁

平常可將石栗切細碎，之後加入要勾薄芡的食物當中，例如燴豆腐、溜滑蛋、燴飯等。用石栗勾的芡較為清爽。

石栗
Story

天生廚藝家——娘惹婦女

小時候的味覺記憶裡，若是少了娘惹菜這塊版圖，那該有多遺憾！所幸我還是趕上一段曾經被妳滋養的舌尖。兒時不明就裡，大家都叫妳「Nyonya」，修長身材穿著合身剪裁上衣，薄如蟬翼的輕紗，前襟袖口刺的繡真是別緻，下半身沙龍結打得柔美，看著看著就讓人出神。究竟誰是娘惹？妳又從哪裡來？這問題困惑我好久。

娘惹是個複詞，東南亞地區用以稱呼「土生華人」（Peranakan）或僑生。這些華人抵達馬來半島共分三個階段：

第一階段：於十世紀定居東海岸吉蘭丹（Kelantan）、登加樓（Tengganu）一帶，由於地處偏鄉僻壤，隨著混居與聯姻而被同化，後代只知道自己來自中國南方。

第二階段：在十五世紀隨鄭和艦隊來到馬來半島經商，有些選擇留下並與當地土著結婚，擅長經商加上經濟條件優渥，讓他們成為文化優勢的一方。這些人語言能力好、善於交際，深得西方殖民者喜愛，不久便飛黃騰達，社經地位自然不若一般。

第三階段：是在十九世紀末至二十世紀初來馬，大多為契約工，英國人早聽聞華工不但刻苦耐勞，還一心一意只為賺錢，心裡大喜，一方面又擔心他們賺夠了錢便會離去，為了留住華工，便找來土著女子與他們聯姻，最後日久他鄉變故鄉。

此外，另有一批大約在一八二六至一九五七年間出生於新加坡、檳城、麻六甲的海峽

殖民地華人（Straits Chinese），自詡為「新客」，不但保留完整中華文化，也堅決不娶外族女子，在那時空背景下，這些族群也自稱「峇峇」，原文來自波斯語，有尊重愛載之意；女生的「娘惹」則來自荷蘭語，指已婚的夫人，她們承攬雙文化混融，口說馬來峇峇語、英語，心血來潮還能吟出押韻詩詞（Pantun），擅長刺繡、縫紉、精雕細琢製作珠鞋，一輩子相夫教子、逆來順受，每日在廚房展現好廚藝，一生任勞任怨，沒有一句怨言。

妳什麼時候出現在家裡，記憶早已模糊，我只記得妳做的娘惹菜實在美味極了，長大漸漸明白，石栗在娘惹菜餚當中的收汁角色多麼不可或缺，儘管腦海裡不斷回憶妳在廚房忙碌的身影，身姿挺秀，蹲在廚房，角搗辛香料，頭上髮髻鬢雲飄逸，歲月模糊了妳的輪廓，但石栗搗出的辣椒醬卻美味得讓我連吃好幾碗白飯，後來妳因何消失我已忘記，但滋味與情分一直雋永流動。

石栗的果實、調味與食療

石栗又稱為印度核果，是喬木大戟科石栗屬石栗的果實，原產於澳洲北部雨林、摩洛哥、東南亞島嶼國家，以及其他南太平洋小島國家。屬名 Aleurites 來自希臘語，意思為「糊粉」，印尼文稱之 Kemiri，馬來文是 Keras。外形堅固如石，使用歷史相當悠久。

自古以來，南島族人取棕櫚葉梗串起一顆顆石栗，掛在室內天花板當照明；此外也以之作為時間刻度，方便計算日子；在歡度節慶時會點燃石栗做燭光祭祀，故別名「蠟燭堅果」（candlenut）。澳洲或夏威夷原住民常以石栗做為油脂來源，如點蠟燭或製作手工皂。在印度蘇拉威西島，曾發現西元前的新石器時代古人使用石栗的遺骸。唐代佛教發展蓬勃時期，人們常以種子提取油脂供寺廟使用。

未經烘烤的石栗是有毒的，它會釋放氰化氫跟微量毒蛋白質，因此在野外撿拾不可直接食用！而目前台灣許多東南亞食品材料店販售的石栗，均已煮熟或烤熟並真空包裝，可以安心使用。

中華料理極少使用石栗，而南亞和東南亞人煮咖哩時會在料理的最後階段加入石栗，有收汁的效果，但這種收汁絕非像太白粉或地瓜粉一般黏稠，比較類似馬鈴薯澱粉，呈現微微的凝結感。石栗無色也無味，口感類似堅果，含油量高，一顆約有五二至六〇%的油脂，能把湯湯水水的食物收進風味盒子裡。

石栗在食療方面有很好的作用：可促進消化；高密度的脂蛋白，能使好膽固醇提高；含鉀，能降低高血壓、鬆弛血管壁、預防心肌梗塞；纖維含量及油脂十分豐富，對腸道阻塞有潤滑作用，古印度阿育吠陀醫學將其當作通便劑使用；此外有抑菌效果，特別是因細菌感染的腸胃炎，一直以來是民間傳統用藥。

家常菜的清爽勾芡

平常將石栗切碎之後，可以加入要勾薄芡的食物中，這樣勾的芡雖不像澱粉性的太白粉或地瓜粉般有糊化效果，但油脂豐富的石栗會增加滑順口感，擅長聚焦食物的味道，石栗分量越多，食物風味就越強烈。在燴豆腐、溜滑蛋、熬煮辣椒醬的尾聲加入石栗可以整合風味；若你不喜歡太濃郁的燴飯勾芡、燉煮肉燥想稍稍來點收汁效果，或者想讓砂鍋三杯雞產生滑嫩口感，都可以試試石栗，會有意想不到的精采。

1

1. 台灣有許多東南亞食品材料店販售的石栗，均已煮熟或烤熟並真空包裝。

2. 平常可將石栗切細碎，之後加入要勾薄芡的食物當中，例如燴豆腐、溜滑蛋、燴飯等。用石栗勾的芡較為清爽。

3. 新鮮石栗果需要層層剝除才能取得石栗。

傳統的多元用途

石栗在飲食上大部分用於增稠劑，著名的沙嗲沾醬、娘惹阿雜泡菜、印尼辣醬、夏威夷拌醬（inamona）等。

傳統運用的方式非常廣，葉子、水果、樹皮、樹幹、樹根、樹汁液、花朵都是可用之材，古印度阿育吠陀到東南亞各國，以及島嶼國家的民俗療法都可見到它的蹤影：樹皮用於治癒痢疾；葉子煮沸後製作藥膏，對關節腫脹很有幫助；夏威夷原住民將葉子、花朵、果殼焚燒成灰，取之黥面；樹幹則做成獨木舟、建材、染料或裝飾品。石栗在夏威夷備受重視並訂定為州樹。

2

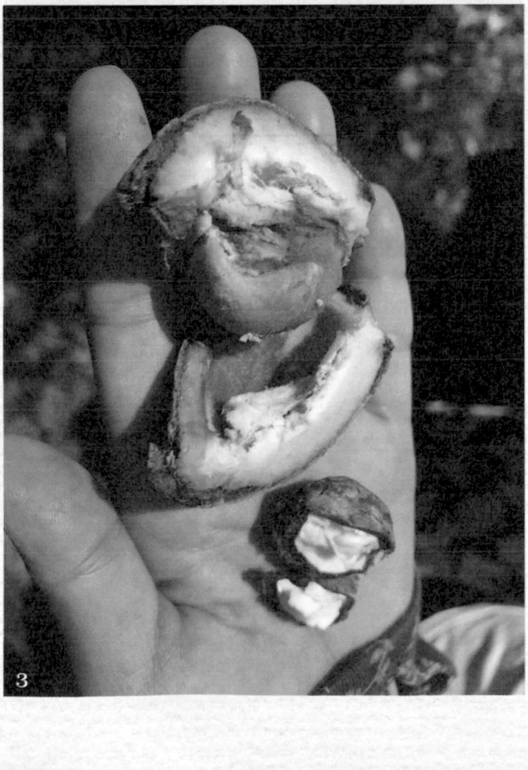
3

動手試試看

日常版

石栗 × 台式辣油蔥醬

石栗擅長把味道收進食物抽屜裡，增加濃度的同時也加強醬體醇度及滑潤度，難怪蔥油醬變好吃了。

材料

- 雞油或鴨油　300克
- 蒜頭　50克
- 鹽　2大匙
- 冰糖　2大匙

spice

- 一般辣椒　100克
- 朝天椒　50克
- 紅蔥頭　300克
- 石栗　4-5顆

步驟

1. 將紅蔥頭切末，加入150度油溫中爆香。
2. 紅蔥頭快要變色時，加入蒜末；變成金黃色澤後，加入兩種辣椒末一起混合，小火爆至水氣消失，香味溢出，並以鹽、糖調味。
3. 離鍋並撒上切碎的石栗拌勻。
4. 裝入乾淨玻璃瓶中。

point

在室溫且沒曬到太陽的情況下，可放3個月左右。

動手試試看
進階版

石栗 × 娘惹咖哩雞

這道咖哩上有一層薄薄的辣椒油，是香氣來源，吃的時候可用湯匙撥開再舀取醬汁，這是東南亞人慣常的吃法。推薦給第一次想嘗試吃辣的朋友，你一定會愛上溫馴、柔和又豐富的娘惹咖哩，今天就讓我們惹味一下吧！

材料

馬鈴薯　100-120克
帶骨雞腿　350克
紅蔥頭　20顆
新鮮辣椒泥　1大匙
乾辣椒泥　1大匙
蒜頭　3顆
油脂　4-5茶匙
稀椰奶　300毫升
水　200毫升
鹽　適量
糖　適量

spice

粉狀辛香料
胡荽子粉　2茶匙
小茴香粉　1茶匙
茴香子粉　1茶匙
蝦粉　1茶匙
薑黃　1大匙

原狀辛香料
八角粒　1顆
丁香　2顆
中國肉桂　5公分

收汁
石栗　2-3顆
濃椰奶　50克

步驟

1. 馬鈴薯切滾刀、紅蔥頭放入調理機打成泥狀。
2. 事先以170度油溫油炸馬鈴薯定形，將雞腿肉清洗乾淨。
3. 起油鍋，炒香紅蔥頭，聞到香氣後加入兩種辣椒，炒去水分後再加入蒜頭。
4. 轉小火，加入【**粉狀辛香料**】拌勻（如欲製作成醬，在此即可調味並裝入玻璃瓶中倒扣冷卻，放入冷藏可保存3個月）。
5. 繼續放入【**原狀辛香料**】與雞腿拌炒，加入稀椰奶及水熬煮。
6. 雞肉半熟放入馬鈴薯，起鍋前加入濃椰奶並試吃味道，調入適量的鹽及糖，拌入已切細碎之石栗收汁。

point　濃椰奶與稀椰奶提取做法請見第391頁下方的point。

娘惹咖哩雞風味圖

新鮮、粉狀辛香料堆疊調味

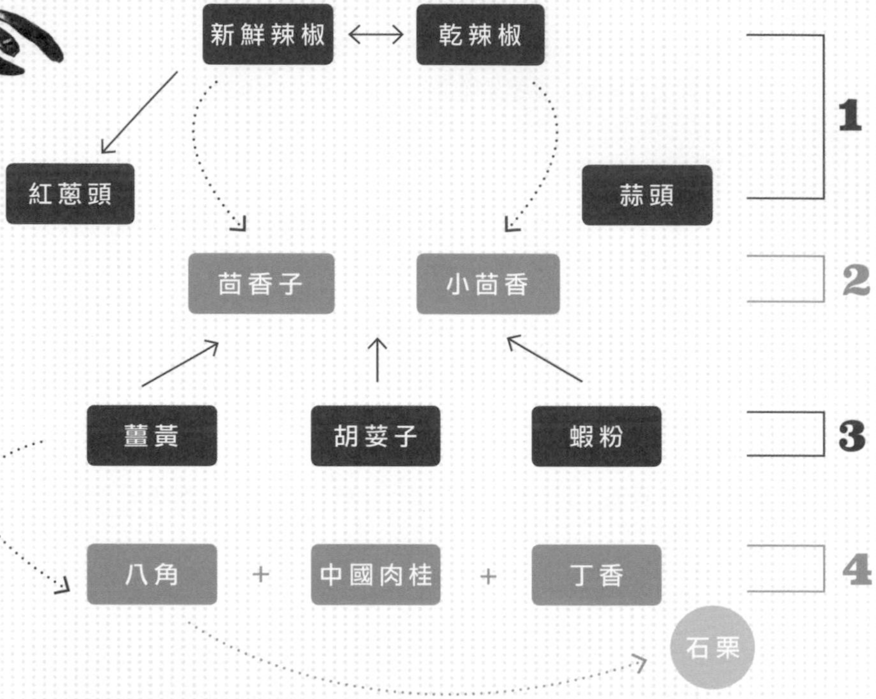

1 乾濕辣椒交織鋪陳厚、醇、香

- **辣椒**：兩種不同的全方位辛香料：乾辣椒、鮮辣椒撐起主架構。東南亞咖哩有個共同特點，就是會採用兩種以上的辣椒，有時是乾燥及新鮮搭配運用；有時是朝天椒、乾燥辣椒與粉狀合併使用，乾燥辣椒經過水泡發後再搗碎或研磨成膏狀。乾燥辣椒易上色，新鮮辣椒是口感來源，兩種或以上的辣椒使咖哩風味發揮得淋漓盡致，厚度、醇度、香度至少提高20%。
- **紅蔥頭**：是重要口感來源，增加10%都是可接受的範圍。再來新鮮蒜末也可增減30%處理，甚至也可以加入等量的薑末。

2 小茴香除腥羶，茴香子調甜味

- **小茴香、茴香子**：開始加入粉狀辛香料。小茴香能除腥羶味，茴香子兼具香氣跟調味功能，兩者在這裡合作無間，正負可調整5-8%，茴香子的強項重在調甜味，不過小茴香的分量若調高，會讓整鍋咖哩風味很強，喜歡小茴香的朋友也可以試試看。

3 胡荽子增添甜度，薑黃上橘黃色澤

- **胡荽子**：號稱天下無敵「安全牌」的辛香料，不但廣受咖哩歡迎，與其他辛香料的契合度也達90%，胡荽子、小茴香、茴香子真是一輩子哥兒們。若喜歡胡荽子可以多加一倍，既能調味又可增加咖哩甜度，一舉兩得。
- **薑黃**：最後以薑黃來上色，原先如果放較多辣椒，色澤會偏紅，多放薑黃會使色澤偏橘黃色。
- **蝦粉**：調味部分則仰賴蝦粉演出，若沒有蝦粉可放一般海鹽，但味道就沒那麼鮮。這道菜的配方相對簡單。

4 八角、丁香、肉桂補強表面香氣，石栗完美收汁

最後補強表面香氣讓惹味突出，娘惹們加入在地辛香料：八角、丁香、肉桂統統出爐，加上椰奶奮力熬煮。最後讓食材鮮甜味完全鎖入石栗，為這首交響曲劃下完美句點。

point

咖哩風味的關鍵：將紅蔥頭炒熟

東南亞人愛用紅蔥頭來爆香，而不使用洋蔥，這是因為紅蔥頭水分較洋蔥來得少，而且香氣飽和度比較高。但有一點要特別注意：台灣紅蔥頭水分含量較東南亞紅蔥頭來得高，必須要炒熟、炒透，否則整鍋咖哩會發苦。這個重要步驟是東南亞咖哩風味成功的關鍵。

Coconut
辛香料
32

椰奶

（可可椰子）

不是高湯的高湯

椰子如未加修飾的璞玉，肉、殼、奶皆可用

在東南亞，椰子肉分成去膜與不去膜兩種。前者刨出來的椰子茸潔白無瑕，身價較高，可以直接食用，或是用於各種娘惹糕點，增加口感和香氣，也可涼拌食用，一些島嶼東南亞國家居民將之乾鍋炒至褐色，加入咖哩中有收汁變稠的效果。後者因帶膜刨茸，顏色稍顯灰色，價格較便宜，適合只取椰漿不直接食用，椰子肉榨完後直接回收，做為飼料或有機肥，椰奶可做高湯烹煮各式各樣的咖哩、製作甜點、餅食麵食用途非常廣。

椰香入高湯、咖哩、甜點，帶出清爽南洋味

英名	Coconut
學名	*Cocos nucifera* L
別名	椰子、越王頭、天堂之樹、半天水
原鄉	巴西、巴拿馬、牙買加、東南亞

屬性

調味料

辛香料基本味覺

辛　甘　酸　苦　鹹　澀

適合搭配的食材

蔬菜、豬肉、雞肉、羊肉、牛肉、甜點類、麵包類、米食加工類、麵食加工類

麻吉的香草或辛香料

眾香子、錫蘭肉桂、羅望子、香草、香草莢、甘草、丁香、八角、香茅、檸檬葉、斑蘭、薑黃

建議的烹調用法

高湯、清蒸、熬煮、燒烤、油煎、煨煮

食療

- 椰子汁含有抗氧化劑及豐富含維生素C，能有效清除白出基，含鎂能改善胰島素敏感性及血糖控制
- 含有糖、膳食纖維、蛋白質、抗氧化劑、維生素和礦物質，平時多喝能促進免疫系統排毒，在劇烈運動後可補充體內流失的電解質
- 椰奶含有月桂酸，可以提高身體免疫力，抗菌，是重要飽和脂肪酸

香氣與成分

成分含有機酸酯類、芳香醇類，味道天然，有甜甜的花香感

point

椰奶是擷取老椰果肉，第一道萃取又濃又滑者稱椰「漿」，第二道加少許水再擠，便是椰「奶」。若特別想使用濃郁椰奶，記得要在不搖晃罐子或鋁箔包的前提下開啟，浮在最上層約有三分之一至三分之二不等的比重是椰漿，其餘的就是椰奶或椰水。

椰奶
Story

新鮮椰奶香氣、醇度最佳

椰奶和椰漿不同，擷取老椰果肉刨成茸狀，再以紗布擠出汁液，第一道萃取又濃又滑，故稱椰「漿」，第二道加少許水再擠，便是椰「奶」。國外用罐頭椰奶，開罐時最上層三分之一部分就是濃郁的椰漿，三分之二部分便是椰奶。

椰子樹適合生長在赤道南北二十至二十七度之間，可能是刻板印象的關係，東南亞國家的椰子最讓人津津樂道，用途最廣，是重要的農產品。馬來人稱椰子為Nyiur而非馬來文的Kelapa，顯然是受了印度文化的影響；梵文稱它為Kalpavriksha，指的是「大地萬能之樹」，而椰子的確從裡到外、上上下下都是可取之材：葉梗可以編食物容器；葉子可包裹食物燒烤或製作糕點的襯底，也能做掃把、製繩、蓋茅草屋；椰子肉可當零食，老椰子肉可以煉油；收集椰花汁自然發酵後便是椰子酒，而以柴火熬製便成了椰子糖；挖空椰殼可雕刻藝術；飲用嫩椰水能夠解暑；樹幹可以製作傢俱……莫怪乎小時候常聽馬來朋友戲稱：「家門前有棵椰子樹就餓不死人。」真的所言非虛，是不折不扣的高經濟作物。

喜歡新鮮椰奶的人，無論如何絕不會屈就於罐頭椰奶或粉狀沖泡式椰奶，香氣、醇度上硬是矮了一截。話又說回來，在椰奶方便包還未上市的年代，多少局限了東南亞菜餚發展的可能性；之後各種品牌罐裝、利樂包椰奶出爐，讓人目不暇給。到底該如何挑選呢？在這之前，讓我們先了解東南亞人使用椰奶的哲學。

1. 將桶子套在花序柄上收集汁液，過濾後熬煮成椰子糖。
2. 椰奶可做高湯烹煮各式各樣的咖哩、製作甜點、餅食麵食，用途非常廣。

老椰、嫩椰看過來

棕櫚科的椰子共分兩類：一為觀賞型椰子，像是台灣大學椰林大道種的大王椰子樹；二是食用椰子，如可可椰子，分高、矮、混種三大類，果實分外果皮、中果皮和內果皮三層，而外果皮和中果皮構成了椰子的「外殼」。連鎖超商出售的椰子通常去除了外果皮和中果皮（椰殼纖維），可清楚看見三個氣孔，插根吸管方便喝椰子水。

東南亞椰則囊括了高矮種，以綠、黃及紅外皮三種較為常見，這三種無關品種差別，而是成熟度問題，分別稱為椰青、椰皇及褐椰（毛椰子）。通常椰青水分多，清甜可口易消暑，但果肉少；椰皇被譽為椰界的最精華版，熟成度與可口度恰到好處，水分充足且椰子肉軟嫩飽和，讓人愛不釋手，在炎炎夏日最適合解暑；褐椰又稱為老椰，熟透的椰子外皮已經纖維化，需要鋒利的彎刀層層剖開，倒出來的椰水混濁，一般都丟棄不用，厚實的椰肉約有二至三公分，含九〇％的飽和脂肪，還有礦物質、鐵、磷和鋅含量較高。有人製成椰肉乾或椰子絲當零嘴，剩下的椰子渣當有機肥料。

在東南亞，椰子肉分成去膜與不去膜兩種。前者刨出來的椰子茸潔白無瑕，身價較高，可以直接食用，或是用於各種娘惹糕點，增加口感和香氣，也可涼拌食用，一些島嶼東南亞國家居民將之乾鍋炒至褐色，加入咖哩中有收汁變稠的效果。後者因帶膜刨茸，顏色稍顯灰色，價格較便宜，適合只取椰漿不直接食用，椰子肉榨完後直接回收，做為飼料或有機肥，椰奶可做高湯烹煮各式各樣的咖哩、製作甜點、餅食麵食，用途非常廣。

台灣目前要取得新鮮椰茸不容易，我曾看過越南新移民辛苦找來老椰，以手工方式擷取椰子肉，再細細刨成茸、榨成椰奶，每一口都彌足珍貴。乾燥椰子粉容易取得，不妨以少許水、棕櫚糖及香蘭葉下鍋以小火炒成濕潤椰茸，成為糕點餡料也很好吃！

1

2

辛香料語錄：未加修飾的璞玉，淳樸善良

印度人對椰子的情懷可能超乎你的想像。我數度到印度家庭作客，見他們吃的、用的、生命禮俗都少不了椰子領銜演出，象徵吉祥、繁榮，滿足內心所有欲望（與椰子的功能性相吻合）。

根據印度聖典記載，在遠古時期有宰殺動物祭神的習慣，後來覺得罪孽深重而改由椰子取代，從此椰子地位晉升為Shrifal（會發出光芒的水果）。他們相信椰子是宇宙中最初的果實，也被譽為是創造者梵天的頭顱，任何祭祀儀式、還願、節日祝禱，跨過每個人生重要時刻都少不了椰子：嬰兒出生後的第十一天命名儀式（Nwaran）上，所有列席的女性將椰子送給新手媽媽，祝福她健康平安，繼續開枝散葉；婚禮上一對新人互換椰子，女方家人把牛奶倒在椰子上，象徵新嫁娘純淨；要表現對父母、長者、學者或大師的尊崇，椰子亦是不二之選；印度每年七月後季風結束，捕撈船進入海域作業，會以椰子為祭品祈願能平安揚帆，順利捕得漁獲，滿載而歸。

椰子從年輕到老成、小樹到大樹，每個階段都保有最純真、清澈的一面，帶給人們歡樂和希望。

椰子殼可以做湯碗、各種手工藝品及鈕扣、替代的盆栽介質，還可做為燃料；由椰子殼製成的活性炭因為孔洞結構較大，能更有效吸收氣體，不會造成濃煙四竄；曬乾椰子殼可用於拋光地板。

椰子水含有糖、膳食纖維、蛋白質、抗氧化劑、維生素和礦物質，平時多喝能促進免疫系統、排毒、對抗病毒，在劇烈運動後可補充體內流失的電解質。

椰子油有脂肪酸、月桂酸和癸酸，以抵禦細菌和真菌著稱，能夠強化髮質同時軟化頭

髮並調理頭皮。印度人喜歡在洗完頭髮後抹上椰子油，堅持不用吹風機，讓其自然風乾，果不其然，日日保養下少有白髮、髮質分岔等問題；我的印度朋友則說他沒見過頭皮屑，真叫人嘖嘖稱奇。在寒冷季節，椰子油對乾燥皮膚有滋潤作用，能減少皮膚炎症、改善皮疹和去除妊娠紋。此外，椰子油治療和預防甲狀腺疾病、降血糖、幫助身體排毒等功效已獲得證實。

椰漿、椰奶分辨大解密

椰奶的學問可不小，隨著料理型態、烹調手法、投射情感不同而調整。另一方面，它的可塑性也非常大，從甜的到鹹的、軟的到硬的，橫跨東南亞華人、馬來人、南島民族、少數民族，談到椰子總是離不開南洋風情菜餚。首先讓我們來理解椰奶的特性。

前面提過，從褐椰果肉榨取下來的椰茸，擠出第一道最濃郁的是椰漿，含有豐富的植物脂肪及水分，香氣迷人，適合茹素者或乳糖不耐症患者；在東南亞家庭，從市場買回來的新鮮椰茸通常會再加水榨第二次，這時水分含量高，脂肪比第一次榨的椰漿低，適合用來熬煮高湯。重點來了，若取第一道椰漿久燉久熬，最後成品必然會出現油水分離的狀態。

長期住在國外的人不易取得新鮮椰奶，市售鋁箔包、罐裝的確提供了便利性，滋味雖遠不及新鮮的香濃，但優點是容易保存。每種品牌椰奶與水含量不同，只要仔細查看成分標示就一目了然。若特別想使用濃郁椰奶，記得別急著搖晃罐子或鋁箔包，浮在最上層約有三分之一至三分之二不等的比重是椰漿，其餘的就是椰奶或椰水了。而坊間另有一種椰子細粉，宣稱沖泡後就是椰奶，不知怎地，我老覺得它有股椰耗味，因此不列入考慮。

雖然濃郁椰漿不宜用來久熬，但有些東南亞國家的咖哩卻刻意把濃椰漿當油脂使用，

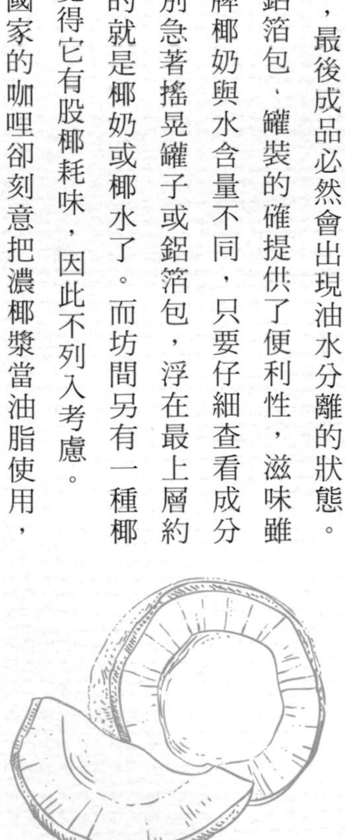

熬出「破油」效果，這一類咖哩通常會使用方便醬，看起來視覺感十足又省心，不過少了椰漿獨特的香味與醬的層次感。話說回來，濃郁椰漿有時候會在菜餚熟成後再加入，以大火燒開，主要就是為了產生醇香的椰漿後味，連帶有一些勾芡效果。

隱藏的美味——限量椰花酒

住在世界第三大熱帶雨林——婆羅洲的原住民，喜歡在清晨攀爬椰子樹，收割前一晚從雄性花萼滴落的汁液，以柴火不斷煮去水分，最後留下糖結晶，化身為升糖指數只有三十五的椰子糖，是糖尿病患的福音。若不煮開，直接過濾並灑下酵母讓其發酵，就成了椰花酒。這種酒沒有添加防腐劑，賞味期只有短短兩日，是東南亞限定酒款，下次有機會到東南亞國家，可別忘了嚐嚐看。

我記得小時候逢年過節做發糕，母親老早就跟印度人訂椰花酒，蒸出來的美味指數連連破表，讓最不愛發糕的小孩都接連吃了好幾個，差點停不了口。熱吃透著陣陣椰子香氣，冷卻切片用油煎脆，椰蜜的甜美滋味更擄獲人心。

菲律賓有一道傳統年糕點「蘇曼」（suman），主要以糯米或木薯和以椰子水，有各式各樣的口味：紅豆、可可、薑黃、香蕉等，與鹼液拌勻再用棕櫚葉、香蕉葉、竹葉、腳凳棕櫚葉和椰殼包覆而成，造型有細條狀、湖南粽形狀、大碗形、錐體、幾何圖案，還有可愛的香蕉花造型及八角形，用水煮或蒸熟，吃的時候會沾棕櫚糖，或者是椰漿煮去水分所結晶的褐色脆糖。

動手試試看
日常版

椰奶冰沙

來一杯清涼又消暑的冰沙對抗酷夏最對味，若找不到老椰可改用嫩椰子，美味不打折！

材料

新鮮椰子肉　150克
椰子水　150毫升
冰淇淋　1球
冰塊　800克
煉奶　196克
糖　85克

步驟

1. 將老椰剖開只取椰子肉，削去椰子膜，留下潔白椰子肉。
2. 將椰子肉、椰子水、冰塊、煉奶、糖放入調理機打成冰沙。
3. 放上一球冰淇淋即完成。

動手試試看

進階版

椰奶 × 咖椰醬

充滿椰奶香、蛋香，搭配鹹香奶油，以鹹甜滋味開啟一天美好。

材料

鴨蛋　4顆
濃椰漿　100克
椰奶　¾杯
鹽　¼匙
細砂糖　180克
斑蘭葉　2片（束成結）
斑蘭葉　10片
（取汁40克）

步驟

1. 鴨蛋洗淨，打散過濾；斑蘭葉取汁，備用。
2. 不要搖晃罐頭，取出100克濃椰漿放入鹽，其餘攪拌均勻取椰奶¾杯。
3. 將所有材料混合（濃椰漿除外），架在爐火上，放入斑蘭束，小火不停攪拌，直到感覺變黏稠。
4. 放入椰漿，取出斑蘭束，攪拌約3-4分鐘即可關火。
5. 冷卻後會更黏稠，放入玻璃瓶，再進冰箱冷藏，賞味期大約2週。
6. 取出吐司，一面塗抹咖椰醬，另一面放一片冰的鹹奶油，搭配黑咖啡食用。

咖椰醬風味圖

以濃淡椰汁調味或是增加尾韻

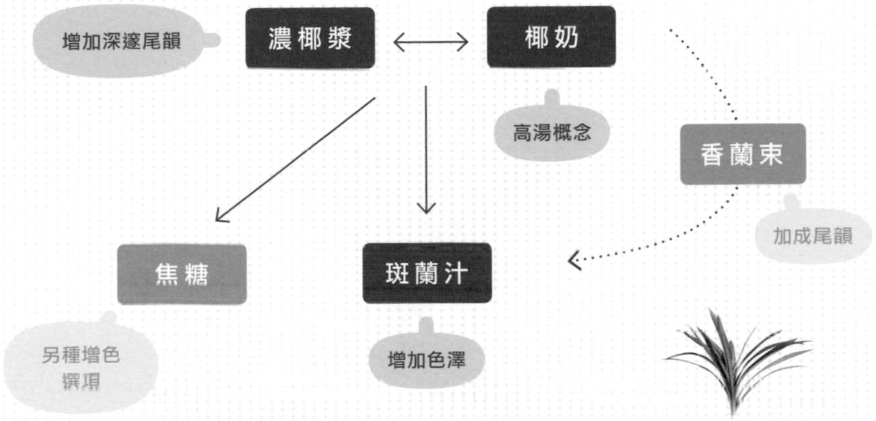

新馬人「巷仔內」的祕訣：加鹽延緩椰奶變質，並引出微妙甜味

這裡使用罐裝椰奶，若有新鮮椰奶，這道抹醬會更趨完美。

我習慣預留100克濃郁椰漿加點鹽，留待創造尾韻。至於為何要加鹽，恐怕只有「巷仔內」的新馬人才懂，小時候長輩耳提面命，加鹽可以延緩椰奶變質，也能引出微妙甜味。

使用雞蛋或鴨蛋都可以，但後者最香、最道地，混合均勻後過濾至少兩次，才能確保果醬滑順，架上火爐以小火攪拌直到乳化為止，再徐徐倒入濃椰漿就準備熄火。若想換換口味，改用細砂糖炒至焦糖化也很美味。

另一方法用隔水加熱的方式，比較不易失敗，也不必勤練「掰掰袖」，累得人仰馬翻。這方法缺點是煮的時間稍久，要攪拌至黏稠為止，不過美味是值得期待的。

Liquorice
辛香料
33

甘草

調味最佳代言人

無庸置疑，甘草絕對是調味料最佳代表！記憶中，小時候家裡熬綠豆湯或青草茶，總會放上那麼一小撮，要不就是滷水中老是當陪襯的小不點，或是煲湯裡的甘草型人物，甘草小雖小，少了它調味卻是萬萬不能啊！

味道甘甜清涼，五香粉、滷水中隱而不顯的重要元素

英名	Liquorice
學名	*Glycyrrhiza glabra* Linn
別名	蜜甘、甜甘草、國老草、甜草、甜根子、美草、粉草
原鄉	地中海、俄羅斯南部、伊朗

屬性

調味料

辛香料基本味覺

辛 甘 酸 苦 鹹 澀

適合搭配的食材

水果類、冰淇淋、豬肉、牛肉、雞肉

麻吉的香草或辛香料

薑、丁香、八角、茴香子、中國肉桂、錫蘭肉桂、胡荽子、豆蔻皮、胡椒、花椒、甜胡椒

建議的烹調用法

- 調配成五香粉、百草粉
- 燉煮、醃漬、炆燒、煲、燒烤

食療

甘草含有甘草黃酮等成分，具有抗炎、抗過敏的功效，能保護發炎的咽喉和氣管黏膜，對胃潰瘍等症狀也有緩解效果

香氣與成分

甘草甜素是重要成分，甜度是蔗糖的60倍，遇熱轉化，釋放甘草甜素增強甜度

甘草比一般蔗糖滲透壓小，不易變質，在炎熱天氣相對不易發酵，有減緩食物變質的功能，穩定性高。

甘草
Story

荷蘭國民糖——黑甘草

雖然對甘草印象止於「會發出甘味」及「涼涼而不像薄荷」的甜，卻讓我想起多年前在荷蘭意外吃到「鹹甘草糖」（zoute drop）的經過。它有各種不同造型，例如非常卡哇伊的小熊、巧克力滴狀、小魚或七彩繽紛的造形，不過最經典的款式還是黑嚕嚕圓形錢幣，有甜有鹹，吃起來口感Q彈、有嚼勁，看似不起眼卻最得荷蘭人青睞，據說每年每人消費超過兩公斤。剛開始嘗試有點驚嚇，感覺一陣濃濃八角味從口腔迅速蔓延開來，而口中唾液跟甘草甜素合而為一，吃起來實在很難叫人忘記啊！

甘草原產於地中海、俄羅斯南部及中亞伊朗等國家，是豆科甘草屬多年生草本或半灌木的根莖，該屬約有三十種，多在春天及秋天採收，纖維斷裂後露出淡黃色的內部，有的未剝皮有的去皮，具有獨特的氣味和甜味。

古希臘人就已詳細記載甘草的使用紀錄，用來根治癒支氣管感染疾病；埃及法老的墓葬中也發現大量甘草囤積遺跡。西元前二八〇〇年，甘草植物在中醫就已廣為人知，有許多中藥因藥性太偏，需要甘草來調和，像是《本經疏證》提到：「凡為方二百五十，用甘草者，至百二十方。」意味著甘草搭配的方子眾多，在《傷寒論》、《金匱要略》兩書中，共有二百五十方，使用甘草者即達一百二十方，可見普遍程度。《本草備要》也說甘草「有補有瀉，能表能裡，可升可降。」明代李時珍證明南北朝陶弘景所言：

1. 鹹甘草糖的外包裝與糖果造型，又稱荷蘭曼陀朱。
2. 甘草在印度古代醫學的使用非常廣，味道甜美滋潤，是藥物也是調味藥草，能排毒也可抗炎。

1

2

「此草最為眾藥之王，經方少有不用者。」並尊其為「國老」。甘草在印度古代醫學的使用非常廣，味道甜美滋潤，是藥物也是調味藥草，能排毒也可抗炎。二十世紀後紛紛用以治癒各種關節炎和口腔潰爛等疾病。

原鄉運用——中東國家的保健明星

在伊斯蘭齋戒月期間到埃及或敘利亞，常會在街頭看見人們頭戴傳統帽子盛裝打扮（偶爾穿著傳統服飾），腰上繫著又寬又厚、擺滿一整排杯架的皮帶，上面有各種不同顏色的杯子，側邊還背個宛如阿拉丁神燈的超級大茶壺，他們是賣甘草飲料（erk-sous）的流動攤販，讓民眾在一天禁食過後能補充身體水分並潤潤腸胃，避免食物刺激腸胃。此外，齋戒期間人們也會避免飲用含咖啡因的飲料（如咖啡，茶和某些軟性飲料），因為咖啡因的利尿性會使原本已缺水的身體雪上加霜，而甘草無疑是中東國家的保健明星。

青草茶、滷水中的必備調味料

甘草無疑是調味料最佳代表！記憶中，小時候家裡熬綠豆湯或青草茶，總會放上那麼一小撮，要不就是滷水中老是當陪襯的小不點，或是煲湯裡的甘草型人物，甘草小雖小，少了它調味卻是萬萬不能啊！

甘草具有「甘草甜素」這個重要成分，甜度是蔗糖的六十倍。熱騰騰的湯鍋宛如甘草的尚方寶劍，多種成分遇熱轉化，如劍俠縱身拔劍後不見蹤影，惟任由其釋放甘草甜素增強甜度，令食物產生不同層次的味蕾感受。此外，甘草比一般蔗糖滲透壓小，不易變質，在炎熱天氣相對不易出現發酸、發酵的情況，有減緩食物變質的功能，穩定性高。

擁有多樣性皂苷元素的甘草用在烹調時需特別斟酌小心，量多了甜膩感會讓人厭世，量少則發揮不出應有水準，建議多方嘗試，抓出黃金比例。

世界廚房中的甘草

甘草在歐美國家運用廣泛，加拿大著名冰淇淋連鎖店製成黑甘草冰淇淋（black licorice ice cream），將甘草熬成糖漿淋在布丁上增加風味，那恰到好處的甘味甜而不膩；乾煎鮭魚以巧克力、甘草調味，搭著香草醬、葡萄柚一起吃，甘草甜素中和了苦味，鮮鹹味平衡膩感，加上清爽的香草、柑橘搭配得宜，一種看似突兀卻接近五味平衡的美味於焉誕生。

甘草在亞洲有數千年歷史，看似永遠的配角，卻扮演關鍵的中和角色，平衡五香粉的五種滋味；幫助煲湯調味；搭配白茯苓、白朮、白芍可以調和氣血，還能潤膚養顏。甘草調和各種中藥的藥性，清內熱瀉心火，潤肺止咳，譽為國老實至名歸。

甘草在亞洲有數千年歷史，看似永遠的配角，卻扮演關鍵的中和角色，平衡五香粉的五種滋味，幫助煲湯調味。

動手試試看

日常版

甘草 × 酸梅粉

甘草的甘草甜素調和了酸梅的酸味，一方面能滋養氣管、抗發炎及過敏；一方面自己做的比較安心，做好的甘草酸梅粉可以保存3個月。

材料

冰糖　1½茶匙
鹽　½茶匙
梅子粉　2大匙

spice

甘草粉　3茶匙
南薑粉　¼茶匙

步驟

1. 將冰糖用調理機打細，備用。
2. 乾鍋將鹽略炒後熄火，趁著餘溫加入甘草粉、酸梅粉及南薑粉混合。
3. 最後加入冰糖，靜置一天即可食用。

甘草具有甘草甜素成分，
能調和酸梅的酸味。

動手試試看

進階版

甘草×酸梅湯

酸梅茶能生津止渴，避免過甜且單薄無味，採用不同性質元素堆疊酸味，這道酸梅茶濃郁芬芳，值得動手試試看！

材料

- 烏梅　125克
- 洛神　15克
- 黑棗　50克
- 山楂　40克
- 無籽酸梅　25克
- 水　5000毫升
- 冰糖　600克
- 海鹽　½茶匙

spice

- 羅望子塊　30克
- 甘草　15克
- 陳皮　20克
- 斑蘭葉　6-7根

步驟

1. 將羅望子塊泡水軟化後捏散。
2. 將水燒開，放入冰糖以外的所有材料，用小火熬40分鐘。
3. 放入冰糖攪拌均勻，最後加上海鹽，即成濃縮酸梅湯。
4. 飲用時，將濃縮酸梅湯以1：1.3的比例兌水調和。

point 甘草做為調味，含甘草甜素，甜度高於蔗糖卻不膩口，清涼回甘，與陳皮合用風味佳，穩定度高，即使在炎熱天氣下也不易變質，放在酸梅湯裡再適合不過了！

酸梅湯風味圖

以各種程度酸味產生明顯漸層

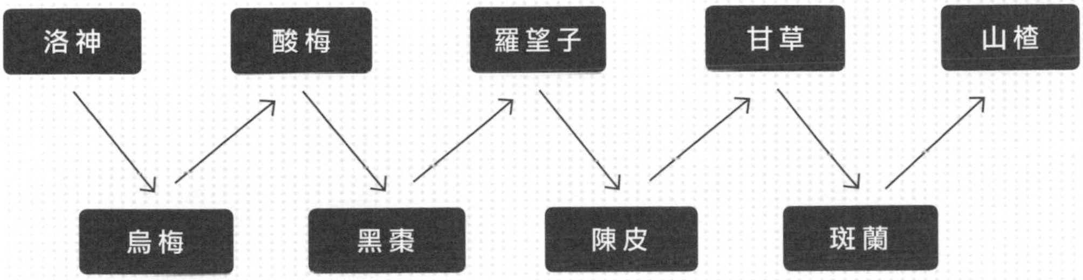

以烏梅、洛神等傳統材料為基礎，加入羅望子、斑蘭提升層次

這道酸梅湯結合傳統與創新，除了傳統材料：烏梅、洛神、黑棗、山楂、陳皮外，再納入創新材料：去籽酸梅、羅望子、斑蘭葉、甘草，不同程度酸味產生明顯漸層，不僅解口乾舌燥還特別生津。

- **洛神、烏梅**：為酸梅湯的主要味道。
- **酸梅**：為了不讓酸梅湯過於單調，刻意加入酸梅增加不同層次的酸味。
- **黑棗**：加入食療概念，黑棗能提升免疫力並潤燥生津。
- **羅望子**：為了增加酸的厚度，納入羅望子，同時有助於排宿便。
- **陳皮**：調味並緩和口腔裡的味覺。
- **甘草**：具有甘草甜素，能取代蔗糖，減低糖分攝取。
- **斑蘭**：混搭東南亞風的斑蘭，緩和過於沉重的味蕾感受，甜美滋味散發著隱約的輕柔淡雅，斑蘭葉也是東南亞人解渴消暑的祕訣。
- **山楂**：助消化。

Dried Tangerine Peel

辛香料

34

陳皮 / 柑橘

食物的矯味高手

三、五年香氣更雋永，如越陳越清澈的凍齡女

不同年數的廣陳皮各有不同用途，一般市面上販售的廣陳皮有切條狀，整大片狀及零碎片狀，皮齡大多在一年上下，經濟實惠，卻往往讓人誤以為陳皮廉價。在廣東、香港、澳門一帶，多有三年、五年甚至十年的廣陳皮，價值不斐。有人將十年以上的廣陳皮泡茶喝，入口甘甜，氣味雋永，令人回味不已。

自家煲湯當然會放幾片廣陳皮，一來具食療作用，能化痰下氣、消滯健胃；二來可矯正湯品味道，把原食物不討喜的味道轉化。

point 這裡說的柑橘泛指橘屬：橘、橙、柚、櫞、柑、桔、梨、枳，常掛在口中的陳皮即是其中橘、柑、橙的統稱

去羶、修飾，補脾益氣

英名	Dried Tangerine Peel
學名	*Citrus rericulata blanco*
別名	廣陳皮、橘皮、貴老、新會皮、正陳皮
原鄉	廣東

屬性

調味料

陳年的陳皮還有增香功能

辛香料基本味覺

辛 甘 酸 苦 鹹 澀

適合搭配的食材

米飯、豬肉、羊肉、牛肉、雞肉、鴨肉、鵝肉、海鮮類、貝類、根莖類、兔肉、沙拉醬、沾醬

陳皮粉

麻吉的香草或辛香料

小豆蔻、薑、花椒、八角、丁香、檸檬葉、蒜、眾香子、錫蘭肉桂、中國肉桂、胡椒、胡荽子

建議的烹調用法

燒烤、燉煮、滷製、綜合辛香料粉

食療

成分含維生素C、E、A、K；鉀、鈣、銅、鐵、鎂、錳、鋅、β-胡蘿蔔，可用於自然療法，降低膽固醇、去痰止咳、緩解感冒和流感，還能改善孕吐、擺脫壓力和焦慮。

香氣與成分

主要成分為萜烯，具1.5－2%的揮發油、川陳皮素，這些成分具「正氣」作用，還能避羶去除異味，產生悠悠香氣

陳皮 Story

龐大的柑橘家族

柑橘是個龐大的家族，品系眾多，包括「橘」、「橙」、「柑」，皆為芸香科柑橘屬的果實。在華人地區對柑橘的運用最具代表性的，應屬陳皮！

從我有記憶開始，家裡廚房不缺煲湯，每逢下雨的天氣，就會來一鍋蠔豉髮菜排骨湯，重點在那四分之一片陳皮加上兩片薑，如李時珍所言：「橘皮，苦能泄、能燥，辛能散，溫能和。其治百病，總是取其理氣燥濕之功。同補藥則補，同瀉藥則瀉，同升藥則升，同降藥則降。」盛夏時食慾不佳，煲一鍋西洋菜蜜棗鴨腎湯，清潤、下火、健脾又開胃；廣東人煲湯與甜品，十之八九必放陳皮，吳瑞在《日用本草》中如此描述陳皮：「惟廣東出者為上，余皆次之，多年者更妙。」可見重視程度非若一般，偶有熱感冒、食慾不振，熬上陳皮白果粥，喝一碗暖到心坎裡，立刻粥到病除。

這裡說的柑橘泛指橘屬：橘、橙、柚、櫞、柑、桔、枳，常掛在口中的陳皮即是其中橘、柑、橙的統稱。古人有云：「橘皮療氣大勝，以東橘為好，西江者不如，須陳久為良。」當時已知：「橘皮以色紅日久者為佳，故曰紅皮、陳皮。明代李中梓說：「收藏又復陳久，則多歷梅夏，而烈氣全消，溫中而無燥熱之患，行氣而無峻削之虞。」清代《本草備要》所言鑿鑿：「廣中陳久者良……（陳則烈氣消，無燥散之患……）。」華人使用陳皮可謂經驗老到，許多精湛處有待討論，在這之前，讓我們先一窺世界的其他柑橘屬。

柑橘在料理上的應用

柑橘屬均勻分布於北緯十六至四十五度之間，包括甜橙、橘子和柑橘、檸檬、柚子、葡萄柚、香橼、枳、酸桔、苦橙。在眾多柑橘屬當中，有些做為水果直接食用，含豐富的維生素C、類胡蘿蔔素、香豆素、葉酸等，其他絕大部分用於傳統醫學，例如果皮被廣泛用於咳嗽、腫脹和癲癇；葉子用於治癒潰瘍；種子專為胃腸道疾病、消化不良的族群提供一帖良方。當然，全世界華人圈（特別是廣東人）運用陳皮入膳時，強調「理氣健脾，燥濕化痰」的食療效果。

記得有一年，我受邀到一位印度高種姓友人家中作客，受過西洋教育的媽媽赫然端出一道柑橘烤雞腿，乍看起來似乎不稀奇，一吃方知她將印度芒果沾醬（mango chutney）與地中海柑橘醬搭在一起。這還不打緊，將鮮橙、萊姆連皮切成零點五公分厚度，鋪在雞腿上，另起鍋放無水奶油，將洋蔥炒至焦化後注入蜂蜜、芥末、橙汁，再加入咖哩粉拌勻，光看就叫人瞠目結舌，沒想到經高溫烘烤出爐後，色澤繽紛奪目，口感酸鮮軟嫩俘擄我的味蕾，是少數令我難以忘懷的柑橘私房食譜。

苦橙被認為是印度東北部及緬甸北部的產物，在西元前緩緩抵達近東國家，後來隨著阿拉伯人征服西班牙進入歐洲，著名科爾多瓦主教座堂（Catedral de Córdoba）前半部紅白相間的拱形橘子造型庭院，據說是因為當時統治的哈利發（Caliph）十分鍾情苦橙而發想。一〇〇二年，苦橙繼續拓展種植至地中海地區和西西里島。直到十五世紀，人們發現甜橙的口感更好，苦橙開始慢慢被取代。在許多中亞國家，苦橙並未被當成水果食用，他們將花、葉、種子還有果皮萃取出油脂來做糖果、酒和香水。

波斯灣國家，如沙烏地阿拉伯、巴林、阿曼，會用墨西哥萊姆當調味料，他們深信經過陽光洗禮，顏色由深綠轉為深褐色且乾燥之後，味道越見飽和，將其切半取出種子再研磨成粉，柑橘迷人、酸溜的芳香加入湯品、燉煮或搭配米食調味。此外，他們深信這種黑嚕嚕的萊姆是身體最佳清道夫，是排毒的上上之選。

北非摩洛哥人喜愛使用一種在地橙黃色檸檬，外形比一般檸檬小一號，一頭扁平，另一端突出尖形乳頭狀，買來洗淨晾乾後劃十字，裝入瓶中塞滿鹽巴，醃漬一個多月，獨特的辛辣感挾持清新豪邁，毫無違和專為塔吉鍋菜餚調味，是摩洛哥人熟悉的家鄉味。

鏡頭轉到東北亞，日本稱為 yuzu、韓國稱 yuja 的小品種香橙，果皮透出陣陣花香，帶有葡萄柚的味道，日本人喜歡將香橙皮置入浴缸，使其釋放檸檬烯與月桂烯，可以改善血液循環及預防感冒。雖然果肉不直接生食，加熱後可以，製成各式各樣的醬體，如柑橘果醬、發酵成柚子醋、調和成柚子鹽等，日本人喜愛香橙滋味，舉凡豆腐、零食、香橙皮、香橙酒、香橙皂，林林總總叫人目不暇給。

停看聽說陳皮

廣東人更把陳皮當寶貝，甚至有句話說：「一兩陳皮一兩金。」究竟要如何辨別陳皮的優劣？

橘、柑、橙皆是製作廣陳皮的材料，原本內含的苦味素及檸檬烯會釋放類檸檬苦素，大大阻礙在菜餚中的表現。而經過日曬風吹及時間累積，這種元素會隨著空氣氧化慢慢消失，也激活了芳香油孢，此時黃酮類物質隨著時間逐漸增加，時間越長香氣越好，故有「百年陳皮，千年人參」之說。

市面上有兩種陳皮，第一種為「柑」，李時珍《本草綱目》記載：「柑皮辛甘寒。外形

華人將陳皮入膳，認為具有「理氣健脾，燥濕化痰」的食療效果。

雖似，而氣味不同。」此為陳皮；第二種為「橘」，孟顯《食療本草》描述：「止洩痢。食之，下食，開胸膈痰實結氣。」此為廣陳皮。由於良莠不齊，每次我經過香港總會買個半斤四兩，以備不時之需。

好的正陳皮動輒千元以上或根本不想賣，可別覺得訝異，因為生曬一年只能稱「橘皮」，與「陳」相去甚遠，隨著時間推移，慢慢由棕紅轉為淺棕，三年後變棕褐色，若能買到五年廣陳皮已屬稀有，十年以上呈現黑色，對理氣除燥濕、氣逆痰濕是上上之選，不用說自然是價值連城了。

如何辨別廣陳皮是上品？一觀其色：若是呈橙色必是新果皮，這時分橙黃色或青綠色兩種，隨著時間進程轉呈棕帶紅色；通常第三年後完全蛻變成褐色，此時，黃酮類化合物和橙皮苷逐漸增加，身價不可同日而語，難怪李時珍說：「他藥貴新，惟此貴陳。」二辨香氣：初出茅廬的廣陳皮氣味淡薄，經過歲月淬鍊後濃烈醇郁，不易掰開果皮，氣清爽柔和。三看油孢：必須經過長年累月的堆疊，出現凹入小油點，均勻分布於內皮，實屬上品。

辛香料語錄：善於藏拙、翻轉，越陳越清澈的凍齡女

不同年數的廣陳皮各有不同用途，一般市面上販售的廣陳皮有切條狀，整大片狀及零碎片狀，皮齡大多在一年上下，經濟實惠，卻往往讓人誤以為陳皮廉價。在廣東、香港、澳門一帶，多有三年、五年甚至十年的廣陳皮，價值不斐。有人將十年以上的廣陳皮泡茶喝，入口甘甜，氣味雋永，令人回味不已。

自家煲湯當然會放幾片廣陳皮，一來具食療作用，能化痰下氣、消滯健胃；二來可矯正湯品味道，把原食物不討喜的味道轉化，諸如胡蘿蔔、苦瓜、芥藍、冬瓜等，經熬煮或燉煮，廣陳皮能避味，修飾部分食物的青味、澀味，順便再次賦予調味功能。

等級高的廣陳皮除腥羶味的效果令人拍案叫絕。取來一尾鮮魚，將青蔥鋪陳盤底，把魚置上，陳皮切絲，均勻塞入魚肚及撒於魚身，入鍋蒸，去掉滲出的湯汁，燒油淋在魚身，澆入醬油即成，陳皮去腥效果完全不輸薑絲，而且能帶出鮮味，又不會讓魚肉失去軟嫩彈性，可謂是一舉數得。

廣東人做燒雞、燒鴨、燒鵝，會將陳皮塞入腹中去羶提味，掛爐高溫燜烤，吃的時候口腔內會散發有如蜜香般的芬芳氣味，是廣東燒臘聞名天下的祕訣之一。陳皮加入牛肉中，除了酸鮮開胃不油膩外，還能補脾益氣，提振食慾。對紅豆湯、綠豆湯或豆類特別容易鬱氣的人，建議烹飪時加入陳皮一起煮，讓它將理氣、解脾胃氣滯、消腹腔脹壅發揮到最大極致。

動手試試看

日常版

柑橘 × 水梨南北杏煲豬腱肉

夏日喝能去痰降火，是一鍋消火湯品。為家人燉一鍋好湯，幸福滿分。

材料

水梨　1顆
豬腱　1塊
南杏　2大匙
北杏　1茶匙
蜜棗　1-2顆
水　8杯
鹽　些許

spice　陳皮　½片

步驟

1. 水梨洗淨，連皮切成四塊後去核；陳皮洗淨去囊，備用。
2. 豬腱放入沸水中燙過洗淨，備用。
3. 另起一鍋，加水沸騰後放入所有材料，煮至水滾。
4. 轉小火煲2小時後，加鹽調味即可。

陳皮有絕佳的除腥羶味功能，並且令食物產生悠悠香氣。

動手試試看

進階版

陳皮 × 鹹魚肉餅

這道菜最適合炎熱沒食慾時配飯食用，鹹香鮮甜，適合大人小孩、銀髮族或初癒病人享用，讓人回味無窮。

材料

梅花豬絞肉　150克
鹹魚　65克
油脂　½茶匙
太白粉　1大匙
鹽　½茶匙
醬油　¼茶匙
水　2大匙
糖　¼茶匙

spice

廣陳皮　1克
白胡椒　¼茶匙
甜胡椒　¼茶匙

步驟

1. 將梅花豬絞肉切粒狀後剁碎成泥，備用。
2. 廣陳皮泡溫水20-25分鐘，鹹魚泡水後煎過，備用。
3. 廣陳皮切細末，與絞肉加水稍微拌合，加入油脂、太白粉、白胡椒、甜胡椒、水、糖拌勻。
4. 鹹魚肉拆骨去皮，加入【步驟3】再度拌合，可先試味道，再決定是否加入鹽、醬油。
5. 製成圓形肉丸，起油鍋，等油溫到175度左右，將肉丸一顆顆擺入，定形後再翻面，稍微壓平，再翻面再壓平，直到成肉餅狀，即可起鍋。

鹹魚肉餅風味圖

三種辛香料賦香、調味

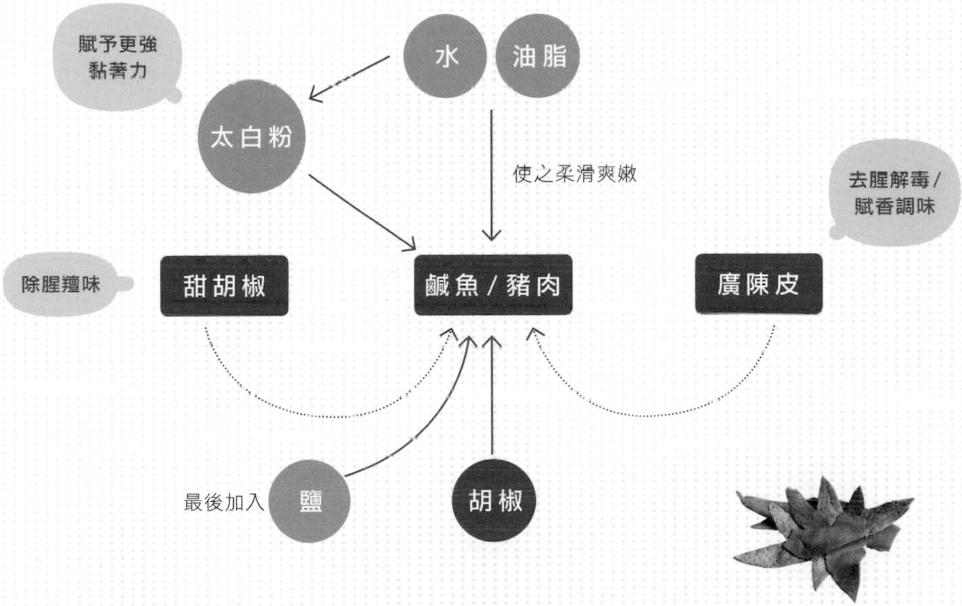

廣陳皮賦香，甜胡椒調和所有食物味道

- **廣陳皮**：主要重點仍放在廣陳皮身上，強調賦香、調味、理氣、化脾胃鬱滯、解決夏日食慾不佳等問題。
- **甜胡椒**：除去肉的腥羶味，並且圓潤鹹魚鹽漬帶來的濃烈氣味；甜胡椒集丁香、胡椒、肉桂、肉豆蔻與豆蔻皮香氣於一身，恰巧達到極致平衡之味。
- **胡椒**：具有駕馭能力和張力，調和所有食物的味道。

point **鹽最後加入**

製作時不一開始入鹽，是為了避免肉品味道與鹹魚內外濃度不一，因而導致肉質老化，影響口感，故待胡椒整合所有食物味道，最後才放入鹽。巧妙運用技巧、次序先後，用辛香料貴在時機跟精準，用得好不如用得巧，人人都可以是廚房高手。

附錄

香料香草哪裡買

食品材料／烘焙行

除了超市外，各地的食品材料行也賣有不少香料。

（可參考「楊桃文化」整理的食品材料行資訊網頁）：

http://www.ytower.com.tw/sundry/sundry.asp?zone

http://www.the-witches-herb-garden.com.tw/

La Marche圓頂市集（網路商店）

不只提供東西方的不同香料及料理組合，也提供多樣的飲食資訊。

www.lamarche.com.tw

邦古德洋行（網路商店）

講究新鮮進口的各國經典食材，並可代客找尋特殊產品。

http://www.bongood.com.tw

咖哩香料坊（網路商店）

印度、中東、泰式、日式……各種咖哩，都能在這裡找到組成它的香料。

http://www.curry-spices.com.tw/p2.htm

天天樂活網（網路商店）

專售香料獵人The Spice Hunter有機/天然香料

http://www.parnatural.com/

綜合香料這裡買

賣有多種異國香料，如果要買的不是某種特殊的異國香料，到這裡應該都買得到。

City Cuper

遠東集團成立的生活超市，多位在百貨公司地下室，內有各種新鮮與乾燥香料，還有自有香料品牌，運氣好的話，還可找到新鮮的山葵。

http://www.citysuper.com.tw/

Jasons Market Place

以進口食材為主的生鮮超市，內有多種國外進口的香草香料，目前在北中南共有13家分店。

http://www.jasons.com.tw/

東遠國際有限公司

最完整的專業歐洲食材進口公司，從新鮮香草到特殊異國香料，一應俱全。

電話：(02)2365-0633

住址：台北市中正區金門街9之14號2樓

http://www.pnpfood.com/

女巫藥草園

提供各種單品及複合香料，並開設課程推廣藥草知識，可到店或線上訂購。

永和門市：新北市永和區保福路2段88巷19號1F

電話：0952-610-191 /
(02)2232-5427

頂好、全聯、家樂福都賣有幾種常用的乾香料，
不過如果想找不同品牌或新鮮香料（香草）的話，你還有這些好選擇。

● **各地東南亞商街**

中和・華新街：著名的滇緬街，東南亞、印度香料都可以在這裡找到，傳統市場裡還能買到新鮮的香氣植物。

● **新莊・化成路**

以泰國為主的東南亞超商及餐廳聚集在這裡，來逛逛吧。ex.「TOKO TAI-TAI」：除了乾燥香料，也提供打拋葉、水茄等泰國進口食材。

電話：(02)8993-2990

地址：新北市新莊區化成路364巷20號

● **桃園市後站／中壢火車站**

充滿東南亞風情的兩大商區，2015年於桃園後站舉辦了第一屆「東南亞社區藝術季」。

● **台北車站「印尼街」**

從車站東口往北平西路的方向，想品嚐印尼料理及食材的朋友請往這裡走。

● **台中東協廣場**

靠近台中火車站的台中小東南亞，越南河粉、印尼沙嗲、泰式沙拉...餐飲食材，應有盡有。

● **異國新鮮香辛料農場**（網路商店）

全國第一家專營新鮮東南亞香辛料的農場。

http://blog.xuite.net/tw0938499111/hui

歐美香料這裡買

● **宏茂商行**

位在異國風濃郁的天母，30年老店宏茂商行，是歐美食材的資深專家。

電話：(02)2871-8446

地址：台北市士林區中山北路六段472號

● **歐洲菜籃子**（網路商店）

講究香料的產地及處理方式，提供高品質的異國香料。

http://class.ruten.com.tw/user/index00.php?s=euflavor

● **歐陸食材小舖 The EU Pantry**

店內有許多異國料理的辛香料、香草、食材，也提供網路購物。

電話：(07)-5316820

住址：高雄市鼓山區鼓元街55號

https://www.theeupantry.com/

東南亞香料這裡買

● **各地東南亞商店**

如：EEC超商、Big King

EEC各地店點：http://www.eec-elite.com/service-stations.html

Big King各地店點：http://www.bigkingcity.com.tw/store.html

● **各地市場的東南亞食品攤**

台北木新市場、桃園忠貞市場、台南德霖蔬果行

● **台北 迪化街**

向來就是南北乾貨及中藥材的大本營，各式香料也不難找到。

位置：台北市民權西路與迪化街交叉口起，至南京西路與迪化街交叉口止。

● **各地中藥行**

肉桂、丁香、八角、甘草等各種台式料理香料，在中藥行就買到的。

超市找不到的新鮮香料（草）這裡買

● **各地花市**

烹飪前，走一趟花市，與園藝達人們交流香草的培育。

特別介紹：社子花市（台北花卉村）

知道的人不多，卻是找香料香草的好地方，種類繁多且價格實惠，處處都是高手，難找的新鮮香料在這裡幾乎都可以得到答案。

電話：(02)2810-1969

地址：台北市延平北路7段18-2號（洲美高架旁）

● **格蘭香草園**

專業栽培世界各國的香藥草，周末去建國花市也能找到他們。

電話：(02)2792-7571

地址：台北市內湖區碧山路44之3號

● **晉福田有機香料農莊**

講究有機與自然農法的有機香藥草園。

電話：0924-009-186

地址：臺中市東勢區東坑路795巷2號（往大雪山近5K處）

● **芃君香草櫥窗**

新鮮香草盆栽販售、也提供多種乾燥香料選擇。

http://www.herblovertw.com/life/food/Culinary.htm

印度香料這裡買

● **Trinity Indian Store印度食品和香料專賣店**

擁有台灣最齊全的印度香料及食材專賣店，想一嚐印度風味的不二選擇。

電話：(02)2756-7992

地址：台北市忠孝東路五段71巷35號

http://www.indianstore.com.tw/

● **拾香園**

專營印度辛香料與食材商店，以及部分歐式與泰式香料，親切的提供辛香料使用諮詢服務。

電話：(04)223-50968

地址：台中市北區大義街130街13號

臉書：Spice Up Life Indian store 拾香園

● **香料櫥櫃**

專賣各式咖哩粉及印度進口辛香料

露天賣場：http://class.ruten.com.tw/user/index00.php?s=ariel2714

● **各地中藥行**

豆蔻、肉桂、丁香… 各種乾燥磨粉的印度風香料，其實也是中藥材喔。

台式香料這裡買

● **瑞穗生活購物網**

刺蔥、馬告、雞心辣椒等台灣原住民傳統香料，是這片土地上的香氣智慧。

PCHOME線上賣場：http://www.pcstore.com.tw/ok0305/

線上購買台灣及進口常見香料品牌

飛馬香料
從中藥行起家的百年老招牌，餐廳界的愛用品牌。
http://www.fmspices.com/

小磨坊
超市最常看見的台灣香料品牌，從台式到異國香料，已有兩百多種產品。
http://www.tomax.com.tw/

佳輝香料
台灣香料品牌，提供多樣的單一及調和中西香辛料。
博客來線上賣場：http://www.books.com.tw/web/sys_brand/0/0000001647

McCORMICK味好美
全球最大的美國香料公司。從黑胡椒的進出口開始，超過百年的品牌歷史，如今藍紅兩色的Mc標誌已深入了全球各個家庭與餐廳。
http://www.mccormick.com/

Carmencita卡門香料
1920年成立的西班牙香料品牌，從番紅花的貿易起家，如今已是世界知名的香料品牌。
http://carmencita.com/

The Spice Hunter香料獵人
成立於1980年的美國香料品牌，以完全天然為主要訴求。有機香料系列，通過美國USDA有機認證 ，是台灣最常見的有機香料品牌。
https://www.spicehunter.com/

花寶愛花園
可線上訂購香草盆栽，並有達人提供栽種的資訊及指導。
http://www.igarden.com.tw/showroom/mallset_u.php?SOB=12042&Nm=%E9%A6%99%E6%96%99%E7%A8%AE%E5%AD%90

獅山胡椒園
位於高雄六龜山區，是一個專門種植胡椒的農場，除了黑、白胡椒之外，可以購買到新鮮綠、紅胡椒。
電話：(07)679-1798
地址：高雄市六龜區新發里獅山78號

豐滿生技精緻農場(高品質薑黃)
位於八卦山的自然生態農場，由中興大學農藝博士主持，生產的紅薑黃於2018年獲得iTQi風味絕佳獎章，可網路購買。
電話：(049)258-3688
官網：https://fmqfarm.com/

葉家香 - 世界辣椒博物園
專業栽種了一百多種世界各地的辣椒品種，也有設立文創館。
南澳店電話：(03)998-2898
Fb粉絲頁：https://www.facebook.com/ChiliHunter2013/

大花農場(有機食用玫瑰花)
位於屏東縣九如鄉，農場有新鮮和乾燥的有機玫瑰花瓣，可網路購買。
電話：(08)739-6588
官網：https://f88.myorganic.org.tw/

CAMGOLDIA(有機棕櫚糖 palm sugar)
以「契作」方式與柬埔寨糖農合作，生產有機棕櫚糖。
電話：(02)2396-5965
fb粉絲頁：https://www.facebook.com/CAMGOLDIA

植物分類		利用部位	風味筆記	頁碼
茄科	辣椒屬	果實	即使用量少，也是整合眾辛香料的領味者	40
芸香科	花椒屬	果實	除腥羶力強，麻、辣、鮮、香	52
胡椒科	胡椒屬	果實	提鮮、去腥、具辛辣感	64
桃金孃科	多香果屬	果實	集五種味覺，兼具香氣與辛辣	76
桃金孃科	蒲桃屬	花蕾	去腥、添幽香，用量宜少不宜多	88
薑科	薑屬	塊莖	軟化肉質、提鮮、除腥羶	100
薑科	豆蔻屬	果實	煙燻，有龍眼乾味道	112
繖形科	阿魏屬	樹脂	蔬食者的好朋友，可以增鮮	122
五味子科	八角屬	果實	日常辛香料，熬湯、燜煮，肉類最佳搭檔	132
繖形科	茴芹屬	果實	兼具抬轎人與中介者角色，有微微清涼感	144
繖形科	孜然芹屬	果實	羊肉最對味，能除腥羶順便提香	154
肉豆蔻科	肉豆蔻屬	種子	對複雜的菜餚味道能圓融得更好	166
樟科	樟屬	樹皮	輕柔香氣，搭配淡食材	178
樟科	樟屬	樹皮	幫助軟化肉質、保水、解肥膩感（滷豬腳好咖）	190
豆科	葫蘆巴屬	種子	苦韻回甘，熱轉化後具堅果香，適合煉油	200
薑科	豆蔻屬	果實	除腥羶香料中的武林高手	210
禾本科	香茅屬	莖稈	有矯味功能，散發清爽味道	220
薑科	月桃屬	塊莖	香氣捕手！潮汕滷水的靈魂	230
芸香科	柑橘屬	葉子	有輕微除腥，增加清爽感，適合素食者增香	242
繖形科	茴香屬	果實	香甜滋味，磨粉為肉類調味	254
芸香科	月橘屬	葉子	柑橘香氣！與海鮮食材最契合	266

附錄

34個辛香料風味與特性表

序號	香料名稱	主要功能			基本六味屬性					
		辛	香	調味料	辛	甘	酸	苦	鹹	澀
1	辣椒	●	●	●	●	●				
2	花椒	●	●	●	●			●		
3	胡椒	●	●	●	●					
4	甜胡椒	●	●	●	●			●	●	
5	丁香	●	●	●	●		●	●	●	●
6	生薑	●	●	●	●					
7	黑小豆蔻	●	●	●	●	●				
8	阿魏	●	●	●	●			●		
9	八角		●	●	●	●		●		
10	大茴香		●	●		●		●		●
11	小茴香		●	●				●	●	●
12	肉豆蔻		●	●				●		●
13	錫蘭肉桂		●	●	●	●				
14	中國肉桂		●	●	●	●				
15	葫蘆巴子		●	●				●		●
16	草果		●	●	●			●		
17	香茅		●	●	●	●		●		●
18	南薑		●	●	●			●		●
19	檸檬葉		●	●	●			●		●
20	茴香子		●	●	●	●	●	●		●
21	咖哩葉		●	●	●		●	●		●

植物分類		利用部位	風味筆記	頁碼
樟科	月桂屬	葉子	矯味高手，調隱味	276
十字花科	蕓薹屬	種子	過油後嗆味消失，作為隱性辛味	290
薑科	豆蔻屬	果實	清新香氣，適合肉類、豆類、根莖類調香	302
繖形科	芫荽屬	種子	聚甜感的隱味香料，有助香作用（抬轎人）	314
豆科	酸豆屬	果實	油切高手，酸香開胃，最搭海鮮	326
紅木科	紅木屬	種子	融於油脂及水中，適合上色	336
薑科	薑黃屬	塊莖	融於油脂及酒類，適合上色	348
石蒜科	蔥屬	鱗莖	鋪陳基底的好幫手、最佳口感來源	360
露兜樹科	露兜樹屬	葉子	散發芋頭清香味，甜鹹皆宜，適合上色	370
大戟科	石栗屬	種子	類輕勾芡效果，擅長聚焦食物風味	380
棕櫚科	可可椰子屬	果實	搭甜點、咖哩、湯品，做高湯用 ，椰漿可增稠	390
豆科	甘草屬	根	調味高手、清涼回甘、適搭陳皮	400
芸香科	柑橘屬	果實	擅長為菜餚調味、除腥	410

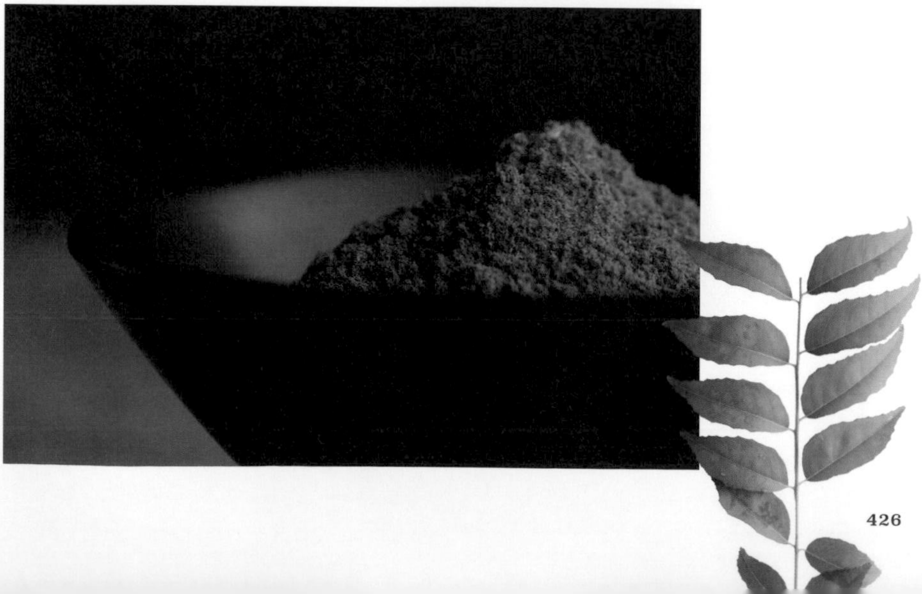

序號	香料名稱	主要功能			基本六味屬性					
		辛	香	調味料	辛	甘	酸	苦	鹹	澀
22	月桂葉		●	●				●		
23	芥末子	●		●	●			●		
24	小豆蔻		●		●			●		●
25	胡荽子			●		●	●			●
26	羅望子			●		●	●			
27	胭脂子			●	●	●				
28	薑黃			●	●			●		
29	分蔥			●	●	●				
30	斑蘭			●		●				
31	石栗			●		●				
32	椰奶			●		●				
33	甘草			●		●	●	●		●
34	陳皮			●	●	●	●	●		●

主要功能及六味歸屬方式

辛香料是一門龐大的體系，這張表能幫助大家在短時間進入調配概念。

在這裡羅列34種好用的辛香料，「主要功能」意指在菜餚裡的角色，而菜餚中通常也有其他香料協同作用。但為何會把大家熟悉的紅蔥頭歸為調味料而非具香料功能？因為只有在高溫油炸下的紅蔥頭才會變香，很多時候居住在其他地域的人們只取其當基底口感，熟化之後轉甜，在菜餚中香氣並不明顯。小豆蔻為何只歸屬在香料而非辛料或調味料？係因它的香氣揮發能力遠超過調味效果。另外，「六味歸屬方式」是指未烹調前的狀態，取其較明顯的舌腔感受為主。

這樣的歸類集結，是我十幾年反覆實作經驗所累積，純屬個人對辛香料密語的理解與詮釋，提供大家作為參考。

附錄

參考文獻

期刊

1 A.Angeline Rajathi et al.【Processing and Medicinal Uses of Cardamom and Ginger – A Review】J. Pharm. Sci. & Res. Vol. 9(11), 2017, 2117-2122

2 Abirami Arumugam et al.【The medicinal and nutritional role of underutilized citrus fruit Citrus hystrix (Kaffir lime): a review】Bioresource Technology Lab, School of Life Sciences, Department of Environmental Sciences,Bharathiar University, Coimbatore – 641 046, Tamil Nadu, India

3 Ajeet Singh et al.【Citrus maxima (Burm.)Merr. A Traditional Medicine: Its Antimicrobial Potential And Pharmacological Update For Commercial Exploitation in Herbal Drugs – A Review】International Journal of ChemTech Research 10(5):642-651 · June 2017

4 Arshiya Sultana et al.【Zingiber officinale Rosc.: A traditional herb with medicinal properties】Research Scholar, Dept of Ilmul Saidla (Pharmacy), National Institute of Unani Medicine, Bangalore, Karnataka, India

5 Asie Shojaii et al.【Review of Pharmacological Properties and Chemical Constituents of Pimpinella anisum】US National Library of Medicine，National Institutes of Health Search database

6 Brian P. Baker et al.【White Pepper Profile Active Ingredient Eligible for Minimum Risk Pesticide Use】New York State Program Integrated Pest Management

7 Daniela de Araujo Vilar et al.【Traditional Uses, Chemical Constituents, and Biological Activities of Bixa orellana L.: A Review】枱e Scientific World Journal Volume 2014, Article ID 857292, 11 pages

8 Esther Katz【Chili Pepper, from Mexico to Europe: Food, Imaginary and Cultural Identity】Institute of Research for Development，January 2009

9 Eun-Bin Kwon et al.【Zanthoxylum ailanthoides Suppresses Oleic Acid-Induced Lipid Accumulation through an Activation of LKB1/AMPK Pathway in HepG2 Cells】Evidence-Based Complementary and Alternative Medicine Volume 2018, Article ID 3140267, 11 pages

10 Giovanni Appendino et al.【Sichuan pepper as a skin "spice"】?universita del piemonte orientale novara italy , Journal of Applied Cosmetology 29(2) · April 2011?

11 Jasim N Al-Asadi【Therapeutic Uses of Fenugreek (Trigonella foenum-graecum L.)】AMERICAN JOURNAL of social and humanities

12 Julio Cesar Lopez-Romero et al.【Seasonal Effect on the Biological Activities of Litsea glaucescens Kunth Extracts】Evidence-Based Complementary and Alternative Medicine Volume 2018, Article ID 2738489

13 Krishnapura Srinivasan【Black Pepper (Piper nigrum) and Its Bioactive Compound, Piperine】DOI: 10.1142/9789812837912_0002

14 Lei Zhang et al.【Medicinal Properties of the Jamaican Pepper Plant Pimenta dioica and Allspice】US National Library of Medicine,2012 Dec; 13(14): 1900–1906.

15 LIU HONGMAO et al.【Practice of conserving plant diversity through traditional beliefs: a case study in Xishuangbanna,southwest China】Biodiversity and Conservation 11: 705–713, 2002. 2002 Kluwer Academic Publishers. Printed in the Netherlands

16 M. M. Payak【Pandanus, Screwpine Painting in Fifth Century Buddhist Caves at Bagh, Madhya Pradesh, India】Economic Botany,Vol. 52, No. 4 (Oct. - Dec., 1998), pp. 423-425

17 Meng-hua Wu et al.【Identification of seven Zingiberaceous species based on comparative anatomy of microscopic characteristics of seeds】Chinese Medicine 2014, 9:10

18 Mohsen akbari et al.【Physiological and pharmaceutical effect of fenugreek: a review 】IOSR Journal of Pharmacy (IOSRPHR) ISSN: 2250-3013, Vol. 2, Issue 4 (July2012), PP 49-53

19 Muhammad Ayub et al.【IMPROVED GROWTH, SEED YIELD AND QUALITY OF FENNEL (FOENICULUM VULGARE MILL.) THROUGH SOIL APPLIED NITROGEN AND PHOSPHORUS】Pakistan J. Agric. Res. Vol. 28 No.1, 2015

20 MuthiaNurmufida et al.【Rendang: The treasure of Minangkabau】Journal of Ethnic Foods Volume 4, Issue 4, December 2017, Pages 232-235

21 Nawaraj Gautam et al.【TECHNOLOGY, CHEMISTRY AND BIOACTIVE PROPERTIES OF LARGECARDAMOM (AMOMUM SUBULATUM ROXB.): AN OVERVIEW】N. Gautam et al. (2016) Int J Appl Sci Biotechnol, Vol 4(2): 139-149

22 Neeru Bhatt et al.【Ginger: A functional herb】Publisher: Nova Science Publishers, Inc., NY, USA, ISBN-978-1, pp.51-71

23 Poonam Mahendra et al.【Ferula asafoetida : Traditional uses and pharmacological activity】Department of Pharmacology, School of Pharmacy, Suresh Gyan Vihar University, Jaipur, Rajasthan, India · 2012 Volume : 6 Issue : 12 Page : 141-146

24 Prafulla P. Adkar1 and V. H. Bhaskar【Pandanus odoratissimus (Kewda): A Review on Ethnopharmacology, Phytochemistry, and Nutritional Aspects】Advances in Pharmacological Sciences Volume 2014, Article ID 120895, 19 pages

25 Rahman N.A.A et al.【Toxicity of Nutmeg (Myristicin): A Review】International Journal on Advanced science engineering information technology, Vol. 5 (2015)No: 3

26 Ram Manohar P et al.【Mustard and its uses in Ayurveda】Indian Journal of Traditional Knowledge Vol. 8(3), July 2009, pp. 400-404

27 Ramesh K. Verma et al.【Alpinia galanga – An Important Medicinal Plant: A review】Pelagia Research Library, Der Pharmacia Sinica, 2011, 2 (1): 142-154

28 Ravi Kant Upadhyay【Therapeutic and Pharmaceutical Potential of Cinnamomum Tamala】Research & Reviews in Pharmacy and Pharmaceutical Sciences

29 Rudra Pratap Singh et al.【Cuminum cyminum – A Popular Spice: An Updated Review】Department of Pharmaceutics, JSS College of Pharmacy, JSS University, Sri Shivarathreeshwara Nagar, Mysuru, Karnataka, INDIAPharmacogn J. 2017; 9(3):292-301

30 Ryoji Hirota et al.【Anti-inflammatory Effects of Limonene from Yuzu (Citrus junos Tanaka)

Essential Oil on Eosinophils】Journal of Food Science 75(3):H87-92 · April 2010
31 Sabyasachi Chatterjee【Fenugreek (Trigonella foenum gracum L.) and its necessity (A Review Paper)】Department of Biotechnology The University of Burdwan, West Bengal, India. Fire Journal of Engineering and Technology.,1(1),2015, 60-67
32 Shamkant B. Badgujar et al.【Foeniculum vulgare Mill: A Review of Its Botany, Phytochemistry, Pharmacology, Contemporary Application, and Toxicology】US National Library of Medicine National Institutes of Health Journal ListBiomed Res Intv.2014; 2014PMC4137549
33 Sharma V1, Rao LJ.【An overview on chemical composition, bioactivity and processing of leaves of Cinnamomum tamala.】US National Library of Medicine National Institutes of Health Search data base Search term
34 Singh Gurmeet, Parle Amrita【Unique pandanus - Flavour, food and medicine】Journal of Pharmacognosy and Phytochemistry 2015; 5(3): 08-14
35 Suman Singh et al.【CURRY LEAVES (Murraya koenigii Linn. Sprengal)- A MIRCALE PLANT】Indian J.Sci.Res.4 (1): 46-52, 2014
36 Victor Emojevwe【Cocos nucifera (COCONUT) FRUIT: A REVIEW OF ITS MEDICAL PROPERTIES】Department of Physiology, Faculty of Basic Medical Sciences, Delta State University, Abraka, Delta state, Volume 3 (3) Mar.: 718 - 723, 2013
37 Y. Felita Dhaslin et al.【Antioxidant, antimicrobial, and health benefits of nutmeg】Drug Invention Today | Vol 12 · Issue 1 · 2019
38 Y. Saideswara Rao et al.【Tamarind (Tamarindus indica L.) research - a review】

網路資料

1 大茴香：https://id.wikipedia.org/wiki/Adas_manis
2 分蔥：http://www.pps.org.tw/File/Web19/File/296.pdf
3 日本山胡椒：https://www.doc-developpement-durable.org/file/Culture-epices/poivrier-du-Sichuan/Zanthoxylum%20piperitum_Wikipedia-En.pdf
4 月桂：https://en.wikipedia.org/wiki/Bay_leaf
5 加州月桂：https://en.wikipedia.org/wiki/Umbellularia
6 北印月桂：https://www.cabi.org/isc/datasheet/42380；https://en.wikipedia.org/wiki/Pimenta_racemosa
7 北印度月桂：https://en.wikipedia.org/wiki/Pimenta_racemosa；https://www.thespruceeats.com/west-indian-bay-leaf-pimenta-racemosa-2137972
8 石栗：http://www.herbalsafety.utep.edu/herbal-fact-sheets/candlenut-tree/
9 印尼月桂：https://en.wikipedia.org/wiki/Syzygium_polyanthum
10 南印度月桂：https://en.wikipedia.org/wiki/Cinnamomum_tamala
11 胡荽子：https://www.bioversityinternational.org/fileadmin/_migrated/uploads/tx_news/Coriander__Coriandrum_sativum_L._375.pdf
12 胭脂子：https://www.sciencedirect.com/topics/agricultural-and-biological-sciences/annatto
13 塔斯曼尼亞胡椒：https://asia.in-cosmetics.com/__novadocuments/61673?v=635464899055000000
14 墨西哥月桂：https://en.wikipedia.org/wiki/Litsea_glaucescens

文章

N. Krishnamurthy et al. Industrial processing and products of cardamom

書籍

1 Dawn C P Ambrose, Leafy Medicinal Herbs: Botany, Chemistry, Postharvest Technology and Uses, Publisher:Cab Intl

2 Evelyn Blackwood：Webs of Power: Women, Kin, and Community in a Sumatran Village, Publisher: Rowman & Littlefield Publishers, Inc

3 Elizabeth David。黃芳田譯，府上有肉豆蔻嗎？。麥田出版

4 Harold McGee。蔡承志譯，2009。食物與廚藝：蔬、果、香料、穀物。大家出版

5 Ian Hemphill The Spice and Herb Bibl, Publisher: Robert Rose; Second Edition edition (March 5, 2006)

6 Jack Goody，Cooking, Cuisine and Class: A Study in Comparative Sociology。王榮欣、沈南山譯，2012。烹飪菜餚與階級。廣場出版

7 John O' Connell，The Book of Spice: From Anise to Zedoary。莊安祺譯，2017。香料共和國：從洋茴香到鬱金，打開A-Z的味覺秘語。聯經出版公司

8 Lucien Guyot，Les épices。劉燈譯，2006。香辛料的歷史。玉山社

9 P.N.Ravindran et al. Handbook of Herbs and Spices (Second edition) Volume 2 , Woodhead Publishing Series in Food Science, Technology and Nutrition 2012, Pages 534-556

10 Shantha Godagama，The Handbook of Ayurveda。朱衣譯，2005。佛陀養生術阿育吠陀療法。時報出版

11 Suresh K Malhotra【Fennel and fennel seed】Handbook of Herbs and Spices, Edition: 2, Chapter: Fennel and fennel seed, pp.275-302

12 V. A. Parthasarathy et al.Chemistry of Spices, Publisher: CABI; First edition (July 15, 2008)

13 Victor R. Preedy et al.Cumin (Cuminum cyminum L.) Seed Volatile Oil: Chemistry and Role in Health and Disease Prevention, Academic Press 2011, Pages 417-427

14 江信慧、楊逢財，2005。瑜伽飲食養生全書。商周出版

15 溫玉波、李海濤，2016。中草藥全圖鑑。江蘇鳳凰科學技術出版社

16 潘英俊，2009。粵廚寶典-食材篇（1）。嶺南美術出版社

17 潘英俊，2017。粵廚寶典-砧板篇（升級版）。廣東科技出版社

中文論文

1 王譽蓁，2017。從喜慶菜餚到特色小吃談府城魯麵文化之衍變。國立高雄餐旅大學飲食文化產業研究所論文，高雄：國立餐旅大學

2 邱嫦誼，2011。香茅產業的興衰與發展－以苗栗縣大湖鄉為例。國立聯合大學客家語言與傳播研究所論文，苗栗：國立聯合大學

3 陳愛玲，2016。鄉愁味的跨界展演-臺灣薑黃再現。國立高雄餐旅大學飲食文化產業研究所論文，高雄：國立餐旅大學

英文論文

1 HABIB ULLAH，【Fruit Yield and Quality of Anise(Pimpinella anisum L.) in Relation toAgronomic and Environmental Factors】NutritionalSciences, and Environmental Management,Justus Liebig University Giesse

2 Haruni Krisnawati et al.【Aleurites moluccana (L.) Willd.Ecology, silviculture and productivity】CIFOR, Bogor, Indonesia

辛香料風味學

辛料、香料、調味料！圖解香氣搭配的全方位應用指南

作　　者　陳愛玲
社　　長　張淑貞
總 編 輯　許貝羚
副總編輯　馮忠恬
責任編輯　謝采芳
美術設計　黃祺芸
特約攝影　王正毅
編輯協力　陳子揚
行銷企劃　曾于珊、劉家寧

發行人　何飛鵬
事業群總經理　李淑霞
出　　版　城邦文化事業股份有限公司・麥浩斯出版
地　　址　104 台北市民生東路二段141 號8 樓
電　　話　02-2500-7578
傳　　真　02-2500-1915
購書專線　0800-020-299

發　　行　英屬蓋曼群島商家庭傳媒股份有限公司城邦分公司
地　　址　104 台北市民生東路二段141 號2樓
讀者服務電話　0800-020-299（09:30 AM ～ 12:00 PM・01:30 PM ～ 05:00 PM）
讀者服務傳真　02-2517-0999
讀者服務信箱　E-mail：csc@cite.com.tw
劃撥帳號　19833516
戶　　名　英屬蓋曼群島商家庭傳媒股份有限公司城邦分公司

香港發行　城邦〈香港〉出版集團有限公司
地　　址　香港灣仔駱克道193 號東超商業中心1 樓
電　　話　852-2508-6231
傳　　真　852-2578-9337
馬新發行　城邦〈馬新〉出版集團 Cite(M) Sdn. Bhd.(458372U)
地　　址　41, Jalan Radin Anum, Bandar Baru Sri Petaling,
57000 Kuala Lumpur, Malaysia
電　　話　603-90578822
傳　　真　603-90576622

製版印刷　凱林彩印股份有限公司
總 經 銷　聯合發行股份有限公司
地　　址　新北市新店區寶橋路235巷6弄6號2樓
電　　話　02-2917-8022
傳　　真　02-2915-6275

版　　次　初版十刷 2023 年 9 月
定　　價　新台幣580元　港幣193元

國家圖書館出版品預行編目(CIP)資料

辛香料風味學：辛料、香料、調味料！圖解香氣搭配的全方位應用指南/ 陳愛玲著. -- 一版. -- 臺北市：麥浩斯出版：家庭傳媒城邦分公司發行, 2019.08
面；　公分
ISBN 978-986-408-515-6(平裝)

1. 香料 2. 調味品

427.61　　108010508